Thomas Schmitt

Beiträge zur Enantiomerentrennung in der Kapillarelektrophorese

Thomas Schmitt

Beiträge zur Enantiomerentrennung in der Kapillarelektrophorese

DUV Springer Fachmedien Wiesbaden GmbH

Die Deutsche Bibliothek — CIP-Einheitsaufnahme

Schmitt, Thomas:
Beiträge zur Enantiomerentrennung in der Kapillarelektrophorese / Thomas Schmitt. — Wiesbaden : DUV, Dt. Univ.-Verl., 1995
(DUV: Naturwissenschaft)
Zugl.: Saarbücken, Univ., Diss., 1994
ISBN 978-3-8244-2063-6 ISBN 978-3-663-06727-6 (eBook)
DOI 10.1007/978-3-663-06727-6

Der Deutsche Universitäts-Verlag ist ein Unternehmen der Bertelsmann Fachinformation.

Gedruckt auf chlorarm gebleichtem und säurefreiem Papier

ISBN 978-3-8244-2063-6

Meiner Frau Anette

und meinem Sohn Jonas

gewidmet

Inhaltsverzeichnis

1. Einleitung und Aufgabenstellung

Die Trennung von optisch aktiven enantiomeren Molekülen ist heute ein wichtiges Aufgabenfeld in der analytischen Chemie. Viele verschiedene Aufgabengebiete in Wissenschaft, Pharmabereich und Medizin verlangen nach zuverlässigen Analysenmethoden, die z.B. zur Überwachung von stereoselektiven Synthesen in der organischen Chemie, der Produkt- und Reinheitskontrolle von Medikamenten und deren Stoffwechselvorgänge in Patienten benötigt werden.

Die Bedeutung dieser Analytik erklärt sich aus der Tatsache, daß die Stereochemie eines Pharmakons eine Schlüsselstellung in dessen biologischer Aktivität einnimmt. Racemische Gemische zeigen daher neben der erwünschten Wirkung auch Nebeneffekte, die von dem optischen Antipoden herrühren[1]. Dies liegt daran, daß die belebte Materie zwischen den beiden Enantiomeren einer Verbindung unterscheiden kann, da sie selbst aus optisch aktiven Komponenten wie Kohlenhydraten, Proteinen usw. aufgebaut ist. Im schlimmsten Fall kann eines der optischen Antipoden die erwünschte Wirkung als Medikament entfalten, während das andere "falsche" Enantiomer toxische oder - wie bei der Contergan-Katastrophe - sogar teratogene Eigenschaften hervorruft. Durch diese Erfahrung sensibilisiert, ist sowohl eine analytische Methode zur Charakterisierung des optischen Reinheitsgrades von potentiellen pharmazeutischen Wirkstoffen als auch zur Verfolgung deren Metabolisierug im Körper unerläßlich.

Heute existieren viele analytische und präparative Methoden der Enantiomerentrennung, die auf diversen chromatographischen Methoden beruhen[2,3]. Generell unterscheidet man bei der Enantiomerentrennung zwischen zwei verschiedenen Vorgehensweisen, der direkten Methode und der indirekten Methode. Bei der direkten Methode werden die Enantiomere selbst ohne vorhergehende Derivatisierung getrennt. Dies geschieht dadurch, daß das Enantiomerengemisch einer optisch aktiven Umgebung ausgesetzt wird, mit der eines der Enantiomere eine größere Wechselwirkung aufweist, d.h. eine sogenannte chirale Erkennung zeigt. Die gängigen Verfahren zur Enantiomerentrennung auf dem analytischen Gebiet sind der Einsatz chiraler Phasen in der HPLC, GLC, SFC und neuerdings, als relativ junge Analysenmethode, in der Kapillarelektrophorese. Präparativ ist von diesen Trennmethoden überwiegend die HPLC von Bedeutung, da hier ein entsprechender Massendurchsatz erzielt werden kann.

Mit der indirekten Methode werden Enantiomerenpaare durch Derivatisierung mit einem reinen chiralen Molekül, also durch eine chemische Reaktion, in ihre Diastereomere überführt. Diese sind dann wegen ihrer unterschiedlichen physikalischen Eigenschaften (z.B. Schmelzpunkt, Kristallisationsverhalten, Hydrophobie) mit einfachen Mitteln voneinander zu trennen. Es zeigt sich an vielen Beispielen, daß für solche Trennungen zwar eine chirale Umgebung (Verwendung eines chiralen Selektors) durchaus von Vorteil sein kann, aber kein notwendiges Kriterium für derartige Trennungen von Diastereomeren ist. Somit ist es möglich, Diastereomere in normalen Trennsystemen zu analysieren.

Die Kapillarelektrophorese hat erst in den letzten Jahren als analytisches Werkzeug stark an Bedeutung gewonnen. Dies spiegelt sich einerseits in dem zunehmenden Angebot verschiedener kommerzieller Geräte auf dem Markt wider und andererseits in der wachsenden Anzahl wissenschaftlicher Veröffentlichungen. Ein Hauptvorteil der Kapillarelektrophorese ist dabei die Tatsache, daß geladene, also ionische Substanzen sehr effizient mit guter Auflösung und in kurzer Zeit einfach getrennt werden können. Da gerade starke Säuren und Basen den etablierten Analysenmethoden Probleme bereiten (Peaktailing, schlechte Effizienzen und Auflösung) und die Analyse wäßriger Proben mit der GLC aufwendig ist und viele Probenvorbereitungsschritte erfordert, stellt die Kapillarelektrophorese besonders für diese Substanzen eine hervorragende analytische Trennmethode dar.

Ziel dieser Arbeit ist es, die Möglichkeiten der Enantiomerentrennung in der Kapillarelektrophorese auszuloten. Dabei wurde hauptsächlich versucht, neue chirale Selektoren für den Einsatz in der Kapillarelektrophorese zu finden und deren Einsatzfähigkeit zu untersuchen. Die steigende Anzahl wissenschaftlicher Arbeiten ist ein eindeutiges Zeichen für eine schnelle Weiterentwicklung der Kapillarelektrophorese. Diese Weiterentwicklung beinhaltet nicht nur die Suche nach neuen chiralen Selektoren, sondern auch die Validierung bestehender Methoden und deren praktische Anwendung. Diesbezüglich ist für die Enantiomerentrennungen in der Kapillarelektrophorese noch kein Ende abzusehen. Anhand des Publikationsverlaufs in Abbildung 1-1 ist zu sehen, daß die Enantiomerentrennung in der CE ein äußerst aktuelles Arbeitsfeld darstellt. Daher sind viele Teile der hier vorgestellten Arbeiten parallel zu den Publikationen entstanden und schon selbst publiziert worden[4,5,6,7,8]. Im Vergleich zur HPLC mit etwa 400 chiralen stationären Phasen sind in der Kapillarelektrophorese bisher nur etwa 40 Selektoren bekannt, einschließlich den in dieser Arbeit neu vorgestellten. Es sollten zudem vor allem chirale Analyten untersucht werden, die zum einen bei den herkömmlichen Analysenverfahren Probleme bereiten, zum anderen aber auch pharmakologische Relevanz besitzen. Dadurch sollte eine Praxisbezogenheit erhalten bleiben. Als chirale Selektoren sollten derivatisierte Cyclodextrine im ionischen und nichtionischen Zustand untersucht und ihre Anwendungsbreite festgestellt werden.

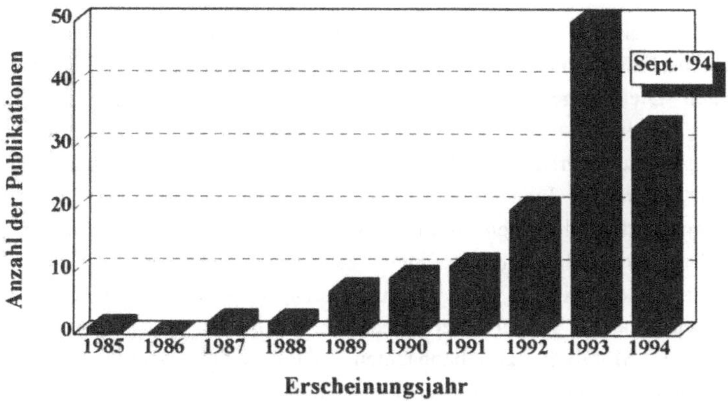

Abb. 1-1: Anzahl der Publikationen zum Thema Enantiomerentrennung in der Kapillarelektrophorese in den letzten Jahren

Des weiteren sollten die Optimierungsparameter, die bei der Trennung von Enantiomeren eine Rolle spielen, erkannt und Methoden zu deren Anwendung aufgezeigt werden. Wie bei allen Trennmethoden besitzt die Temperatur einen starken Einfluß auf Selektivitäten, Effizienzen und somit auf die Auflösung im System. Daher sollte aus modularen Teilen ein Temperaturkontrollsystem gebaut werden, das neben kommerziell erhältlichen Geräten zum Einsatz kommt.

Da viele analytische Probleme mit den herkömmlichen "Fused silica"-Quarzkapillaren wegen Wandadsorptionseffekten nicht zu lösen sind, ist bei vielen Trennungen auch nach geeigneten Belegungsverfahren der Kapillarwand oder sogar nach anderen Kapillarmaterialien zu suchen.

2. Grundlagen der Kapillarelektrophorese

Geladene Teilchen wandern in Lösung unter dem Einfluß eines angelegten elektrischen Feldes mit unterschiedlichen Geschwindigkeiten in unterschiedliche Richtungen. Diese Ionenwanderungen wurden vor etwa 100 Jahren von Kohlrausch untersucht, der auch dafür die physikalischen Gesetzmäßigkeiten beschrieb. Frühzeitig wurden dafür die Begriffe "Elektrophorese" bzw. "elektrische Überführung" geprägt. Durch die Ladung der Ionen ist die Migrationsrichtung vorgegeben. Unterschiedliche Wanderungsgeschwindigkeiten können zwei Ursachen haben. Zum einen führen Unterschiede in den Ladungszahlen zu unterschiedlichen elektrophoretischen Mobilitäten im elektrischen Feld. Zum anderen ist aufgrund des unterschiedlichen Reibungswiderstandes wegen unterschiedlicher Größe bei gleicher effektiver Ladung eine andere Mobilität zu beobachten. Dies zeigt bereits die vielfältigen Trennmöglichkeiten elektrophoretischer Verfahren auf. Die praktische Einführung als Analysenmethode war erst möglich als es gelang, die Störungen, die auf Konvektion in der Lösung durch Abtransport der Joulschen Wärme und die dadurch bedingten Verzerrungen der Zonenprofile zu vermindern und auszuschalten. Dies gelang zum einen durch die Verwendung von stabilisierenden Gelen, die auf eine Glasplatte gegossen wurden (Gelelektrophorese) oder mit Hilfe von Papierstreifen, die mit Puffer getränkt wurden. Nach Einführung der Gelelektrophorese durch Tiselius entwickelte sich diese Methode zur verbreitetsten analytischen Methode in der Biochemie. Die Verwendung von Gelen erlaubte zudem die erfolgreiche Trennung von Makromolekülen mit sehr geringen Unterschieden in ihrer Ladungsdichte. Durch Veränderung des Vernetzungsgrades kann die Trennwirksamkeit des Gels optimiert werden. Neben DNA-Molekülen wird die Gelelektrophorese hauptsächlich zur Trennung von Peptiden und Proteinen eingesetzt. Diese werden entweder nativ entsprechend ihrer Ladung oder nach Denaturierung mit SDS (Sodiumdodecylsulfat) nach Molekulargewicht gemäß ihrer Molekülgröße getrennt. Diese Methode dient auch zur Abschätzung des Molekulargewichts von Proteinen in Lösung. Die Trennung beruht darauf, daß die verschieden großen Moleküle eine unterschiedlich starke Reibung mit den Gelfasern zeigen und somit die Auftrennung nach Molekülgröße erfolgen kann. Ohne das Vorhandensein eines Trenngels würden alle mit SDS denaturierten Proteine mit gleicher Geschwindigkeit migrieren.

Bei der Flachbettgelelektrophorese können gleichzeitig mehrere Trennungen in parallelen Bahnen durchgeführt werden. Zum anderen ist eine zweidimensionale Arbeitsweise möglich, bei der durch Verwendung zweier verschiedener Trennprinzipien außergewöhnlich hohe Trennleistungen erreicht werden können. Die 2 D-Gelelektrophorese von Proteinen mit Trennung nach effektiver Ladung in der ersten Dimension und die Trennung nach Molekulargewicht nach Denaturierung mit SDS in der zweiten Dimension soll hier nur exemplarisch erwähnt werden.

Trotz der erzielbaren sehr guten Trennergebnisse hat die klassische Gelelektrophorese einige entscheidende Nachteile. Die reproduzierbare Herstellung und die Handhabung der auf Glasplatten gegossenen Gele ist schwierig. Die Joulsche Erwärmung über die Trennstrecke wächst mit der Spannung quadratisch an, so daß eine effektive Kühlung des Trennmediums unerläßlich ist, um ein Austrocknen der Gele während der Analyse zu vermeiden. Kleinere Feldstärken führen ebenfalls zu geringerem Stromfluß, jedoch wächst die Analysenzeit stark an. Der Hauptnachteil der klassischen Elektrophorese liegt jedoch darin, daß analoge instrumentelle Entwicklungen wie in der Chromatographie mit direkter Detektion der Proben nicht möglich waren. Die Problematik der Detektion von Proteinen nach Anfärben und ihre quantitative Bestimmung auf der Gelschicht möge hier als Beispiel dienen.

Man war daher bestrebt, die Probleme mit den Gelen zur Verminderung der Konvektionsströmung zu umgehen und die direkte photometrische Bestimmung der Proben im Puffer zu ermöglichen. In dünnen Röhren sind die Konvektionsströme bedingt durch die kleinen Innendurchmesser der Kapillaren relativ gering. Die große Oberfläche der Kapillare, bezogen auf das Puffervolumen, erlaubt den schnellen effektiven Abtransport der Jouleschen Wärme, so daß relativ hohe Spannungen verwendet werden können, d.h. hohe Analysengeschwindigkeiten möglich sind. Der Austausch des Elektrolyten ist einfach möglich. Bei geeignetem Kapillarmaterial ist optische Durchlässigkeit gegeben, so daß direkte Detektion (on-line) und quantitative Bestimmung der Proben nach der Trennung wie in der Chromatographie möglich sind.

Die erste Trennung in einer offenen Glasröhre wurde von Hjerten[1] beschrieben, der die Stabilisierung der Lösung durch Rotation des Rohres um seine Achse erreichte. Die eigentliche Entwicklung der Kapillarelektrophorese (CE) begann mit den Pionierarbeiten in den 70er Jahren von Virtenen, Mikkers, Everearts[2,3] und von Jorgenson und Lukas[4,5] zu Beginn der 80er Jahre. Der Aufschwung der Methode wurde durch zwei entscheidende Verbesserungen hervorgerufen: Erstens wurde der Innendurchmesser der Trennkapillare deutlich verkleinert und zweitens wurde die aus der Isotachophorese anfänglich übernommene Leitfähigkeitsdetektion gegen die online UV-Detektion ausgetauscht. Voraussetzung für die Weiterentwicklung war die Verfügbarkeit von Quarzkapillaren mit hoher Transparenz im unteren UV-Bereich und gleichmäßigen Innendurchmessern im Bereich von 50 μm bis 100 μm. Sowohl die Trennleistung als auch die Detektionsmöglichkeiten verbesserten sich dadurch erheblich.

Durch den Einsatz von Quarzkapillaren mit Innendurchmessern von 50-100 μm konnten hocheffiziente Trennungen von Proteinen und Dansyl-Aminosäuren erzielt werden, bei denen wegen des relativ großen Verhältnisses von Oberfläche zu Volumen der störende Einfluß der thermisch induzierten Konvektion stark vermindert war. Der Einsatz von Quarzkapillaren erlaubte die Verwendung von modifizierten Detektoren aus der HPLC zur Detektion der getrennten Substanzen direkt in der Kapillare. Die Einfachheit der Apparatur und das vermehrte Bedürfnis für die Trennung von Biomolekülen führte in der zweiten Hälfte der 80er Jahre zu einem gesteigerten Interesse.

Unter dem Begriff Kapillarelektrophorese werden verschiedene Trenntechniken zusammengefaßt. Bei der **Kapillarzonenelektrophorese (CZE)**, die ausschließlich in mit Elektrolyt gefüllten Kapillaren durchgeführt wird, beruht die Trennung auf den Mobilitätsdifferenzen der Proben, und sie stellt das zur Zeit am häufigsten verwendete Verfahren in der Kapillarelektrophorese dar. Das Verfahren ähnelt der Elutionschromatographie; die Zonen wandern mit unterschiedlicher Geschwindigkeit durch das Trennsystem und sind im Optimalfall voneinander durch Elektrolyt getrennt.

Bei der **Kapillargelelektrophorese (CGE)** ist die Kapillare mit einer Polymerlösung oder einem Gel gefüllt. Die elektrophoretische Migration von Makromolekülen ist durch die Gelmatrix behindert. Der Transport der Probe durch die Kapillare beruht auf der Ladung der Makromoleküle, die Trennung ist jedoch von der Molekülgröße abhängig.

Ungeladene Moleküle können mittels **micellarer elektrokinetischer Chromatographie (MEKC)** getrennt werden. Dem Puffer werden Detergenzien zugesetzt, die neutralen Moleküle verteilen sich zwischen Puffer und den Micellen nach ihrer Hydrophobie. Die Trennung beruht auf der Mobilität der meist negativ geladenen Micellen und dem Transport der Proben außerhalb der Micellen mit dem elektroosmotischen Fluß. Dabei handelt es sich um einen Verteilungsprozeß, der in diesem Fall ein echtes chromatographisches Verfahren darstellt. Auch hier sind die Proben durch Elektrolyte voneinander getrennt. Der Trennbereich liegt zwischen der Wanderung der Verbindungen, die sich nicht in der Micelle aufhalten, also mit dem EOF wandern, und denen, die permanent in der Micelle eingeschlossen sind. Bei der **isoelektrischen Fokussierung (IEF)** erfolgt die Trennung in einem pH-Gradienten, der sich durch Zusatz von Ampholyten zum Puffer im elektrischen Feld ausbildet. Geringere Bedeutung hat bisher die **Elektrochromatographie (EC)**, bei der stationäre Phasen der HPLC verwendet werden und die Strömung des Eluenten und der Transport der Proben nur durch den elektroosmotischen Fluß erzielt wird. Als älteste Kapillartrenntechnik soll schließlich die **Isotachophorese (ITP)** aufgeführt werden, die neuerdings zur Probenaufkonzentrierung in der CZE wieder an Bedeutung gewinnt. Hier wandern die Zonen mit gleicher Geschwindigkeit und sind nicht durch Elektrolyt voneinander getrennt. Diese Methode ist der Verdrängungschromatographie analog.

Kapillar-Zonenelektrophorese	**Micellare Elektrokinetische Chromatographie**	**Kapillar-Gelelektrophorese**
Kapillaren modifiziert / unmodifiziert	Kapillaren unmodifiziert	Kapillaren modifiziert und gelgefüllt
EOF kontrolliert / unkontrolliert	EOF vorhanden	EOF unterdrückt
Trennung durch elektrophoretische Wanderung. Einfluß des EOF.	Trennung durch elektrophoretische Wanderung und Verteilung der Probe zwischen Micelle und Puffer. Einfluß des EOF.	Trennung durch elektrophoretische Wanderung mit Siebeffekt. Kein Einfluß des EOF
Viele Anwendungsmöglichkeiten für kleine und große geladene Moleküle.	Breiter Anwendungsbereich bei kleinen, neutralen und geladenen Molekülen.	Trennung nach Molekülgröße bei DNA-Molekülen und SDS denaturierten Proteinen.
Isoelektrische Fokussierung in Kapillaren (CIEF)	**Isotachophorese in Kapillaren (CITP)**	**Elektro-Chromatographie (EC)**
Kapillaren modifiziert/unmodifiziert	Kapillaren unmodifiziert	Kapillaren gepackt
EOF unterdrückt/gering vorhanden	EOF vorhanden	EOF vorhanden
Trennung in einem pH-Gradient gemäß der isoelektrischen Punkte der Probe. Wenn geringer EOF vorhanden, Mobilisierung der Probezone zum Detektor nicht nötig.	Trennung durch elektrophoretische Wanderung. Einfluß des EOF.	Trennung durch Wechselwirkungen mit der stationären Phase (LC-Trennsystem). Der EOF dient als Pumpe.
Trennung von zwitterionischen Proben gemäß ihrer pI-Werte.	Anwendungsbereiche beschränkt. Aufkonzentrierung von verdünnten Lösungen vor der CE.	Anwendungsbereiche wie in der HPLC (bisher kaum praktische Bedeutung).

Tab. 2-1: Zusammenstellung der durch elektrisches Feld getriebenen Trennsysteme in Kapillaren

Eine Übersicht der Trenntechniken in der CE gibt Tabelle 2-1, in der auch die wichtigsten Einsatzgebiete der einzelnen Verfahren aufgeführt sind.

Das Verfahren der wandernden Grenzzonen (moving boundary) hat hier nur theoretisches Interesse, da es sich um kein echtes Trennverfahren handelt. Nur die am schnellsten wandernden Ionen werden von den anderen Zonen abgetrennt, während die anderen Zonen nur partiell aufgetrennt werden. Das Migrationsprofil entspricht dem Elutionsprofil der Frontanalyse in der Chromatogaphie.

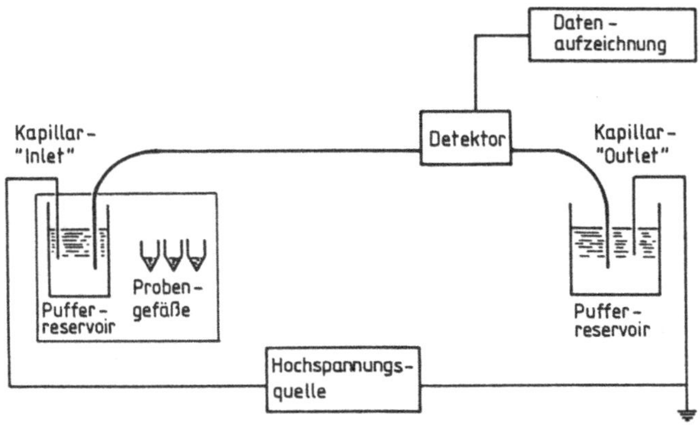

Abb. 2-1 Schematischer Aufbau einer CE-Apparatur

Eine schematische Zeichnung einer CE-Apparatur ist in Abbildung 2-1 dargestellt. Die dünne Quarzkapillare (25-100 µm) mit einer Länge von 20 cm bis 100 cm überbrückt die beiden Puffergefäße, zwischen denen eine Spannung von bis zu etwa 30 000 Volt angelegt wird. Der Einfachheit halber wird stets von Quarzkapillaren gesprochen, obwohl es sich eigentlich um amorphes Siliciumdioxid (fused silica) handelt, aus dem die Kapillaren gezogen werden. Ein relativ kurzer Probepfropfen (einige nL) wird am anodischen Ende der Kapillare aufgegeben. Dies geschieht entweder durch Heben oder Senken der entsprechenden Gefäße, durch Druck auf das Probengefäß, Vakuum auf das kathodische Pufferreservoir oder einfach durch elektrophoretische Wanderung der Probenbestandteile in die Kapillare.

Die Trennung der Proben erfolgt im Trennpuffer innerhalb der Kapillare durch Anlegen einer Spannung an die Puffergefäße. Das sich in der Kapillare ausbildende elektrische Feld bewirkt die Migration der Probezonen. Der elektrophoretischen Wanderung ist immer ein mehr oder minder starker elektroosmotischer Fluß (EOF) überlagert, der passiv zum Transport der Probezonen, nicht aber zu ihrer Trennung beiträgt. Dieser EOF hängt stark vom pH-Wert des Puffers und von den Oberflächeneigenschaften der Kapillare ab. Er kann so groß sein, daß nicht nur neutrale Moleküle bewegt werden, sondern selbst negative Ionen entgegen ihrer elektrophoretischen Migration zum Detektor transportiert werden können.

Nachdem in den meisten Puffern an der Oberfläche von Quarzkapillaren durch Dissoziation von Silanolgruppen negative Ladungen vorliegen, die positive Ladungen in der Nähe der Wand induzieren, geht der EOF in Richtung zur Kathode, weshalb in der üblichen Anordnung der Apparatur der Detektor in der Nähe des Kathodenraums angebracht wird. Der EOF hilft beim Transport der Probezonen zum Detektor, so daß bei genügend hohem EOF auch Anionen zur Kathode transportiert werden.

2.1. Theoretische Grundlagen

2.1.1. Elektrophoretische Wanderung

Ionen bewegen sich mit konstanter Geschwindigkeit in einem elektrischen Feld. Zunehmende Spannung und damit wachsende Feldstärke E führt stets zu einer Erhöhung der Wanderungsgeschwindigkeit u der Ionen und damit höherer Analysengeschwindigkeit. Die elektrophoretische Beweglichkeit (Mobilität) μ der Ionen verbindet die elektrophoretische Wanderungsgeschwindigkeit u und die Feldstärke E:

$$u = \mu \cdot E = \frac{L_{eff}}{t_m} \qquad (2.1)$$

Bestimmt wird die Geschwindigkeit eines Ions, indem man die zurückgelegte Weglänge (Kapillarlänge vom Inlet bis zum Detektor) durch die Migrationszeit t_m des Peaks teilt.

Hergeleitet werden kann diese Formel über das Kräftegleichgewicht, welchem ein wanderndes Ion unterliegt. Das einzelne Ion unterliegt einer Beschleunigungskraft K_B

$$K_B = z \cdot F \cdot E \qquad (2.2)$$

wobei F die Faradaykonstante (96 500 Cb Mol^{-1}) und z die effektive Ladung des Ions darstellt. Dieser Kraft stellt sich die Reibungskraft, angenähert durch das Stokesche Gesetz, entgegen.

$$K_R = 6 \cdot \pi \cdot \eta \cdot r \cdot u \qquad (2.3)$$

Hierbei ist η die dynamische Viskosität [Pa s] und r der Stokesche Radius [cm] des Ions, der auch die Solvatationshülle beinhaltet. Eine direkte Berechnung der Wanderungsgeschwindigkeit aufgrund der molekül- und pufferspezifischen Größen ist jedoch nicht möglich, da der Stokesche Radius meist nicht bekannt ist und mit dem meßbaren Ionenradius in Kristallgittern nicht korreliert. Die Zahl 6 gilt unter der Annahme sphärischer Teilchen und ist kleiner für kleine Ionen, deren Größe den Lösungsmittelmolekülen entspricht.

Die elektrophoretische Wanderungsgeschwindigkeit u ist demnach gegeben durch:

$$u = \frac{z \cdot F \cdot E}{6 \cdot \pi \cdot \eta \cdot r} \qquad (2.4)$$

Wird nun die Spannung (üblicherweise 10 kV bis 30 kV) angelegt, so erfolgt eine Trennung aufgrund verschiedener Wanderungsgeschwindigkeiten der Probe im Trennpuffer. Dabei wandern die Ionen beschleunigt durch das elektrische Feld mit einer Mobilität μ, die nach folgender Gleichung berechnet werden kann:

$$\mu = \frac{L_{eff}}{t \cdot E} = \frac{L_{eff} \cdot L_{ges}}{t \cdot U} \qquad (2.5)$$

Bei den Berechnungen ist es wichtig, zwischen der gesamten Kapillarlänge (L_{ges}) und der Länge vom Inlet bis zum Ort der Detektion (L_{eff}) zu unterscheiden, da das elektrische Feld über der Gesamtlänge abfällt, die Moleküle aber nur die effektive Kapillarlänge in der Migrationszeit durchwandern. Deshalb sollten stets beide Kapillarlängen in der Form L: L_{eff} / L_{ges} in cm angegeben werden.

Elektrophoretische Trennungen sind nur dann möglich, wenn sich die Ionen in ihrer Mobilität unterscheiden. Die effektive Ladung eines Probeions stellt dabei die Ladung des Ions dar, abzüglich des Ladungsanteils der umgebenden entgegengesetzt geladenen Ionen (im Modell als starre Doppelschicht). Bei der Wanderung zieht das Ion diesen Teil der Doppelschicht mit sich und wandert daher langsamer als es seiner tatsächlichen Ladung entspricht. Man nennt dies den elektrophoretischen Effekt, der am größten für dünne diffuse Doppelschichten um das Ion herum ist. Diese charakteristische Doppelschicht läßt sich aus der Debye-Hückel-Theorie berechnen und ist umgekehrt proportional der Wurzel der Elektrolytkonzentration. Es läßt sich experimentell zeigen, daß die effektive Ionenladung und damit die Wanderungsgeschwindigkeit mit zunehmender Ionenstärke abnimmt. Für große Teilchen, mit einem Radius größer als die Doppelschicht ist die Mobilität bei Teilchen ähnlicher Zusammensetzung von der Größe unabhängig, was die Trennung von großen Molekülen in der Elektrophorese erschwert. So ist die Wanderungsgeschwindigkeit von DNA-Molekülen oder von mit SDS denaturierten Proteinen in reinem Elektrolyten nahezu identisch. Trenneffekte erreicht man nur, wenn die Migration durch Siebeffekte (z.B. in Gelen) oder Ausschlußeffekte beeinflußt werden.

2.1.2. Leitfähigkeit

Die elektrophoretische Beweglichkeit der Ionen manifestiert sich makroskopisch als die Leitfähigkeit des Elektrolyten für den elektrischen Strom. Nach dem Kohlrauschschen Gesetz der unabhängigen Beweglichkeit der Ionen tragen alle ionischen Bestandteile des Elektrolyten zum Ladungstransport und damit zum Strom bei. Die Stromdichte J ist proportional den Konzentrationen, den Ladungen und den Mobilitäten der verschiedenen ionischen Species. Die Stromdichte d.h. der elektrische Strom I der durch die Einheitsfläche S transportiert wird, ist durch das Ohmsche Gesetz mit der Feldstärke E verknüpft:

$$J = \frac{I}{S} = E * \kappa \qquad (2.6)$$

wobei κ die spezifische Leitfähigkeit darstellt. Bei Kenntnis der Mobilitäten der Ionen kann aus ihrer Konzentration mit der Faraday Konstante die spezifische Leitfähigkeit des Elektrolyten berechnet werden.

$$\kappa = \frac{J}{E} = F \sum_{j=1}^{n} C_j * Z_j * \mu_j \qquad (2.7)$$

In der Elektrochemie verwendet man auch die sogenannten Überführungszahlen, die den Anteil eines Ions am Stromtransport angeben.

$$t_j = \frac{F * C_j * Z_j * \mu_j}{\kappa} \qquad (2.8)$$

In den Tabellenwerken der physikalischen Chemie findet man auch die molaren Leitfähigkeitswerte von Elektrolyten angegeben. Hierbei ist die spezifische

Leitfähigkeit auf die Konzentration c des Elektrolyten in der Lösung bezogen.

$$\Lambda_m = \frac{\kappa}{c} \qquad (2.9)$$

Analog gilt für die molare Leitfähigkeit $\lambda_{m,A}$ des Ions A:

$$\lambda_{m,A} = \frac{\kappa_A}{c_A} \qquad (2.10)$$

Die übliche SI-Einheit für die molare Leitfähigkeit ist $S*m^2*mol^{-1}$. In der Praxis werden häufig um 10^4 größere Werte verwendet ($S*cm^2*mol^{-1}$).

Die Mobilität der Ionen wird durch Temperatur und Ionenstärke beeinflußt. Die Abhängigkeit der Mobilität von der Temperatur hängt fast ausschließlich mit der Temperaturabhängigkeit der Viskosität zusammen, d.h. mit zunehmender Temperatur nimmt die Mobilität zu. Nur zu einem geringen Betrag hat die Änderung der Solvatationshülle mit der Temperatur einen Einfluß auf die Mobilität der Ionen.

Der Einfluß der Konzentration des Elektrolyten auf die Leitfähigkeit bzw. Mobilität der Ionen wird in den Lehrbüchern der physikalischen Chemie ausführlich behandelt. Die Abnahme der molaren Leitfähigkeit mit der Konzentration wurde bereits von Kohlrausch mit der empirischen Gleichung beschrieben.

$$\lambda_c = \lambda_0 + A\sqrt{c} \qquad (2.11)$$

wobei λ_0 die molare Leitfähigkeit bei unendlicher Verdünnung darstellt. Neuartige Geichungssysteme, teilweise Reihenentwicklungen wie die Onsager-Gleichung erlauben die Konzentrationsabhängigkeit genauer zu berechnen, führen aber für die Praxis der Elektrophorese zu weit. In der Literatur sind auch relative Leitfähigkeiten tabelliert, die auf ein Ion, z.B. das Natriumion bezogen sind, bei dem die Konzentrationsabhängigkeit der Leitfähigkeit bekannt, bzw. mittels der Onsagergleichung berechnet werden kann.

Der Vollständigkeit halber soll hier noch darauf hingewiesen werden, daß die Leitfähigkeit selbstverständlich bei schwachen Säuren bzw Basen vom Dissoziationsgrad der Verbindung abhängt, und damit vom pH-Wert des Elektrolyten.

Die Abhängigkeit der Mobilität in der Nähe des pK-Wertes der Elektrolytkomponente zeigt einen analogen Verlauf wie die Titrationskurve der Komponente.

2.1.3. Elektroosmotischer Fluß

Die Größe des EOF läßt sich vereinfacht mit Hilfe der sogenannten Helmholtz-Gleichung beschreiben

$$\mu = \frac{\varepsilon E \zeta}{4\pi\eta} \qquad (2.12)$$

Der EOF ist umgekehrt proportional der Viskosität η des Elektrolyten, proportional seiner Dielektrizitätskonstante ε, der angelegten Feldstärke E und der Zahl der Ladungen an der Kapillarwand, bzw. dem dadurch aufgebauten ζ-Potential ("Zeta-Potential"). Bei Quarzkapillaren sinkt der EOF mit zunehmender Konzentration des Elektrolyten, beim Zusatz organischer Komponenten und wächst mit dem Dissoziationsgrad der Oberflächensilanolgruppen, d.h. er steigt mit dem pH-Wert an.

Messen kann man die Größe des elektroosmotischen Flusses durch Aufgabe einer ungeladenen Substanz (Neutralmarker). Aus der Migrationszeit t_m des Neutralmarkers kann nach Gleichung 2.1 dessen Geschwindigkeit und nach Gleichung 2.5 die Mobilität berechnet werden.

Die Abhängigkeit des EOF bei Quarzkapillaren vom pH-Wert und die entsprechende Reproduzierbarkeit der Mobilität ist in Abbildung 2-2 dargestellt. Bei einem Wechsel des pH-Wertes erhält man erst nach einiger Zeit einen konstanten EOF. Der EOF zeigt bei einem zyklischen Pufferwechsel einen typische Hystereseerscheinung. Die größten Abweichungen treten dabei im mittleren pH-Bereich, in der Nähe des pK-Wertes der Kieselsäure auf. Durch Verlängerung der Konditionierungszeiten nach Veränderung des pH-Wertes der Puffer können die Abweichungen jedoch vermindert werden. Die Hysterese-Erscheinungen verringern sich. Für reproduzierbares Arbeiten in unbehandelten Kapillaren ist es daher erforderlich, bei Pufferwechsel die Spül- und Konditionierungszeiten der Kapillare zu standardisieren, womit Hysterese-Erscheinungen des EOF reduziert werden können. Es ist daher ratsam bei einem Pufferwechsel im neuen Puffer stets einige Trennungen durchzuführen bevor die Reproduzierbarkeit geprüft wird.

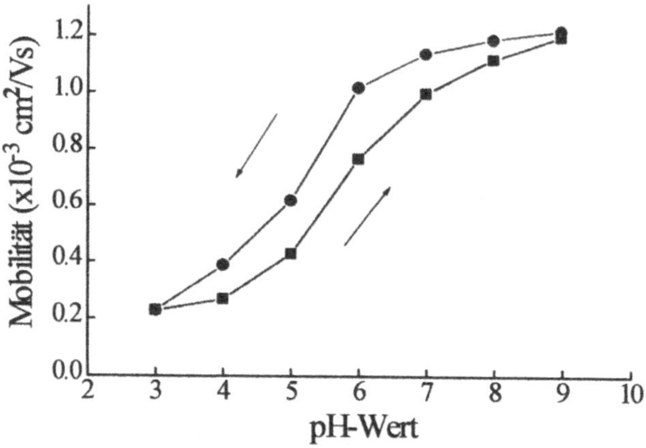

Abb 2-2: pH-Abhängigkeit des elektroosmotischen Flusses vom pH-Wert (entnommen aus[14]). Trennbedingungen: Kapillare: 75 µm i.d. L=40/47cm; Puffer: Phosphat 10 mM; Neutralmarker: Benzylalkohol; E = 425 V/cm. Nach Konditionierung der Kapillare (3 min mit NaOH) wurde der EOF jeweils nach dem Spülen der Kapillare für 2 min mit den Trennpuffern verschiedener pH-Werte gemessen.

Wegen des stets gegenwärtigen EOF ist üblicherweise in der CE der Detektor kathodenseitig angeordnet. Kationen bewegen sich mit dem EOF (Comigration). Man erhält daher sehr schnelle Analysenzeiten bei positiv geladenen Verbindungen. Selbst Anionen, die in die entgegengesetzte Richtung des EOF wandern (Contramigration) werden dann zum Detektor (an der Kathodenseite) transportiert, wenn die Größe ihrer elektrophoretischen Wandergeschwindigkeit niedriger ist als die Strömungsgeschwindigkeit des EOF's. Es ist daher möglich, unter geeigneten Bedingungen Kationen und Anionen in einer einzigen Analyse voneinander zu trennen. Nur die Anionen, die schneller wandern als die Strömungsgeschwindigkeit des EOF's, migrieren in das Anodengefäß und entziehen sich der Detektion. Durch Umpolen der Spannung können diese Ionen detektiert werden, während sich die Kationen und langsam wandernde Anionen der Detektion entziehen. Bei anderen Trennverfahren wie z.B. bei der MEKC wird ausschließlich der EOF zum Transport der oftmals ungeladenen Probebestandteile zum Detektor verwendet. Bei Verwendung anionischer Micellenbildner wandern die Proben solange sie sich in der Micelle befinden gegen den EOF, während ihrer Aufenthaltszeit außerhalb der Micelle im

Elektrolyten mit dem EOF. Diese Gegenstromverteilung der Probesubstanzen ist mit eine Ursache für die hohe Selektivität bei der MEKC.

Durch chemische Modifikation der Kapillaroberfläche kann der EOF kontrolliert, ausgeschaltet, ja sogar umgekehrt werden. Die Größe des EOF ist auch die einzige Möglichkeit, Veränderungen an der Kapillaroberfläche z. B. durch irreversible Adsoption von Probebestandteilen zu bestimmen. Alle anderen Oberflächencharakterisierungsmethoden versagen wegen der sehr geringen Oberfläche (circa 1 cm^2). Oberflächenmodifizierte Kapillaren zeigen kaum Hysterese-erscheinungen bei Pufferwechsel. Beim Arbeiten mit gelgefüllten Kapillaren sollte der EOF vollständig unterdrückt sein, da sonst die Gele aus der Kapillare gespült werden. Durch Modifikation der Kapillaroberfläche lassen sich die Wechselwirkungen der Probebestandteile mit der Wand unterdrücken. Sorptionseffekte von Probebestandteilen an der Wand führen stets zu einer Verschlechterung der Trenneffizienzen (verzögerter Massentransport) und führen besonders bei der Trennung von Proteinen zu einer Verminderung der Bodenzahlen. Für Proteine besitzen Fused-Silica-Materialien sehr sorptionsaktive Oberflächen, so daß manche Proteinen erst nach Mehrfachinjektionen im Detektor erscheinen.

2.2. Ursachen der Bandenverbreiterung in der CE

Zur Beschreibung der Dispersion der Zonen in der CE wurden die bekannten Größen der Chromatographie wie Bodenhöhe H und theoretische Bodenzahl N adaptiert, und sind als solche zur Beschreibung der Dispersions- und Transportphänomena in der Kapillare auch ohne weiteres zu gebrauchen. So werden die Bodenzahlen auch analog zu denen der chromatographischen Methoden aus der Peakbreite und der Migrationszeit berechnet (Gleichung 2.13). Da in der CE häufig asymmetrische Peaks auftreten kann zur praktischen Berechnung der Bodenzahlen die Peakbreite in halber Höhe und die Migrationszeit verwendet werden. Die Bodenzahl berechnet sich dann nach Gleichung 2.13:

$$N = 5{,}54 \cdot \left\langle \frac{t}{b} \right\rangle^2 \qquad (2.13)$$

(t: Migrationszeit des Peaks, b: Breite des Peaks in halber Höhe)

Der Hauptbeitrag zur Bandenverbreiterung in der Chromatographie in offenen Röhren rührt vom Hagen-Poiseuilleschen Strömungsprofil her. Dieser Beitrag wächst

mit dem Quadrat des Durchmessers der Kapillare und ist umgekehrt proportional dem Diffusionskoeffizienten der Probe im Elektrolyten (C-Term der Golay-Gleichung)[15]. Bedingt durch die niedrigen Diffusionskoeffizienzen wird in Flüssigkeiten das Strömungsprofil durch Radialdiffusion kaum ausgeglichen. Aus diesem Grunde ist Kapillar-Flüssigkeitschromatographie mit vernünftigen Kapillardurchmessern (> 50 µm) nicht möglich. Bei der Gaschromatographie sind die Diffusionskoeffizienten der Proben im Gas um den Faktor 10^4 größer und das parabolische Strömungsprofil wird schnell durch radiale Diffusion aufgrund des Konzentrationsprofils ausgeglichen. Die Kapillar-Gaschromatographie ist daher ein hocheffizientes Trennverfahren. Nachdem das Strömungsprofil in der CE, bedingt durch den EOF, stempelförmig ist, kann der Beitrag des Strömungsprofils zur Bandenverbreiterung vernachlässigt werden und im Idealfall ist ausschließlich der Longitudinaldiffusionsterm zu berücksichtigen.
Die Einzelbeiträge zur Bandenverbreiterung sollten daher nicht wie in der HPLC in die drei Terme der Longitudinaldiffusion, der Eddy-Diffusion und dem Massentransportterm gegliedert werden, da in der CE für schlechte Peakeffizienzen überwiegend andere Ursachen eine Rolle spielen. Nur der Beitrag der longitudinalen Diffusion zur Bandenverbreiterung kann aus der Theorie der Chromatographie übertragen werden.

Bei "on-column" Detektion, wie z.B. in der Dünnschichtchromatographie, sind die Zonen von ähnlicher Breite, so daß in der Säule wesentlich höhere Bodenzahlen ermittelt werden als im Detektor nach der Elution. Die Wanderungsgeschwindigkeit der Proben in der Säule und im Eluenten unterscheiden sich um den Faktor 1+k'. In der Säule wandern die Proben langsam, nach Desorption auf dem Weg zum Detektor wandern alle mit identischer Geschwindigkeit, der des Eluenten. In der CE - mit on-column Detektion - ist die Wanderungsgeschwindigkeit durch das Detektionsfenster unterschiedlich. Langsam wandernde Proben sind länger im Detektionsfenster d.h. bei der Integration sind die Flächenwerte auf die Migrationszeit zu standartisieren. Aus diesen Gründen sind Vergleiche der erreichbaren Effizienz von HPLC und CE nur bedingt möglich.

Vernachlässigt man zunächst alle anderen Ursachen der Bandenverbreiterung so zeigt sich, daß die Bodenzahl direkt proportional zum elektrischen Feld E und umgekehrt proportional zum Diffusionskoeffizienten D der Probe im Elektrolyten ist.

Über die bekannten Definitionsgleichungen für die Bodenzahl (Gleichung 2.14) und mit Verwendung des Einsteinschen Diffusionsgesetzes (Gleichung 2.15) erhält man eine Beziehung zwischen den wichtigen Größen den Bodenzahl N, Feldstärke E und dem Diffusionskoeffizienten D (Gleichung 2-16).

$$N = \frac{L}{\sigma_L^2} \quad bzw. \quad H = \frac{\sigma_L^2}{L} \tag{2.14}$$

$$\sigma^2 = 2D \cdot t = \frac{2D \cdot L_{eff} \cdot L_{ges}}{\mu \cdot U} \tag{2.15}$$

$$N = \frac{\mu \cdot E}{2D} \tag{2.16}$$

mit:N: Bodenzahl, H: Bandenverbreiterung, D: Diffusionskoeffizient der Probe im Trennpuffer, U: Spannung, μ: Mobilität

Diese Gleichung entspricht dem Longitudinal-Diffusionsterm der Golay-Gleichung. Nachdem der Beitrag des verzögerten Massentransportes in der mobilen Phase (Ausgleich des Hagen-Poiseuilleschen Strömungsprofils) wegen der Pfropfenform des EOFs nicht zu berücksichtigen ist, wächst die Bodenzahl im Gegensatz zur HPLC mit abnehmendem Diffusionskoeffizienten der Proben. Aus diesem Sachverhalt wird im allgemeinen die Tatsache abgeleitet, daß die CE besonders gut für die Trennung von Biopolymeren geeignet ist, da diese überwiegend große Diffusionskoeffizienten besitzen, die mit dem Molekulargewicht abnehmen. Mit zunehmender Molmasse wird der Stofftransport, die Diffusion im Konzentrationsgefälle verzögert und die Diffusionskoeffizienten nehmen folglich mit steigender Molmasse ab.

Giddings[16] zeigte, daß näherungsweise bei Raumtemperatur und über einen weiten Bereich der Molmassen die Gleichung für die Bodenzahl sich reduzieren läßt zu

$$N = 20 \cdot z \cdot U \tag{2.17}$$

mit z: effektive Ladung der Probe im Puffer

Mit Spannungen bis zu 35 000 Volt sowie effektiven Ladungen zwischen 1 und 10 lassen sich demnach bis zu 10 000 000 theoretische Böden pro Meter erzielen. Diese Zahl zeigt, daß die CE der HPLC hinsichtlich möglicher Trenneffizienz überlegen ist. Die vorhergesagten hohen Bodenzahlen wurden in gelgefüllten Kapillaren für DNA-Moleküle auch gemessen. Nun stellen DNA Moleküle hierbei einen Sonderfall dar, da sie durch die Vielzahl negativer Ladungen nicht mit der Kapillaroberfläche in Wechselwirkung treten und als gestreckte Moleküle in der Matrix sehr niedrige Diffusionskoeffizienten haben. Bei Proteinen sind die Diffusionskoeffizienten größer, so daß Bodenzahlen bis zu 1 600 000 erreichbar sind. Die erreichbare Bodenzahl ist ein Maß für die Stärke möglicher Wechselwirkungen der Proteine mit der Kapillarwand.

Im Realfall existieren neben der Longitudinaldiffusion in der Kapillarelektrophorese noch andere Effekte, die zur Dispersion der Peaks beitragen.

Zu den weiteren Ursachen der Bandenverbreiterung zählen in der CE:

- die Wandabsorption der Proben,
- die Verfälschung des stempelförmigen Flußprofils durch Temperatureffekte,
- die Überlagerung des elektroosmotischen Flusses mit einem Druckflußprofil,
- zu lange Probenaufgabezonen,
- zu große Probenkonzentrationen und
- Mobilitätsdifferenzen vom Pufferion zu den zu analysierenden Ionen.

Wie in der HPLC gilt in der CE die Additivität der Varianzen beim Zusammenwirken der verschiedenen Einflüsse, die insbesondere zur Bandenverbreiterung beitragen. Daraus ergibt sich dann insgesamt die Verminderung der Bodenzahl bzw. die Erhöhung der Zonenbreite:

$$\sigma^2 = \sigma^2_{VÜ} + \sigma^2_{MÜ} + \sigma^2_{LD} + \sigma^2_{DE} + \sigma^2_{WA} + \sigma^2_{T} + \sigma^2_{\Delta\mu} \qquad (2.18)$$

σ^2: Varianz der Peakbreite bei gaußförmigen Peaks mit Indizes. Ursachen der Dispersion:

VÜ:	Volumenüberladung	MÜ:	Massenüberladung
LD:	Longitudinaldiffusion	DE:	Detektion
WA:	Wandabsorption	T:	Temperatureffekte
$\Delta\mu$:	Mobilitätsdifferenz von Probeion und Pufferion		

Im folgenden werden einige dieser Punkte herausgegriffen und an praktischen

Beispielen näher erläutert sowie Wege aufgezeigt, derartige Effekte zu vermindern. Von besonderem Interesse sind dabei vor allem die Überladungseffekte, die Ionenstärke des Puffers, die Wandadsorption, die Temperatureffekte und die Mobilitätsdifferenzen zwischen Probeionen und Pufferionen.

2.2.1. Effizienzverlust durch Temperatureffekte

Durch das anliegende Feld wird in der Kapillare ein Stromfluß erzeugt. Dieser Strom ist unter anderem von der spezifischen Leitfähigkeit des Puffers und vom Durchmesser der Kapillare abhängig. Die angegebene Formel 2.19 beschreibt mathematisch den Zusammenhang zwischen der Leistung und anderen für die Trennung wichtige Größen.

$$P = U \cdot I = R \cdot I^2 = U^2 \cdot d^2 \cdot \frac{\pi \cdot \kappa}{2L} \qquad (2.19)$$

mit: P: Leistung, d: Kapillarinnendurchmesser, κ: spezifische Leitfähigkeit des Puffers

Diese Gleichung zeigt die quadratische Abhängigkeit der Leistung sowohl von der Spannung, als auch vom Radius der Kapillare. So darf z. B. bei einer Verdopplung des Innendurchmessers der Kapillare nur noch 25% der Spannung angelegt werden, damit die Leistung und damit die Joulsche Erwärmung konstant bleibt. Dadurch erhöht sich die Analysenzeit bei der Verwendung großer Kapillardurchmesser und gleichzeitig wird die Bandenverbreiterung durch die Diffusion der Proben erhöht. Der Abtransport der durch die elektrische Leistung verursachte Wärme erfolgt ausschließlich über die Kapillarwand, so daß ein radialer Temperatur- und damit Viskositätsgradient im Puffer senkrecht zur elektrophoretischen Wanderung entsteht. Wie aufwendige Berechnungen zeigen, bildet sich dabei ein radialer Temperaturgradient im Trennpuffer mit parabolischem Verlauf aus. Die Mitte der Kapillare wird am stärksten erhitzt und kann Temperaturen um bis zu 10 °C höher als an der inneren Kapillarwand erreichen.

Mit steigender Temperatur nimmt die Leitfähigkeit des Puffers in der Kapillare zu, dadurch verändert sich zu Beginn der Analyse bei konstanter Spannung der Strom, bis sich ein stationärer Zustand und ein stabiler Temperaturgradient ausgebildet hat. In diesem stationären Zustand wird die gesamte erzeugte Joulesche Wärme über die Kapillarwand abgeführt. Bei uneffizienter Kühlung steigt die Temperatur des Puffers weiter an und der Strom nimmt überproportional mit der angelegten Spannung zu. Der

Gültigkeitsbereich des Ohmschen Gesetzes wird verlassen. Im allgemeinen sind die Auswirkungen der Temperatureffekte auf die Bandenverbreiterung zu vernachlässigen, solange man innerhalb des Gültigkeitsbereichs des Ohmschen Gesetzes arbeitet. Dies läßt sich experimentell einfach bestimmen, und man kann auf diese Weise die Wirksamkeit des Kühlungssystems der Apparatur überprüfen. Die maximal nutzbare Spannung und damit die maximal erreichbare Analysengeschwindigkeit hängt damit von der Effizienz des Kühlsystems, dem Kapillarinnendurchmesser sowie der Pufferleitfähigkeit ab.

2.2.2. Effizienzverlust durch Elektrodispersion

Der Verminderung der Leitfähigkeit des Puffers sind aber Grenzen gesetzt. Bestehen große Unterschiede zwischen der Leitfähigkeit im Puffer und in den Probezonen, so führen die lokalen Störungen des elektrischen Feldes zu einer Verzerrung der Zonen und damit wiederum zur Verminderung der Trennleistung. Da dies bei der Optimierung einer chiralen Trennung eine wichtige Rolle spielt, soll das hier ausführlich dargestellt werden. Ist die Leitfähigkeit innerhalb der Probezone größer als die im Trägerelektrolyten, so führt dort der verminderte Widerstand zu einer verminderten Feldstärke. Dadurch wandern im Konzentrationsmaximum die Probemoleküle langsamer als an den Flanken der Zone. Dies führt zu einer starken Verzerrung der Zonen mit langsamem Anstieg und schnellem Abfall (Leading oder Fronting).

	$\lambda_S > \lambda_P$	$\lambda_S = \lambda_P$	$\lambda_S < \lambda_P$
$\mu_S < \mu_P$	Verdünnung		Aufkonzentrierung
	Tailende Peaks	Tailende Peaks	Tailende Peaks
$\mu_S = \mu_P$	Verdünnung	kein Einfluß	Aufkonzentrierung
	Symmetrisch Peaks	Symmetrisch Peaks	Symmetrisch Peaks
$\mu_S > \mu_P$	Verdünnung		Aufkonzentrierung
	Frontende Peaks	Frontende Peaks	Frontende Peaks

Tab. 2-2: Zusammenhang zwischen Peakform und Mobilitäten sowie zwischen den Leitfähigkeiten von Probelösung (λ_S) und Puffer (λ_P)

Im umgekehrten Falle entstehen Peaks mit starkem Tailing. Nur wenn die Leitfähigkeit in der Probezone und dem Puffer identisch ist, erhält man symmetrische Peaks. Die Pufferkonzentration ist daher dem jeweiligen Trennproblem (Dissoziation und Mobilität der Proben) anzupassen. Ist die Leitfähigkeit der Probenzone größer als die des Trennpuffers, so führt dies bei der Injektion zu einer Verdünnung der Probe.

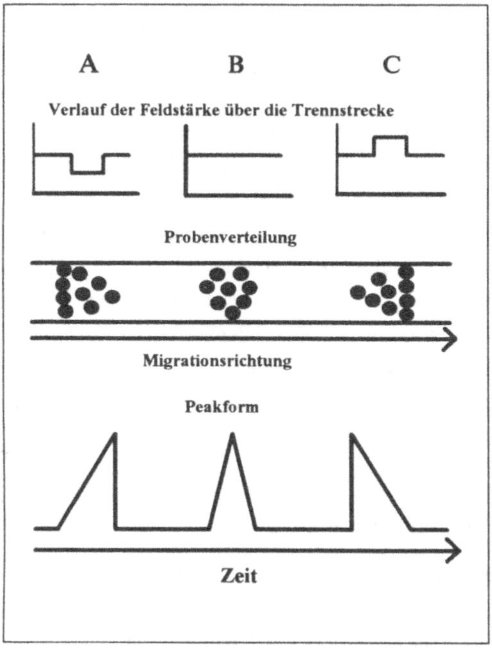

Abb. 2-3: Schematische Erklärung der Bandenverbreiterung durch Elektrodispersion; Darstellung des Verlaufs der Feldstärke, der Probenverteilung und der Peakform in der Probezone.
A) Probenzonen mit Ionen größerer Mobilität als der Hintergrundelektrolyt
B) Probenzonen mit Ionen gleicher Mobilität als der Hintergrundelektrolyt
C) Probenzonen mit Ionen geringerer Mobilität als der Hintergrundelektrolyt

Ursache ist das Kohlrausche Gesetz, welches eine einheitliche Leitfähigkeit über den gesamten Bereich der Trennstrecke fordert, wie in Abbildung 2-3 schematisch dargestellt.Ist zusätzlich noch eine Differenz der Mobilitäten zwischen den Probeionen und den Pufferionen vorhanden, folgt eine zusätzliche Verzerrung der Peakformen auf grund isotachophoretischer Effekte. Diese komplexen Zusammenhänge zwischen Leitfähigkeit und Mobilitätsunterschied in Probezonen und Trennelektrolyt sind nochmals übersichtlich in Tabelle 2-2 zusammengefaßt. Die Leitfähigkeit der Probelösung setzt sich zusammen aus den Mobilitäten der Ionen in der Probezone und deren Konzentration. Ist die Leitfähigkeit in der Probezone niedriger als im Puffer, so erfolgt generell eine Aufkonzentrierung in der Probezone, obwohl dies noch kein Kriterium für symmetrische Peaks darstellt. Die Asymmetrie basiert in diesem Fall auf Überladungseffekten (zu hohe Probekonzentration in der Probezone). Symmetrische Peaks können erhalten werden, wenn die Mobilität des Probeions mit der des Pufferions übereinstimmt. Je nachdem, welche Leitfähigkeitsunterschiede für diesen Fall zwischen Probezone und Puffer existieren, erfolgt eine Aufkonzentrierung oder eine Verdünnung der Analyten in der Probezone.

2.2.3. Effizienzverluste durch Wandadsorption

Die Kapillaroberfläche ist nicht inert. Trotz der geringen vorhandenen Gesamtoberfläche werden Adsorptionseffekte beobachtet. Jeglicher Beitrag der Adsorption führt zu zusätzlicher Bandenverbreiterung und damit zu einer Verminderung der Bodenzahlen. Aufgrund der negativ geladenen Silanolgruppen des Quarzes können besonders positiv geladene Probemoleküle an der Wand adsorbiert werden. Unter neutralen und alkalischen Trennbedingungen sind besonders viele Silanolgruppen deprotoniert und erleichtern die Adsorption von positiven Probeionen an der Wand. Durch die Adsorption wird das ξ-Potential, das sich als Folge der Oberflächenladung des Quarzes ausbildet, verändert und als direkte Konsequenz kommt es zu einer Variation der Mobilität des elektroosmotischen Flusses, womit sich die Migrationszeiten aller Peaks verändern. Außerdem wird durch eine starke Adsorption von Probemolekülen an der Kapillarwand die Peakeffizienz vermindert und führt im Extremfall zu asymmetrischen Peaks mit starkem Tailing. Die Auswertung solcher Peaks ist schwierig bis unmöglich und die Reproduzierbarkeit der Analyse ist nicht gegeben.

2.2.4. Effizienzverluste durch Überladung des Trennsystems

Überladungsphänomene werden beobachtet, wenn zu große Probenmengen in das Trennsystem injiziert werden. Da in der CE keine stationäre Phase vorhanden ist und das Trennvolumen sich auf wenige µL beschränkt, treten leicht Überladungseffekte auf. Vor allem können Fehleinstellungen am Gerät oder zu große Probenkonzentrationen schnell zu Überladungen führen. Als Faustregel kann gelten, daß maximal 1 - 2 % des Kapillarvolumens mit der Probe gefüllt werden darf. Für eine 50 cm lange Kapillare entspricht dies maximal eine Länge von 10 mm, und entspricht bei einer 100 µm Kapillare einem Volumen von 80 nL. Die üblicherweise aufgegebenen Probevolumina liegen zwischen 2 und 50 nL.

Neben diesen Volumenüberladungen bei zu langen Injektionszeiten, werden auch Massenüberladungen bei hohen Probenkonzentrationen beobachtet. Die Massenüberladung wird deutlich bei der Auftragung der H-Werte in Abhängigkeit von der Probenkonzentration. Bei gleicher Injektionszeit nimmt dabei ausschließlich die injizierte Probenmenge, nicht aber das Injektionsvolumen zu. Der Anteil der Volumenüberladung bleibt somit als Beitrag zur Bandenverbreiterung konstant.

2.2.5. Effizienzverluste durch Überlagerung von Strömungsprofilen

Bei der Trennung in der CE ist stets darauf zu achten, daß kein Niveau-Unterschied zwischen den beiden Elektrolytgefäßen besteht. Selbst bei geringen Differenzen entsteht eine Strömung durch die Kapillare, die zur Ausbildung eines parabolischen Strömungsprofils führt. Dieser Effekt führt zu einem zusätzlichen Beitrag zur Bandenverbreiterung und ist stark vom Kapillarradius abhängig. Bei Kapillaren mit Innendurchmessern von 25 µm dieser Effekt meist zu vernachlässigen

2.3. Grundlagen der micellaren elektrokinetischen Chromatographie (MEKC)

Neutrale, ungeladenen Moleküle können in der Kapillarzonenelektrophorese nicht aufgetrennt werden, da sie keine eigenen Ladung mitbringen.

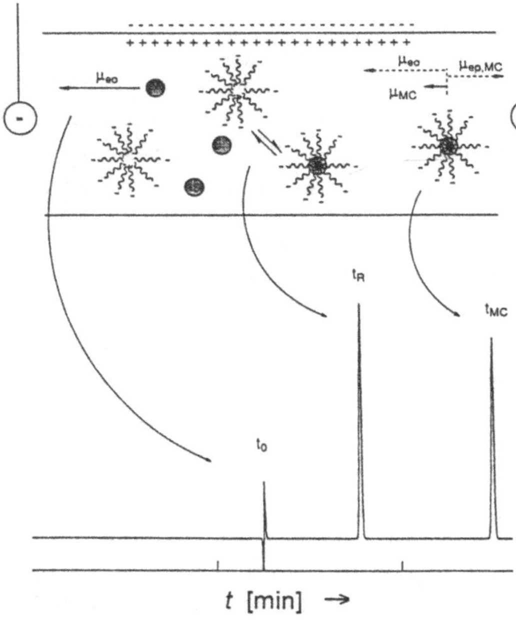

Abb. 2-4: Schematische Darstellung der Trennung in der micellaren elektrokinetischen Chromatographie (entnommen aus [17])

Die von Terabe et al.[18] beschriebene micellare elektrokinetische Chromatographie

(MEKC) ermöglicht die Auftrennung ungeladener Probesubstanzen durch unterschiedliche Aufenthaltswahrscheinlichkeiten in der wäßrigen mobilen- und einer pseudo stationären Phase. Durch den Zusatz von Detergenzien zum Puffer bilden sich nach der Überschreitung der sogenannten kritischen micellaren Konzentration (CMC) Micellen aus. Diese Micellen besitzen im Inneren hydrophoben Charakter und sind nach außen hin geladen, wodurch im elektrischen Feld eine elektrophoretische Mobilität erzielt wird. In Abhängigkeit von dem Vorzeichen der Ladungen ist diese elektrophoretische Mobilität in Richtung Kathode oder Anode gerichtet. Die MEKC kann in der gleichen Apparatur wie die CZE durchgeführt werden und benötigt lediglich den Zusatz eines Detergens als Micellenbildner zum Puffer. Am häufigsten findet SDS (sodium dodecylsulfat) Verwendung. Die entstehenden Micellen tragen negative Ladungen und besitzen somit eine elektrophoretische Mobilität in Richtung zur Anode. Die Probesubstanzen verteilen sich nun zwischen dem Puffer (Transport mit dem EOF zur Kathode) und dem Inneren der Micellen (Transport zur Anode), so daß von einem echten chromatographischen Verfahren gesprochen werden kann. In Analogie zu der CZE ergibt sich die effektive Wanderungsgeschwindigkeit der Probesubstanzen, sowie auch die der Micellen, aus der vektoriellen Summe der elektrophoretischen Wanderung und der elektroosmotischen Geschwindigkeit. In Abbildung 2-4 ist das Schema einer Trennung mittels micellarer elektrokinetischen Chromatographie dargestellt. Es handelt sich um den gebräuchlichsten Fall, bei dem ein anionisches Detergens in einem neutralen oder alkalischen Puffer gelöst wird.

Sehr polare Moleküle, welche sich nur in der wäßrigen Phase aufhalten, wandern mit der Geschwindigkeit des elektroosmotischen Flusses und erreichen mit der Totzeit den Detektor. Stark hydrophobe Probemoleküle halten sich vor allem im Inneren der Micellen auf und wanderen mit deren Geschwindigkeit. Retardierte Probemoleküle erscheinen folglich zwischen t_0 und t_{MC} am Detektor. Die eigentliche Trennung neutraler Substanzen beruht demnach auf ihrer Verteilung zwischen der Pufferlösung und dem Inneren der Micellen. Da die Trennung der Probemoleküle auf unterschiedlichen Wechselwirkungen mit einer Pseudophase (Micellen) beruht, kann man bei der MEKC mit Recht von einem chromatographischen Verfahren sprechen.

Der k'-Wert läßt sich in Analogie zur Chromatographie als das Verhältnis der Aufenthaltszeit der Probemoleküle in der mobilen und stationären Phase definieren. Unter Berücksichtigung, daß sich die "stationäre" Phase bewegt ergibt sich der k`-Wert zu:

$$k' = \frac{t_R - t_0}{t_0 \cdot \left(1 - \frac{t_R}{t_{MC}}\right)} \tag{2.20}$$

Im Gegensatz zur HPLC können auch Probesubstanzen mit einem k'-Wert von unendlich den Detektor passieren. In diesem Fall halten sich die Probemoleküle ausschließlich innerhalb der Micellen auf. Zur Berechnung des k'-Wertes müssen t_0 und t_{MC} bekannt sein, die beide durch die Verwendung von Migrationsmarkern bestimmt werden können. Der Marker für t_o muß elektrisch neutral sein und vollkommen von den Micellen ausgeschlossen werden. Als Inertmarker eignen sich z.B. Aceton, Formamid oder Methanol, deren Wechselwirkungen mit den Micellen vernachlässigbar sind und die sich somit mit der Geschwindigkeit des elektroosmotischen Flusses bewegen. Als Marker für t_{MC} finden wasserunlösliche Verbindungen Verwendung, von denen angenommen werden kann, daß sie sich lediglich innerhalb der Micellen aufhalten, z.B. Sudan III oder Sudan IV. Auch bei ionischen Substanzen mit eigener elektrophoretischer Mobilität kann der Einsatz der MEKC zu einer Erhöhung der Selektivität führen. Dabei wird wie bei ungeladenen Probemolekülen nach der Anzahl der Gleichgewichtsschritten und nach der Hydrophobie der Analyten getrennt.

Die Auflösung in der MEKC wurde analog zur Chromatographie definiert. Unter Berücksichtigung der Beweglichkeit der Micellen ergibt sich für die Auflösung in der MEKC [19]:

$$R_S = \frac{\sqrt{N}}{4} \cdot \frac{\alpha - 1}{\alpha} \cdot \frac{k'_2}{1 + k'_2} \cdot \frac{1 - \frac{t_0}{t_{MC}}}{1 + \frac{t_0}{t_{MC}} \cdot k'_1} \tag{2.21}$$

Die Gleichung beschreibt die Abhängigkeit der Auflösung von den Faktoren N,α, k', t_0/t_{Mc}. Wie in der Chromatographie steigt die Auflösung mit der Quadratwurzel der Bodenzahl. Je höher die angelegte Spannung, desto größer wird auch die Zahl der theoretischen Böden bis durch den steigenden Stromtransport zu viel Joulesche Wärme erzeugt wird. Die durchschnittliche Zahl der theoretischen Böden liegt für die meisten Probesubstanzen in der Größenordnung von 100000 bis 300000. Hydrophobe Probesubstanzen oder Analyten mit langer Migrationszeit besitzen gewöhnlich eine größere Anzahl theoretischer Böden, da der Diffusionskoeffizient der Micellen kleiner ist als der der Analyten im Puffer.

Die Selektivität α ist der wichtigste Faktor, da über die Selektivität die größten Verbesserungen in der Auflösung erzielt werden können. Die Auflösung kann sowohl durch eine Veränderung der Pufferzusammensetzung, als auch durch die Wahl eines anderen Detergens beinflußt werden. Durch die Beweglichkeit der pseudostationären Phase nimmt die Auflösung nicht stetig mit dem k`-Wert zu, sondern es wird ein Maximum durchlaufen. Rechnerisch kann gezeigt werden, daß der optimale k`-Wert gleich $(t_{MC}/t_0)^{1/2}$ ist. Man erhält daher im realen Fall k'-Werte um 2, wo auch in der HPLC optimale Auflösung bei optimaler Analysengeschwindigkeit erreicht wird. Je größer die Migrationszeit der Micelle bei gegebenem t_0, d.h. je kleiner der Wert für das Migrationszeitfenster t_0/t_{mc} wird, desto größer wird die Auflösung[20].

Analog zur Chromatographie läßt sich auch bei der MEKC ein Zusammenhang zwischen den k'-Wert und dem Phasenverhältnis sowie dem Verteilungskoeffizienten zeigen:

$$k' = K * V_{MC}/V_{aq} \qquad (2.22)$$

wobei K der Verteilungskoeffizient, V_{MC} das Volumen der Micellen, V_{aq} das verbleibende Volumen des Puffers ist. Der Quotient V_{MC}/V_{aq} stellt das Phasenverhältnis dar. Im Gegensatz zur Chromatographie läßt sich bei der MEKC das Phasenverhältnis leicht über das Volumen der Micellen und somit über die Konzentration an Detergens beeinflussen. Es besteht ein linearer Zusammenhang zwischen dem k'-Wert und der Konzentration an Detergens. Man kann somit den k'-Wert über die Konzentration des Detergens steuern, vorausgesetzt die kritische micellare Konzentration ist bekannt und überschritten.

3. Literaturüberblick

Die Ursachen für das Vorhandensein enantiomerer Moleküle liegt in der Orientierung ihrer Molekülgruppen im Raum. Diese unterschiedliche Orientierung ermöglicht eine Einteilung dieser Isomere in mehrere Klassen. Die am häufigsten auftretenden Isomeriearten, die eine Chiralität verursachen, sind die Atropisomerie, die Allenisomerie sowie das Vorhandensein eines sogenannten "asymmetrischen" Kohlenstoffatoms. Dieses ist dadurch gekennzeichnet, daß sich vier verschiedene Substituenten tetraedrisch um ein Kohlenstoffatom anordnen, welches in der Mitte dieses Tetraeders sitzt. Dies ist schematisch in Abbildung 3-1 gezeigt. Die Anwesenheit eines asymmetrischen Kohlenstoffatoms ist die häufigste Ursache für die Ausbildung von Enantiomeren in der Natur.

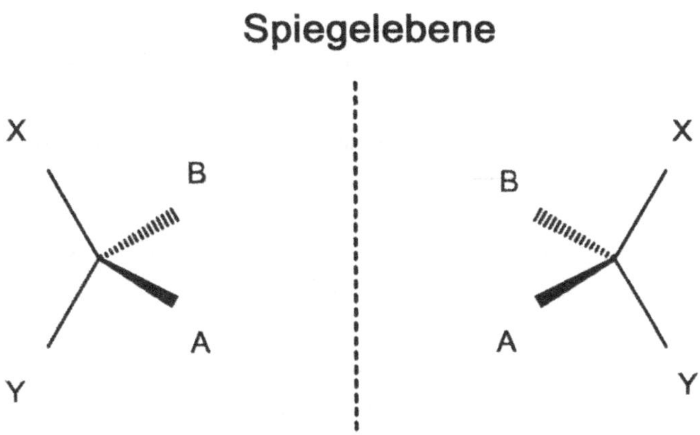

Abb. 3-1: Schematische Darstellung der Chiralität an einem sp^3-hybridisierten Kohlenstoffatom

Die erste Enantiomerentrennung in einem durch elektrischen Strom betriebenen Trennsystem wurde mit der Papierelektrophorese von Yoneda et al. bereits 1970 durchgeführt[21]. Da die Trenneffizienzen jedoch sehr gering und die Analysenzeiten lang waren, konnte sich dieses Trennsystem nicht behaupten. Erst mit der Verwendung von Kapillaren mit kleinem Innendurchmesser (<100 µm) und dadurch hohem Ohmschen Widerstand konnten hohe elektrische Felder angelegt werden, wodurch sich kurze Analysenzeiten ergaben.

3.1. Überblick über die in der Kapillarelektrophorese verwendeten chiralen Selektoren

Das Hauptaugenmerk in der Optimierung einer Enantiomerentrennung ist auf die Auswahl eines geeigneten chiralen Selektors gerichtet. Dies ist bei Enantiomerentrennungen generell der Fall, da, wie auch in der HPLC und GC, keine universell einsetzbaren chiralen Selektoren zur Verfügung stehen. Diese chiralen Selektoren müssen in der HPLC auf verschiedenen Basismaterialien in z.T. schwierigen Synthesen aufgebracht werden, was ein zeitaufwendiges Verfahren darstellt. Die meisten in der Kapillarelektrophorese verwendeten chiralen Selektoren lassen sich einfach dem Puffer zusetzen und ermöglichen so ein wesentlich vereinfachtes Suchen nach dem Selektor mit der größten Trennleistung. Die bis zum heutigen Zeitpunkt verwendeten chiralen Selektoren in der Kapillarelektrophorese sind in Tabelle 3-1 in verschiedene Selektorklassen eingeordnet. Bei den chiralen Selektorklassen fällt auf, daß die meisten von ihnen schon seit langem in der HPLC und GLC Anwendung finden. Tatsächlich war der Entwicklungsprozeß der Enantiomerentrennungen in der CE dergestalt, daß aus der HPLC bekannte Selektoren in die CE transferiert wurden.

Unter den in Tabelle 3-1 verwendeten Selektoren stellen die Cyclodextrine und ihre Derivate das breiteste und vielversprechendste Anwendungsspektrum in der Kapillarelektrophorese zur Verfügung, weswegen sie in dieser Übersicht ausführlich besprochen werden sollen. Der Grund dafür liegt in der Molekülstruktur vieler pharmazeutischer Präparate, die mit Cyclodextrinen Inklusionskomplexe ausbilden können.

Es hat sich gezeigt, daß bei der Enantiomerentrennung neben der Auswahl eines geeigneten chiralen Selektors noch andere Parameter in einem elektrophoretischen System eine wichtige Rolle spielen und einer weiteren Optimierungsarbeit bedürfen. Da die Trennung in der Kapillarelektrophorese auf Mobilitätsunterschieden beruht, müssen die Analyten in einer ionischen Form vorliegen, was durch einen geeigneten pH-Wert des Elektrolyt erreicht werden kann.

Die Trennung von Enantiomeren in der mizellaren elektrokinetischen Chromatographie hat sich ebenfalls zu einem bedeutenden Bereich in bezug auf die Enantiomerentrennung entwickelt. Die Verwendung von chiralen Mizellenbildnern erhöht die Anwendbarkeit dieser Trennmethode und ermöglicht auch die Trennung von neutralen chiralen Analyten. Mit der mizellaren elektrokinetischen Chromatographie können auch neutrale und hydrophobe Moleküle getrennt werden, wenn sie unterschiedlich lang an einer hydrophoben Phase, hier SDS, partizipieren.

Selektorklassen	Chirale Selektoren	Probleme	Lit.
Cyclodextrine	α-, β-, γ-Cyclodextrine Methylierte CDs, Hydroxypropylierte CDs, Carboxymethylierte CDs, Carboxyethylierte CDs, Carboxymethylethylierte CDs, Succinylierte CDs, Sulfobutylether CDs Aminierte und diaminierte CDs	Proben, die zur Ausbildung von Inklusionskomplexen befähigt sind; überwiegender Einsatz bei aromatischen oder partiell hydrophoben Proben	[25-38] [4,43-45] [4,42] [5,48,51] [5] [48] [5] [52] [49,50]
Chirale Mizellenbildner (oft mit SDS als gemischte Mizellen im Einsatz)	SDS-Digitonin SDVal SDAla SDGlu Gallensäuren	in vielen Fällen keine Basislinientrennung; schlechte Effizienzen bei alleinigem Einsatz von SDVal und SDAla	[79] [66,67] [77,78] [77,78] [70-73]
Chirale Metallkomplexe	Kupfer-L-Histidin-Komplexe Kupfer-Aspartam-Komplexe	Trennung von dansyl-Aminosäuren; Fluoreszenzdetektion	[96] [97]
Chirale Kronenether	18-Krone-6-Tetracarbonsäure	nur auf primäre basische Amine anwendbar	[56-58]
Reine Enantiomere (als Ligandenaus-tausch-Reagenzien)	L-Weinsäure	Trennung von chiralen Metallkomplexen; wenige Anwendungsbeispiele	[99]
Proteine und Glycoproteine	Rinderserumalbumin, Humanalbumin, Orosomucoid, Ovomucoid und Fungal Cellulase, Cellulase	Detektionsprobleme wegen UV-Aktivität des chiralen Selektors; bisher nur wenig Applikationen	[84-90]
Kapillarwand-belegung mit einer chiralen Phase	Kapillarbelegung mit einer "Chirasil-Dex-Phase"	bisher nur wenige Applikationen; geringe Phasenkapazität; Stabilität der Phase	[93,94]

Tab. 3-1: Überblick über die chiralen Selektorklassen in der Kapillarelektrophorese

Die wichtigsten hier zu nennenden Optimierungsparameter sind neben dem pH-Wert die Konzentration des chiralen Selektors im verwendeten Puffersystem, das verwendete Puffersystem selbst (Art des Hintergrundelektrolyten) sowie andere

Pufferadditive wie SDS, organische Lösungsmittel, Harnstoff u.v.m. [22]. Als weitere wichtige Selektoren seien hier noch die Kronenether erwähnt. Diese Klasse ist von großer Bedeutung, da nur mit Aminen eine chirale Erkennung stattfinden kann, die in vielen pharmakologischen Wirkstoffen enthalten sind.

Diese drei hier kurz angesprochenen Selektorklassen sind die in der Kapillarelektrophorese am häufigsten verwendeten Selektoren und beschreiben mehr als 90% aller Anwendungsbeispiele. Im Vergleich zur HPLC mit über 400 verschiedenen chiralen Säulenmaterialien wird deutlich, daß die Kapillarelektrophorese mit bisher etwa 40 verschiedenen chiralen Selektoren noch einen hohen Nachholbedarf hat. Dies liegt unter anderem daran, daß viele Selektoren in der HPLC wegen ihrer UV-Absorption in der Kapillarelektrophorese als Pufferadditive nicht einsetzbar sind. Es ist allerdings zu erwarten, daß in dieser Hinsicht noch viele Neuerungen erscheinen werden.

Des weiteren hat sich gezeigt, daß die oben zusammengefaßten chiralen Selektoren auch die Trennung von Diastereomeren sowie die Trennung von Stellungsisomeren unterstützen können[23]. Der Einsatz von chiralen Selektoren ist somit nicht nur auf die Trennung von Enantiomeren beschränkt, sondern erstreckt sich über das ganze Gebiet der Stereoisomerentrennung. Mit ihrer Hilfe kann auch in vielen Fällen die Selektivität anderer schwieriger Trennprobleme, die nicht aus Stereoisomeren bestehen, verbessert werden, so daß auch hier deren Einsatz von großer Bedeutung ist.

Die Ansprüche an einen guten chiralen Selektor für die Kapillarelektrophorese bestehen in einer guten UV-Transparenz über den gesamten Spektralbereich, einer geringen Eigenleitfähigkeit und einer möglichst großen Enantioselektivität. Dadurch, daß die Selektivität nur über die Trennpuffer gesteuert wird, kann durch Pufferwechsel und Wechsel eines chiralen Selektors sehr schnell auf ein Trennproblem eingegangen werden. Die Entscheidung, ob ein Trennproblem mit der CE überhaupt lösbar ist, kann somit sehr schnell erfolgen. Die Hauptgründe für die gute Einsetzbarkeit der Cyclodextrine sind zudem ihre gute Wasserlöslichkeit und damit eine gute Verwendbarkeit in wäßrigen Puffersystemen. Die Fähigkeit zur Ausbildung von Inklusionskomplexen mit UV-aktiven, aromatischen Analyten als Hauptklasse vieler pharmakologischer Wirkstoffe erhöht zudem noch ihre Anwendbarkeit.

3.2. Enantiomerentrennungen, basierend auf Inklusionskomplexen: Systeme mit Cyclodextrinen und Kronenethern

Cyclodextrine und Kronenether sind die am häufigsten eingesetzten chiralen Selektoren in der Kapillarelektrophorese. Dies liegt, wie oben bereits angedeutet, in den chemischen Strukturen der optisch aktiven Zielmoleküle begründet - überwiegend pharmakologische Wirkstoffe - deren funktionelle Gruppen oft aus Aminen oder Carbonsäuren mit aromatischen Funktionen bestehen.

3.2.1. Cyclodextrine

Cyclodextrine bestehen aus zyklischen Oligosacchariden, die aus ringförmigen, α-glycosidisch (1-4) verknüpften D-Glucoseeinheiten bestehen. Durch die ringförmige Anordnung der D-Glucopyranoseeinheiten entsteht eine konusförmige Struktur, die einen käfigähnlichen Innenraum ausbildet. Aufgrund der Tatsache, daß die Kohlenstoffatome der Glucoseeinheiten sich in Richtung Innenraum des Cyclodextrinrings orientieren und die Hydroxylgruppen des Cyclodextrinrings nach außen gerichtet sind, entsteht im "Käfiginneren" ein hydrophober Charakter.

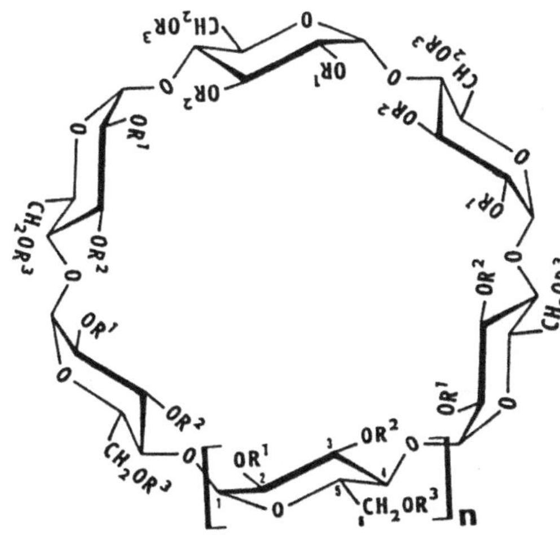

Abb. 3-2: Struktur der Cyclodextrine (n=1=α-CD, n=2=β-CD, n=3=γ-CD)

Hydrophobe Gruppen eines Analyten - Aromaten oder Cycloalkane - können nun in diesen Konus eindringen und bilden einen sogenannten Inklusionskomplex oder auch "Host-Guest"-Komplex aus. Dieser Komplex stellt eine gewisse Fixierung des Analyten am chiralen Selektor dar, so daß die chiralen Zentren am Cyclodextrinrand und die des Enantiomerenpaares zu einer chiralen Erkennung befähigt werden.

Li und Purdy untersuchten mit Hilfe von spektroskopischen Methoden den chiralen Erkennungsmechanismus bei der Enantiomerentrennung[24]. Als Modellsubstanzen wurden DNP-Derivate von D,L-Valin, -Leucin, -Methionin zusammen mit ß-CD als chiraler Selektor eingesetzt. Die Veränderung zirkulardichroitischer Daten sowie der UV-Spektren des Analyten und deren Protonen-Shifts bei der H^1-Kernresonanzspektroskopie erlauben genaue Aussagen über die aktiven, an der chiralen Erkennung mitwirkenden Gruppierungen in einem Inklusionskomplex. Diese spektroskopischen Daten ermöglichen auch die Bestimmung von Dissoziationskonstanten der Inklusionskomplexe. Es stellte sich heraus, daß alle DNP-L-Aminosäuren kleinere Dissoziationskonstanten aufweisen als ihre D-Enantiomere. Die DNP-Gruppierung der Aminosäuren bildet stabile Inklusionskomplexe mit dem Cyclodextrininneren aus, wodurch die anderen funktionellen Gruppen am chiralen Zentrum mit den Hydroxylgruppen am Cyclodextrinrand in Wechselwirkung treten können. Diese Anordnung ist verantwortlich für eine bessere oder schlechtere sterische Paßform eines der Enantiomere und somit entscheidend für die chirale Erkennung. Besitzt eines der Enantiomere eine schlechtere Paßform in dem Cyclodextrinring, wirkt sich dieses auch auf die Komplexstabilitätskonstante dieses Inklusionskomplexes aus, d.h. diese wird kleiner sein als die des optischen Antipoden. Aus den Unterschieden in den Komplexstabilitätskonstanten resultieren dann unterschiedliche Aufenthaltszeiten der Analyten im Komplex, was zu unterschiedlichen Mobilitäten im elektrophoretischen System und somit zur Auftrennung führt.

Die Ausbildung von Inklusionskomplexen ist ein notwendiges, aber kein hinreichendes Kriterium für die chirale Erkennung. Es stellte sich zudem heraus, daß andere funktionelle Gruppen am Chiralitätszentrum des Analyten einen zweiten Inklusionskomplex mit einem zweiten Cyclodextrinring ausbilden können. Die Stabilisierung des einen Enantiomers über Wasserstoffbrückenbindung und die sterische Hinderung der OH-Gruppen sind die wichtigsten Faktoren für die Ausbildung unterschiedlicher Komplexstabilitäten zwischen den Enantiomeren. Diese hat dann ebenfalls einen Einfluß auf die optischen Eigenschaften dieser Komplexe. Die unterschiedliche Durchdringung der Analyt-Cyclodextrin-Inklusionskomplexe führt gewissermaßen zu einer Veränderung der UV-Spektren des Analyten[25]. Dies ist dann vor allem bei der Quantifizierung bei Enantiomerentrennungen zu berücksichtigen, da bei äquimolaren Mengen eines Enantiomerengemisches (Racemat) unterschiedliche Peakflächen erhalten werden. In diesen Fällen muß ein Korrekturfaktor errechnet werden, der der geringeren Absorption eines der Enantiomeren Rechnung trägt.

Cyclodextrine wurden schon in vielen Applikationen verwendet[26,27,28]. Die Bildung von Inklusionskomplexen ermöglicht zum Beispiel eine Basislinientrennung von Pilocarpin- und Isopilocarpin-Epimeren[29]. Ohne Cyclodextrin konnte hier nur eine unvollständige Trennung erzielt werden. Diese Selektivitätserhöhung wurde bereits bei vielen Trennungen ausgenutzt und somit stellt der Zusatz dieser Substanzen zum Puffer einen weiteren Optimierungsparameter bei vielen Trennproblemen dar.

In der Literatur wurden schon viele Trennsysteme mit den regulären Cyclodextrinen (α, β, γ) beschrieben, die allerdings nur auf das spezielle Trennproblem hin optimiert wurden. Daher sind die gezeigten Trennungen nur im Zusammenhang mit den verwendeten Puffersystemen und Analyten zu sehen. Im folgenden sollen einige in der Literatur beschriebene Publikationen diskutiert werden.

Nielen et al. untersuchten verschiedene kommerziell erhältliche Cyclodextrine auf ihre Einsatzmöglichkeiten bezüglich verschiedener kationischer, pharmakologisch interessanter Enantiomere[30]. Neben rein qualitativen Aspekten wurde auch der Einfluß der Feldstärke auf die Auflösung diskutiert. Dieses Phänomen wurde auf sich verändernde Effizienzen mit steigendem elektrischen Feld zurückgeführt. Dies kann damit erklärt werden, daß die beobachteten Effizienzen nicht nur von der Eigenmobilität des Analyten abhängig sind, sondern auch von der Größe des EOF. Es stellte sich heraus, daß sich die Beiträge der beiden Mobilitäten zu den Effizienzen mit steigender Feldstärke ändern. Die quantitative Bestimmung des Enantiomerenüberschusses im 1 %-Bereich (relative Peakflächen) zeigte auch hier die Anwendbarkeit der CE in der Enantiomerentrennung. Als eine Möglichkeit zur Erhöhung des Probendurchsatzes wurden konsekutiv Mehrfachinjektionen durchgeführt und der Einfluß der Trennunterbrechung bei der Injektion untersucht. Dabei wurden nur geringe Verschlechterungen der Auflösung festgestellt. Somit eignet sich diese Verfahrensweise gut zur Erhöhung des Probendurchsatzes.

Peterson untersuchte neben dem Einfluß des pH-Wertes und der Cyclodextrinkonzentration auch den Einfluß der Puffer-Konzentration und des Kapillardurchmessers auf die Trennleistung des Systems[31]. Dabei wurden neben den regulären Cyclodextrinen wie α-, β-, γ-CD auch HP-β-CD, DM-β-CD und hydroxyethyliertes β-CD verwendet. Unter Verwendung von Kapillaren mit kleineren Innendurchmessern (50 und 25 μm) konnte hier eine höhere Auflösung erzielt werden. Da die Injektionsbedingungen jedoch gleich blieben, d.h. geringere Probenmengen injiziert wurden, führte dies unter anderem auch zu besseren Effizienzen. Die Effizienzverbesserung ist z.T. auch auf die verringerte Joulsche Erwärmung im System durch niedrigeren Stromfluß zurückzuführen. Als Proben wurden hier racemische Gemische von Epinephrin, Atenolol, Propranolol, Pilo- und Isopilocarpin-Epimere, Betaxolol, Dipivefrin, 2,7-difluoro-4-methoxyspiro(9H-fluorene-9,4'-imidazolidin)-2',5'dion, und 2,7-difluoro-4-hydroxyspiro(9H-fluorene-9,4'-imidazolidin)-2',5'dion eingesetzt.

Snopek et al. berichteten über Enantiomerentrennungen von basischen

Substanzen[32]. Um Wandadsorptionseffekte zu vermeiden, wurden Cellulosederivate als Pufferadditive benutzt. Gleichzeitig wurde durch diesen Zusatz auch der elektroosmotische Fluß stark unterdrückt.

Schutzner et al. diskutierten einige wichtige Parameter bei der Enantiomerentrennung wie die Konzentration und die Struktur des Cyclodextrins, die Struktur des Analyten und die Temperatur[33].

Shibukawa et al. untersuchten den Einfluß von α-, β-, γ-CD auf die Trennleistung von Leucovorin und dessen Metabolit, einem Tetrahydrofolsäurederivat, bezüglich deren Diastereomeren- sowie Enantiomerentrennung[34]. Aus der Konzentrationsabhängigkeit der Enantiomerentrennung vom chiralen Selektor erfolgte eine quantitative Abschätzung der Komplexstabilitätskonstanten. Dabei stellte sich heraus, daß diese wesentlich geringer sind als jene in der HPLC. Aus den erhaltenen Werten der Komplexstabilitäten wurde geschlossen, daß nur das Leucovorin einen Inklusionskomplex mit dem CD bildet, das Tetrahydropholsäurederivat nicht, obwohl es eine Affinität zum CD aufweist. Weiterhin wurden Einflüsse der Ionenstärke des Puffers, des pH-Wertes, der Harnstoffkonzentration und der Temperatur in bezug auf die Trennleistung untersucht.

In einer weiteren Anwendung wurden Ergotalkaloide mittels CD-modifizierter CE getrennt[35]. In dieser rein applikativen Arbeit wurde der Einsatz zur Reinheitsüberprüfung ebenfalls kurz diskutiert.

3.2.2. Cyclodextrinderivate

Cyclodextrine sowie ihre Derivate bilden in vieler Hinsicht eine wichtige Substanzklasse, nicht nur in bezug auf den wissenschaftlichen Gesichtspunkt, sondern auch in ihrer Anwendung bei vielen technischen Problemstellungen. So kann z.B. eine Derivatisierung von DM-β-CD mit Imidazol an Position 3 des CD die katalytische Aktivität der Hydrolyse von p-Nitrophenylacetat unter neutralen Bedingungen um den Faktor 1000 im Vergleich zu dem unmodifizierten CD erhöhen[36].

Eine der ersten Veröffentlichungen mit derivatisierten Cyclodextrinen in einem elektrophoretischen System wurde in der Isotachophorese beschrieben. Hierbei wurde der Einfluß der Komplexbildung der Gegenionen mit Cyclodextrinderivaten (DM-und TM-β-Cyclodextrin) bezüglich der Trenneffizienzen in einem ITP-Elektrolytsystem untersucht[37].

Die Derivatisierung eines Cyclodextrinrings an den Hydroxygruppen führt zu vielen Änderungen der physikalischen Eigenschaften dieser Cyclodextrine. Jede Veränderung am Cyclodextrinring hat einen entscheidenden Einfluß auf die sterische Paßform und somit auf die Affinität des Analyten zum Cyclodextrin. Dadurch ist auch die chirale Erkennung stark beeinflußt, was sich im Endeffekt sowohl positiv als auch negativ auf ein Trennproblem auswirken kann. Aus diesen unterschiedlichen Paßformen resultieren unterschiedliche Komplexstabilitätskonstanten zwischen (+)- und (-)-Enantiomer zum chiralen Selektor. Die daraus resultierenden unterschiedlichen Aufenthaltszeiten des Analyten im Cyclodextrin führen zu unterschiedlichen Mobilitäten der D- und L-Form des Analyten und somit zu dessen Trennung.

Penn et al. untersuchten die Stabilitätskonstante von Tioconazol-Enantiomeren zu Hydroxypropyl-β-CD[38]. Dabei stellten sie fest, daß die maximale Selektivität der Trennung bei derjenigen Konzentration des chiralen Selektors liegt, die dem Reziprokwert der mittleren Stabilitätskonstante entspricht. Abweichend von dieser optimalen Konzentration geht die Selektivität und damit auch die Auflösung verloren. Diese Experimente zeigen, daß Analyt-Cyclodextrin-Stabilitätskonstanten ebenfalls mit der Kapillarelektrophorese bestimmt werden können.

Derivatisierte Cyclodextrine können ebenfalls eine Verbesserung der Auflösung bei Diastereomeren bewirken. So kann d-L- und l-L-Folsäure mit Hilfe von Heptakis (2,6 di-O-methyl)-β-CD auch für quantitative Bestimmungen getrennt werden. Kurze Analysenzeiten und gute Auflösung wurden hier mit einer beschichteten Kapillare erzielt[39].

Nielen setzte unterschiedliche Cyclodextrine zur Verbesserung der Selektivität zwischen verschiedenen Herbiziden (Phenoxysäurederivate) und zur Trennung ihrer Enantiomere ein[40]. Neben den regulären Cyclodextrinen wie α, β, γ wurde auch Heptakis (2,6-di-O-methyl)-β-CD eingesetzt. Mit diesem Cyclodextrin konnten alle Komponenten getrennt werden, wodurch auch die empfindliche Detektion von Nebenkomponenten ermöglicht wurde. Zudem konnte in zwei Fällen eine Enantiomerentrennung erreicht werden. Die Bestimmung der Enantiomerenreinheit ergab eine gute Übereinstimmung mit den HPLC-Daten aus einer "Chiral-AGP-Säule".

Soini et al. benutzten trimethyliertes Cyclodextrin (TM-β-CD) zur Trennung einiger Modellsubstanzen, um den Unterschied zwischen einer belegten und einer unbelegten Kapillare in bezug auf deren Trennleistung und Reproduzierbarkeit zu untersuchen[41]. Dabei zeigte sich eine gute Linearität, Sensitivität und auch Präzision der angewendeten Methode. Dies erlaubt eine zuverlässige Quantifizierung sowie die Anwendbarkeit dieser Methode in pharmakinetischen und klinischen Studien.

Viele verschiedene Applikationen sind mittlerweile veröffentlicht worden, die das Potential der Kapillarelektrophorese als schnelle und einfache Methode zur Enantiomerentrennung hervorheben. So verwendeten Blaschke et al.[42] verschiedene

Cyclodextrine (hydroxypropyliertes, methyliertes und reines β-Cyclodextrin) zur Trennung pharmakologisch relevanter Substanzen wie Dimethindenderivate und andere aromatische Amine. Für die eingesetzten Proben wird auch die Abhängigkeit der Selektivität von der CD-Konzentration, der Temperatur und dem pH-Wert diskutiert. Diese Parameter stellen, wie schon bekannt, die wichtigsten Optimierungsgrößen bei der Verwendung von Cyclodextrinen als chirale Selektoren in der Kapillarelektrophorese dar.

Fanali et al. versuchten mit verschiedenen Cyclodextrinen die Auftrennung von sympathomimetrischen Pharmaka (Ephedrin, Norephedrin etc.)[43]. Obwohl mit ß-Cyclodextrin und Heptakis-(2,3,6-tri-O-methyl-β-CD) eine Wechselwirkung mit dem Analyten (Host-Guest-Komplex) festzustellen war (durch Verringerung der Mobilität des Analyten), konnte für diese Selektoren keine Auftrennung in die Enantiomere beobachtet werden. Unter Verwendung von Heptakis (2,6-di-O-methyl-β-CD) konnten jedoch alle untersuchten Proben aufgetrennt werden.

In einer späteren Publikation wurden auch einige anwendungsbezogene Trennungen von (±)-Ephedrin mit Hilfe von Heptakis-(2,6-di-O-methyl-β-CD) als chiralem Selektor gezeigt[44]. Dabei wurde der Tatsache Rechnung getragen, daß sich die Absorptionsspektren bei Inklusionskomplexen zwischen (+)- und (-)-Form unterscheiden können, und deshalb von gleichen Peakflächenverhältnissen bei der Auftrennung racemischer Gemische nicht ausgegangen werden kann. In diesem Fall wurde ein Korrekturfaktor eingeführt, der diesen Sachverhalt berücksichtigt und eine genaue quantitative Bestimmung ermöglicht. In dieser Arbeit ist auch eine optimierte Trennung von D,L-Tryptophan mit α-Cyclodextrin beschrieben.

Viele Enantiomerentrennungen in der Kapillarelektrophorese beschäftigen sich mit der Trennung von (±)-Ephedrin[45]. In diesem Artikel wird knapp der Einfluß verschiedener Cyclodextrine auf die Trennung von Ephedrin bei konstanten Cyclodextrinkonzentrationen beschrieben. Ebenso ist der pH-Einfluß bei der Trennung von Ephedrin mit Heptakis-(2,6-di-O-methyl)-β-CD dargestellt.

Heptakis-(2,6-di-O-methyl-β-CD) wurde auch von Peterson et al. zur quantitativen Bestimmung von l-Epinephrin in einem Pharmakon benutzt[46]. Zur Verbesserung des Injektionssystems wurde der Probe ein interner Standard hinzugefügt. Dabei konnte die Reproduzierbarkeit der Methode erhöht werden.

Ein anderes Arbeitsfeld in der Enantiomerentrennung stellt die Verbesserung der Effizienzen durch Kapillarbelegungsverfahren dar. Dies ist vor allem dann zu beobachten, wenn der chirale Analyt mit der Kapillarwand unerwünschte Wechselwirkungen eingeht. Schomburg und Belder untersuchten den Einfluß von Polyvinylalkohol und Hydroxyethylzellulose als nichtionische Pufferadditive auf die

Trennung von chiralen aromatischen Aminen (Tocainide) zusammen mit Cyclodextrinen als chiralen Selektoren[47]. Diese Additive wurden nur in sehr geringen Konzentrationen eingesetzt (< 0,05 %) und bewirkten eine starke Herabsetzung des EOF und eine Verlängerung der Migrationszeit der Analyten. Die verringerte Wandadsorption der Analyten und die Verminderung des EOF führte zu einer längeren effektiven Wanderungsstrecke der Analyten, Verbesserung der Peaksymmetrie und der Auflösung im System. Die Unterdrückung des EOF mit Hilfe eines zweiten äußeren elektrischen Feldes konnte die Effizienzen im Vergleich zu einer unbelegten Kapillare nicht verbessern.

3.2.3. Ionische Cyclodextrine

Die Einführung ionisierbarer Gruppen in den Cyclodextrinring hat die Einsatzmöglichkeiten von Cyclodextrinen weiter erhöht. Dabei werden vor allem funktionelle Gruppen wie Amino-, Carboxyl-Derivate oder Sulfonate erwähnt, die je nach pH-Wert des Puffersystems in einem protonierten oder deprotonierten, d.h. ionisierten oder nichtionisierten Zustand vorliegen. Daraus folgt, daß diese chiralen Selektoren in ihrer ionisierten Form eine eigene Mobilität besitzen. Über die Bildung von Inklusionskomplexen mit diesen geladenen Cyclodextrinen resultieren viele neue Möglichkeiten ähnlich derjenigen, die bei der mizellaren elektrokinetischen Chromatographie beschrieben werden.

Terabe et al. berichtete über den Einsatz von carboxymethylethyliertem β-Cyclodextrin zur Trennung von aromatischen Isomeren (Xylidine, Xylenole, Nitrophenole, Nitroaniline, Chloroaniline)[48]. Dabei wird auf die Kompatibilität dieser geladenen Cyclodextrine mit jenen eines MEKC-Systems hingewiesen. Dies bezieht sich nicht auf den Vergleich der chemischen Struktur der verwendeten Substanzen, sondern auf die hydrophoben Eigenschaften und den Transportmechanismus ungeladener Substanzen zum Detektor. In diesem Beispiel werden die sterischen Eigenschaften der Cyclodextrine zur Trennung von Stellungsisomeren ausgenutzt, die nur aufgrund ihrer Wechselwirkungen mit dem geladenen Cyclodextrin zum Detektor transportiert werden. Dies ist vergleichbar mit den aus der MEKC bekannten Trennmechanismen. Die stereospezifische Synthese des Cyclodextrins ist hier ebenso beschrieben wie die Diskussion einer Host-Guest-Komplexierung des Analyten mit dem Cyclodextrin. Die Trennung von Enantiomeren wurde mit diesen Trennpuffern nicht versucht.

In einer späteren Publikation verwendeten Terabe et al. ein positiv geladenes Cyclodextrin zur Enantiomerentrennung von dansylierten D,L-Aminosäuren[49]. Hier wurde bei pH 3 gearbeitet und der EOF unter Verwendung von

Hydroxypropylzellulose unterdrückt. Ein neutrales Analytmolekül, das keine eigene Mobilität besitzt, kann nur dann detektiert werden, wenn es mit dem geladenen Cyclodextrin in Wechselwirkung tritt und dadurch zum Detektor transportiert wird. Als Cyclodextrin wurde hier 6[(3-aminoethyl) amino]-6-deoxy-β-CD eingesetzt.

Fanali et al. beschrieben die Enantiomerentrennung von aromatischen 2-Hydroxysäuren mit derivatisierten Cyclodextrinen[50]. Dabei verwendeten sie neben neutralen Cyclodextrinen auch geladene Cyclodextrine, die durch elektrostatische Wechselwirkungen zum Analyten eine effizientere chirale Erkennung zuließen. Neben 2-Hydroxypropyl-ß-CD als ungeladenes Cyclodextrin wurden auch positive Cyclodextrine wie 6A-Methylamino- und 6A, 6D-Dimethylamino-ß-CD eingesetzt. Die negativ geladenen chiralen Analyten zeigten eine wesentlich höhere Affinität zu dem positiv geladenen Cyclodextrin-Amin. Die beobachteten stärkeren Wechselwirkungen führten zu einer größeren Konzentrationsabhängigkeit der Mobilität des Analyten und zu einer höheren Auflösung. Bei allen Analysen wurde auch hier eine beschichtete Kapillare auf Acrylamidbasis eingesetzt.

Smith zeigte ebenfalls eine Trennung von neutralen Enantiomeren mit einem anionischen Carboxymethylethyl-β-CD[51]. Die Trennung von Stellungsisomeren, o-, p-, m-substituierte Nitrobenzylalkohole, konnte ebenfalls mit diesem geladenen Cyclodextrin bei hohen pH-Werten erfolgreich durchgeführt werden.

Neuerdings ist auch ein Sulfobutyletherderivat von β-CD käuflich erhältlich[52]. Es konnte auch hier die Einsetzbarkeit dieses geladenen Cyclodextrins für die Trennung von neutralen Enantiomeren gezeigt werden.

3.2.4. In Gele eingebettete Cyclodextrine

Die beeindruckenden Möglichkeiten der Kapillargelelektrophorese mit ihren hohen Selektivitäten und enormen Effizienzen (bis 30 Mio. theoretischen Böden) haben auch dazu angeregt, Enantiomerentrennungen in Gelen durchzuführen.

Guttman et al. benutzten zur Enantiomerentrennung von dansylierten Aminosäuren in Gele eingebettete Cyclodextrine[53]. Dies war auch gleichzeitig eine der ersten Enantiomerentrennungen unter Verwendung von Cyclodextrinen. Der chirale Selektor wurde vor der Polymerisation der Acrylamid-Monomerlösung zugesetzt. Dabei wurde der Einfluß des Cyclodextrins, dessen Konzentration, die Temperatur und der Zusatz von Methanol auf die Selektivität sowie die Migrationszeit des Analyten untersucht. Weiterhin wurde ein Retentionsmodell vorgestellt, das auf dem Unterschied der Gleichgewichtskonstanten zwischen D- und L-Analyt zum Cyclodextrin, der

Cyclodextrinkonzentration und der Mobilität des Analyt-CD-Komplexes beruht. Die Stabilität gelgefüllter Kapillaren sowie die geringe Detektionsempfindlichkeit unter 250 nm bei der Verwendung von Acrylamidgelen bei der UV-Detektion wurde hier nicht diskutiert.

Außerdem wurden Cyclodextrine zusammen mit Acrylamid copolymerisiert[54]. Zu diesem Zweck wurde ein allyl-carbamoyliertes β-CD eingesetzt, dessen Vinylgruppen mit Acrylamid zu einem Copolymer polymerisiert werden kann. Die Selektivität und die Effizienzen dieser so hergestellten Gele waren sehr von der allyl-carbamoyl-CD-Konzentration im Copolymer abhängig. Mit zunehmender Konzentration des chiralen Selektors wurde eine Erhöhung der Selektivität, jedoch eine Abnahme der Effizienz beobachtet. Es traten die gleichen Detektionsprobleme wie bei den in Acrylamidgele eingebetteten Cyclodextrinen auf.

3.2.5. Chirale Kronenether

Die Verwendung chiraler Kronenether ist in der Kapillarelektrophorese zur Enantiomerentrennung erst seit kurzem beschrieben.

Durch die Arbeiten von Cram et al. sind sie in der HPLC als chirale Selektoren allerdings schon länger bekannt[55]. Ihre Fähigkeit, Ammoniumverbindungen zu komplexieren, macht ihren Einsatz jedoch nur zur Trennung von primären chiralen Aminen sowie Aminosäuren sinnvoll.

Ein weiterer Vorteil von chiralen Kronenether-Phasen in der HPLC ist ihre Einsatzmöglichkeit für die Trennung chiraler Peptide[56]. Die Trennung dieser Substanzen ist schwierig, da das chirale Zentrum des Analyten oft zu weit von den chiralen Zentren normaler chiraler Selektoren entfernt liegt, so daß eine chirale Erkennung erschwert wird.

Kuhn et al. demonstrierten erfolgreich den Einsatz von [18]-Krone-6-Tetracarbonsäure in der CE[57]. Die Struktur dieses Kronenethers ist in Abbildung 3-3 dargestellt. Die Ringgröße dieses Kronenethers vermag ein Kaliumion, Ammonium oder ein protoniertes Alkylamin selektiv zu komplexieren. Chirale Alkylamine können somit durch die Ausbildung stärkerer Komplexe der D-Form mit dem Kronenether von der L-Form abgetrennt werden. Durch die komplexierenden Eigenschaften dieser Kronenether dürfen wegen Konkurrenzwechselwirkung weder Kalium noch Ammoniumionen als Pufferkomponenten verwendet werden. Im Gegensatz zu Cyclodextrinsystemen führte eine Erhöhung der Kronenetherkonzentration im Puffer nur zu einer geringen Herabsetzung der Analytmobilitäten, jedoch zu keiner Verbesserung der Auflösung. Dies ist ein Zeichen dafür, daß diastereomere Komplexe vorliegen, die aufgrund unterschiedlicher elektrophoretischer Mobilitäten aufgetrennt werden.

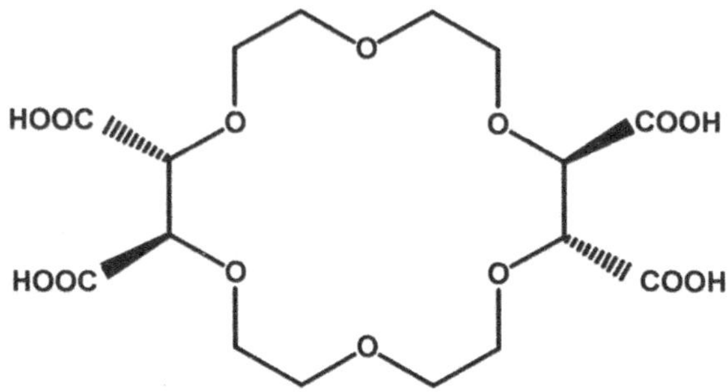

Abb. 3-3: Struktur des chiralen Kronenethers: [18]-Krone-6-Tetracarbonsäure

In einer weiteren Arbeit[58] wird der gleiche Kronenether zur Enantiomerentrennung von etwa 20 optisch aktiven, underivatisierten Aminosäuren eingesetzt. Es zeigte sich, daß auch Moleküle mit einem Chiralitätszentrum in γ-Position von der Aminogruppe, wie hier bei Dipeptiden, getrennt werden können. Zwei Erkennungsmechanismen werden für die chirale Diskriminierung diskutiert. Der erste beruht auf den vier Substituenten am Kronenether selbst (vier Carboxylgruppen), die eine chirale Barriere für das Gastmolekül darstellen und den zur Verfügung stehenden Innenraum des Kronenethers in zwei Hälften teilen. Als zweiten Erkennungsmechanismus wird eine elektrostatische Wechselwirkung, basierend auf Wasserstoffbrückenbindungen oder ionischer Natur, zwischen dem Analyten und dem chiralen Selektor beschrieben. Molekülmodelle weisen darauf hin, daß die gute Auftrennung bei Dipeptiden (chirales Zentrum in γ-Position des Analyten) überwiegend auf einer chiralen Erkennung durch Wasserstoffbrückenbindungen beruht. Auch für Tripeptide konnte eine chirale Erkennung erreicht werden, obwohl die Auflösung in diesem Fall gering war. Unpolar substituierte Aminosäuren können keine polaren Wechselwirkungen mit dem Kronenether eingehen, wodurch der Trennmechanismus überwiegend auf sterischen Erkennungsmechanismen beruhen könnte. Ein Hinweis dafür ist die Trennung von (±)-Naphthylethylamin, wobei für das Benzolderivat keine Trennung beobachtet wurde. Die hier beschriebene Methode konnte auch erfolgreich zur Trennung aller vier Stereoisomere der 2-Amino-3-Phenyl-Buttersäure in einem analytischen Lauf eingesetzt werden.

In dem verwendeten Pufferbereich liegt das Kronenetherderivat in einem schwach deprotonierten Zustand als Anion vor und migriert somit dem Analyten entgegengesetzt. Diese Gegenmigration könnte u.a. ein Grund für die guten erzielten Selektivitäten sein.

Des weiteren wurde auch ein Trennsystem zur Bestimmung von UV-inaktiven chiralen Aminen beschrieben. Dies ermöglicht eine Enantiomerentrennung nichtchromophorer Analyten mit Hilfe der indirekten UV-Detektion ohne vorhergehende Derivatisierung. Als Hintergrundelektrolyt wurde ein Benzyltrimethylammoniumchlorid-Puffer (6 mM) mit TRIS (5 mM) verwendet, der mit Zitronensäure auf pH 2,2 eingestellt wurde und 15 mM des Kronenethers enthielt. Mit diesem Puffer wurde eine Enantiomerentrennung von allen in dieser Arbeit verwendeten aliphatischen Aminosäuren erzielt.

[18]-Krone-6-Tetracarbonsäure konnte ebenfalls erfolgreich zur Trennung von chiralen Aminoalkoholen wie sympathomimetrischen Pharmaka eingesetzt werden[59]. Dieses System konnte auch zur Reinheitskontrolle von Methoxamin verwendet werden, wobei bis zu 0,5 % des pharmakologisch inaktiven Enantiomers detektiert wurde.

3.3. Enantiomerentrennung in der mizellaren elektrokinetischen Chromatographie

Die mizellare elektrokinetische Chromatographie wird überwiegend zur Analyse neutraler, ungeladener Probesubstanzen in der Kapillarelektrophorese eingesetzt. Auch viele ionische Substanzen können aufgrund unterschiedlicher hydrophober Eigenschaften mit der MEKC aufgetrennt werden. Anstelle von SDS kann auch ein nichtchirales Polymer eingesetzt werden, welches sowohl hydrophile als auch hydrophobe Wechselwirkungen mit dem Analyten einzugehen vermag. Schutzner et al.[60] verwendeten dazu Polyvinylpyrrolidon als Pufferadditiv zur Trennung von mit (+)-Diacetyl-L-Weinsäureanhydrid umgesetztem D,L-Tryptophan. In diesem Fall spielte das Polymer keine Rolle für die Trennung nach Molekülgröße.

Da bei Enantiomerenpaaren die Hydrophobie ebenfalls gleich ist, muß auch in der MEKC ein optisch aktiver chiraler Selektor eingesetzt werden[61,62,63,64,65]. Die im folgenden besprochenen Selektoren lassen sich in drei Klassen einteilen.

Die erste Klasse beinhaltet chirale Tenside oder Detergenzien, die als solche zur Bildung von Mizellen ohne Zusatz anderer nichtchiraler Mizellenbildner fähig sind.

Als zweite Klasse sind diejenigen chiralen Selektoren zu nennen, die selbst keine Mizellen ausbilden können und auch im alleinigen Einsatz ohne Vorhandensein von Mizellen keine Selektivität entfalten können. Diese Selektoren sind nur im Verbund mit einem nichtchiralen mizellaren System aktiv, da sie praktisch von der Mizelle selbst aufgenommen werden und somit eine chirale Kontaktfläche erzeugen.

Die dritte Klasse repräsentiert eine Vielzahl von gemischten Systemen, in denen der chirale Selektor als solcher bereits eine Enantioselektivität besitzt, diese jedoch erst richtig in einem SDS-System entfalten kann. In diesen Fällen kann das SDS eher als hilfreiches Pufferadditiv angesehen werden. Die chiralen Mizellenbildner sind ebenfalls in Tabelle 3-1 zusammengefaßt.

3.3.1. Chirale Mizellenbildner

Viele der bisher verwendeten chiralen Mizellenbildner basieren auf enantiomerenreinen Aminosäuren, die mit einer Kohlenwasserstoffkette verknüpft ein chirales Detergenz bilden. Als Aminosäuren wurden bisher Valin, Alanin und Glutamin erwähnt, die als Natriumdodecanoylderivate Anwendung fanden. Einer der Nachteile beim alleinigen Einsatz dieser Selektoren waren schlechte Auflösung und Effizienzen, wodurch erst ihre Verwendung in Form gemischter Systeme zusammen mit SDS akzeptable Trennleistungen lieferte.

Otsuka et al. untersuchten den Einfluß von Methanol und Harnstoff auf die Enantiomerentrennung von PTH-Aminosäuren unter Verwendung von N-Dodecanoyl-L-Valin[66]. Wurde dieser chirale Selektor zusammen mit Methanol betrieben, so wurden für die hier verwendeten Analyten schlechte Peakeffizienzen wegen starken Peaktailings beobachtet. Durch Zugabe von Harnstoff konnte das Peaktailing reduziert werden, was zu einer starken Verbesserung der Effizienzen führte, jedoch ging die vorher mit Methanolzusatz erzielte Trennung von PTH-D,L-Methionin verloren. Trotz langer Analysenzeiten konnte in keinem der Trennbeispiele eine Basislinientrennung der Analyten erreicht werden.

Eine Verbesserung dieser Eigenschaften wurde von Mazzeo et al. vorgestellt[67]. Durch eine weitere Derivatisierung des chiralen Detergenzes konnten diese ohne weitere Pufferzusätze eingesetzt werden. Die Struktur der hier verwendeten chiralen Selektoren ist in Abbildung 3-4 dargestellt. Ein weiterer genereller Vorteil dieser Selektoren auf Aminosäurebasis ist ihr Einsatz als D- oder L-Detergenz. Daraus folgt, daß auf sehr einfache Weise die Migrationsreihenfolge zwischen D- und L-Analyt umgekehrt werden kann.

Als weiterer Mizellenbildner kamen auch Gallensäurederivate zum Einsatz. Die Verwendung von Gallensäuren als Eluentenzusatz bei der RP-Chromatographie ist schon seit einiger Zeit bekannt. So untersuchten Williams et al. einige Gallensäurederivate auf ihre Verwendbarkeit als Eluentenzusatz u.a. auch zur Enantiomerentrennung[68]. Sie diskutierten eine helikale Struktur der durch Gallensäuren aufgebauten Mizellen, mit deren Hilfe die Trennung von

Binaphthylderivaten gelang. Die Struktur dieser Mizellen ist auch schon in anderen Arbeiten diskutiert worden[69].

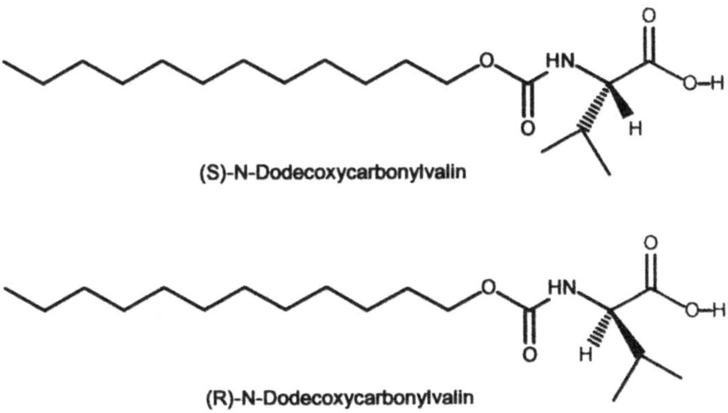

Abb. 3-4: Struktur eines chiralen Detergenzes in der (R)-bzw. (S)-Konfiguration

Terabe et al. verwendeten erstmals Taurodeoxycholate als reine chirale Mizellenbildner zur Trennung von dansylierten Aminosäuren[70]. Dabei wurde ein Trennmechanismus vorgeschlagen, der auf einer Aggregation zweier Gallensäurederivate beruht. Obwohl die Ergebnisse in bezug auf die erzielten Effizienzen und Analysenzeiten noch nicht absolut zufriedenstellend ausfielen, wurde auf das Potential dieser Methode bereits hier hingewiesen.

Nishi et al. setzten verschiedene Gallensäuren als chirale Selektoren ein[71]. Die verschiedenen Strukturen der verwendeten Gallensäuren sind in Abbildung 3-5 zusammengestellt. Es fällt auf, daß Gallensäuremizellen wesentlich geringere Aggregationszahlen aufweisen als z.B. SDS-Mizellen. Sie setzten diese chiralen Selektoren auch zur Trennung von Diltiazem- und Trimetoquinolderivaten ein[72]. Kleine Änderungen in der Struktur der Gallensäuren zeigten einen Einfluß auf die Trennung der verschiedenen substituierten Proben. Auch der pH-Wert wurde als wichtiger Faktor bei der Optimierung hervorgehoben. Im Neutralbereich sind die Gallensäuren negativ geladen, die zu analysierenden basischen Komponenten jedoch positiv. Die resultierenden elektrostatischen Anziehungskräfte und die dadurch verstärkten Wechselwirkungen bei der chiralen Erkennung werden für die effektivere Auflösung mitverantwortlich gemacht. Da Gallensäuren nur kleine Aggregate bis etwa zehn Einheiten bilden, die durch Wechselwirkungen der nichtpolaren Teile der Monomere zusammengehalten werden und zudem ein starres Gerüst aufweisen, wird ein erfolgreicher Einsatz von Gallensäuren ebenfalls nur bei Analyten mit starrem

Molekülgerüst vorhergesagt. Da die genauen Trennmechanismen bei der Verwendung von Gallensäuren noch nicht vollständig geklärt sind, bleibt dieses Gebiet nach wie vor ein aktuelles Thema wissenschaftlicher Untersuchungen.

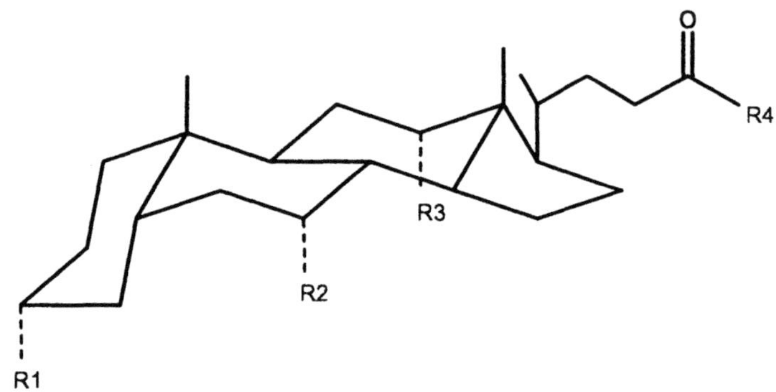

Derivate der Gallensäure	R_1	R_2	R_3	R_4	**CMC**	**Aggregationszahl**
Natrium-Cholat (SC)	-OH	-OH	-OH	-ONa	13	3
Natrium-Taurocholat (STC)	-OH	-OH	-OH	$-NH-(CH_2-)_2-SO_3Na$		
Natrium-Deoxy-Cholat (SDC)	-OH	-H	-OH	-ONa	6	4
Natrium-Taurodeoxy-Cholat (STDC)	-OH	-H	-OH	$-NH-(CH_2-)_2-SO_3Na$	9	11
Natrium-Dodecylsulfat (SDS)					8	63

Abb. 3-5: Struktur und Substitutionsschema der Gallensäuren

Cole et al. untersuchten den Einfluß von organischen Additiven auf die Trennleistung von Gallensäuresystemen[73]. Als Testsubstanzen dienten hier anstelle von positiv geladenen Analyten negativ geladene Biphenylderivate. Es zeigte sich dabei, daß sich die Gallensäuresysteme bei der Zugabe von organischen Lösungsmitteln wie z.B. Methanol ähnlich wie ein SDS-System verhalten. Die Verbesserung der Auflösung mit der Erhöhung der organischen Lösungsmittelkomponente ist dabei auf die Erweiterung des Retentionszeitfensters zurückzuführen. Von normalen SDS-mizellaren Systemen ist bekannt, daß die optimale Trennleistung in der Mitte zwischen Migrationszeit der Mizelle und Migrationszeit des EOF liegt (siehe Kapitel 2.3).

Die Ladung des Analyten hat sich ebenfalls als wichtiger Parameter herausgestellt. Die beste Trennleistung wurde bei einem einfach negativ geladenen Binaphthylderivat beobachtet. Bei doppelt negativ geladenen Analyten wurde bei pH 8 keine Auftrennung mehr festgestellt. Dies wurde auf die elektrostatische Abstoßung zwischen Analyt und chiralem Selektor zurückgeführt. In diesem Fall führte eine Herabsetzung des pH-Wertes in den Bereich der pK_S-Werte der verwendeten Binaphthylcarbonsäure zu einer Verbesserung der Auflösung. Bei diesem pH sind die Carbonsäuregruppen nur partiell deprotoniert, und die effektive Ladung am Analyten ist vermindert.

3.3.2. Inkorporation eines chiralen Selektors in eine Mizelle

Ein neues System in der Kapillarelektrophorese ist die Verwendung sogenannter Mikroemulsionssysteme. Dabei handelt es sich um mizellare Systeme, die erst durch Zugabe weiterer Komponenten und deren Aufnahme in die Mizelle die erwünschte Selektivität für ein spezielles Trennproblem liefern.

Aiken et al. beschreiben ein solches Verfahren zur Trennung von Enantiomeren in der Kapillarelektrophorese[74]. Kleine chirale Moleküle, die allein betrachtet keine Aktivität zur Enantiomerentrennung aufweisen, werden durch Inkorporierung in ein mizellares System aktiviert. Es ist leicht vorstellbar, daß solche Mikroemulsionssysteme eine Vielzahl neuer Anwendungsmöglichkeiten für diejenigen chiralen Substanzen eröffnen können, die bisher zu keiner chiralen Trennung befähigt waren. In dem hier beschriebenen Beispiel wird ein lipophiler chiraler Selektor, (2R, 3R)-di-n-butyltartrat, in ein SDS-mizellares System inkorporiert. (1R, 2S)- und (1S, 2R)-Ephedrin konnten mit hohen Selektivitäten (bis 2,6 bestimmt nach der Methode von Terabe et al.[75]) innerhalb von acht Minuten getrennt werden. Die Konzentrationserhöhung der Mikroemulsion führte zwar zu einer Verbesserung der Selektivität, jedoch auch zu einer erheblich verringerten Effizienz. Auch hier sind ähnliche Systeme aus der HPLC bekannt. Viele Beispiele sind in der Literatur zu finden, die die Inkorporation eines chiralen Selektors in eine unpolare Phase zur Trennung heranziehen[76].

3.3.3. Gemischte Systeme

Gemischte Trennsysteme sind in der Kapillarelektrophorese meist dann im Einsatz, wenn wegen Löslichkeitsproblemen der Analyten oder wegen mangelnder Selektivität der verschiedenen Komponenten einfache Systeme versagen. Diese Trennsysteme erschweren wegen ihrer Komplexität eine Deutung der Trennmechanismen. Die hier besprochenen Systeme beziehen sich auf SDS-mizellare Systeme, denen zum Teil verschiedene chirale Selektoren zugesetzt wurden. Das Vorhandensein von SDS-Mizellen kann dabei auf die Enantiomerentrennungen sowohl positive (erhöhte Enantioselektivität) als auch negative (Auflösungsverlust) Folgen haben.

3.3.3.1. SDS-chirale Detergenzien

Dobashi et al. beschreiben in ihren Arbeiten den Einsatz von N-Dodecanoyl-L-Valin und N-Dodecanoyl-L-Alanin zur Trennung von DNP-Aminosäuren O-Isopropylester[77, 78]. Neben den rein chiralen Mizellen, aufgebaut aus den chiralen Tensiden, wurden auch gemischte Mizellen zusammen mit SDS sowie der Einfluß von Methanol auf die Trennleistung des Systems untersucht. Da die Derivatisierung der Aminosäuren eine Vereinheitlichung ihrer elektrophoretischen Mobilitäten bewirkt, entsteht beim Einsatz von SDS-Mizellen eine verbesserte Selektivität zwischen den verschiedenen Aminosäuren. Die Verwendung gemischter Mizellen bedeutet für den chiralen Selektor letztendlich eine Verdünnung und somit auch die Möglichkeit, eine homogenere chirale Oberfläche auf der SDS-Mizelle zu erzeugen. Auch die Verwendung von organischen Lösungsmitteln bewirkt eine Veränderung der Trennleistung des Systems. Systematische Studien weisen darauf hin, daß die Hauptwirkung bei der Zugabe von primären Alkoholen (Methanol) auf der Veränderung der Aggregationszahl der Mizellen beruht. Wie in allen mizellaren Systemen ist es wichtig, im optimalen Bereich des Migrationszeitfensters zu arbeiten, das durch die Migrationszeit des EOF und jene der Mizelle gegeben ist. Die Parameter, die dafür in der MEKC zur Verfügung stehen, sind die Auswahl des Mizellenbildners, dessen Konzentration sowie die Verwendung von organischen Lösungsmitteln.

Otsuka et al. verwendeten neben dem schon zuvor erwähnten SDVal erstmals nichtionische chirale Tenside zur Trennung von Enantiomeren[79]. Als Trennsystem wurden hier gemischte Mizellen aus Digitonin und SDS eingesetzt. Für die verwendeten Testsubstanzen, hier PTH-Aminosäuren, wurde eine große pH-Abhängigkeit des Trennsystems festgestellt. Bei pH 7 konnte aufgrund der zu geringen Mobilität der gemischten Mizelle und des relativ großen elektroosmotischen Flusses nur ein enges Migrationszeitfenster erreicht werden, so daß unter diesen Bedingungen nicht am Optimum der möglichen Trennleistung gearbeitet werden konnte. Deshalb wurde die 25 mM Digitonin-50 mM SDS-Lösung bei pH 3 eingesetzt, wodurch sich der EOF stark reduzierte und sich die Migrationszeit drastisch erhöhte. Im Vergleich zu dem Digitonin-SDS-System wurde auch ein SDVal als alleiniger Mizellenbildner und chiraler Selektor eingesetzt. Die für das Digitonin-SDS-System verwendeten PTH-Aminosäuren konnten mit diesem Trennsystem in einer wesentlich kürzeren Zeit getrennt werden. Wie in Kapitel 3.3.1. beschrieben, führt jedoch der alleinige Einsatz von Dodecylaminosäuren als chirale Selektoren zu unsymmetrischen Peaks und einer großen Fluktuation der Basislinie. Die in der Kapillarelektrophorese üblichen Konditionierungsversuche der Kapillare waren in bezug auf die hier vermuteten Wandadsorptionseffekte nicht erfolgreich.

In einer weiteren Arbeit berichteten Otsuka et al. über verschiedene chirale Mizellenbildner, die erfolgreich zur Trennung racemischer PTH-Aminosäuregemische eingesetzt werden konnten[80]. Dabei wurden N-Dodecanoyl-L-Glutamat-Systeme (SDGlu-Systeme) sowie gemischte Mizellen aus Digitonin und Natrium-Taurodeoxycholat eingesetzt. Unter Verwendung von Harnstoff, SDS und Methanol in dem SDGlu-System konnte die oben genannte schlechte Peaksymmetrie und die Auflösung wesentlich verbessert werden. Die Selektivitäten im Vergleich zu den bereits erwähnten mizellaren SDVal-SDS-Systemen waren jedoch nur gering.

3.3.3.2. SDS-Cyclodextrine

Cyclodextrine sind nicht nur ein notwendiger Zusatz bei der Trennung von Enantiomeren, sondern können auch zur Erhöhung der Selektivität bei vielen hydrophoben Analyten hilfreich eingesetzt werden.

So beschreiben Nishi et al. den erfolgreichen Einsatz von Cyclodextrinen zusammen mit SDS zur Trennung von Steroiden und einigen aromatischen Substanzen[81]. Da hydrophobe Analyten sich in der MEKC oft stark in der Mizelle lösen und daher nahe der Migrationszeit der Mizelle eluieren, ist man von dem oben beschriebenen Optimum für die Selektivität in diesen MEKC-Trennsystemen weit entfernt. Durch den Zusatz von Cyclodextrinen verteilen sich die Proben in drei Phasen (Puffer, Mizelle, CD), wodurch die Aufenthaltszeit der Probe in der Mizelle durch Konkurrenz des Cyclodextrins herabgesetzt wird. Dies bedeutet eine schnellere

Migration der Probe sowie eine bessere Plazierung im Migrationszeitfenster. Natürlich spielt auch hier der CD-Typ, die Natur des verwendeten Mizellenbildners sowie weitere Pufferzusätze wie organische Lösungsmittel eine große Rolle für die Selektivität und Leistungsfähigkeit des Systems.

In einer weiteren Arbeit untersuchten sie den Einfluß verschiedener Cyclodextrine als dritte Phase in einem SDS-Puffersystem[82]. Da sich Cyclodextrine in der Mizelle nicht lösen, werden sie mit dem EOF durch die Kapillare bewegt. Die dabei resultierende Erniedrigung der Kapazitätsfaktoren kann ein hilfreiches Mittel zur Optimierung der Selektivität bei diesen Trennungen darstellen. Wie bereits oben erwähnt, liegen die optimalen Kapazitätsfaktoren in der MEKC bei etwa $(t_{mc}/t_0)^{0.5}$. Über die Konzentration des Cyclodextrins im SDS-Puffer lassen sich somit die optimalen Kapazitäten abstimmen. Als chirale Analyten wurden hier einige Barbiturate, Binaphthylderivate und ein chirales Anthracenderivat eingesetzt. Neben den gängigen Cyclodextrinen (α, β, γ) kamen auch DM-β-CD und TM-β-CD zum Einsatz. Systematische Untersuchungen zeigten weiterhin, daß das γ-Cyclodextrin am besten für ein SDS-System geeignet ist. Dies steht im Gegensatz zu Erkenntnissen aus der HPLC, in der Phasenbelegungen mit β-CD eine effektivere Methode darstellen. Dieser Unterschied wurde damit begründet, daß wegen des größeren Cyclodextrindurchmessers des γ-CD neben dem Analyten auch ein Tensidmolekül in den CD-Ring eingelagert wurde. Die Zugabe von Methanol zum Trennpuffer bewirkte zum einen eine Verlängerung der Analysenzeiten (langsamerer EOF), kleinere Kapazitätsfaktoren und eine verringerte Enantioselektivität. Dies wurde auf den Einschluß von Methanol ins Cyclodextrin zurückgeführt und auf die damit verbundene sterische Hinderung bei der chiralen Erkennung. Sehr interessant ist der Vorschlag, dem Puffer weitere chirale Additive zuzusetzen, die ihrerseits in das Cyclodextrin inkorporiert werden können. Der Zusatz von Natrium-d-Campher-10-Sulfonsäure sowie der l-Menthoxyessigsäure zum γ-CD/SDS-Puffersystem erhöhte die Auflösung der hier untersuchten Analyten. Dieser synergetische Effekt wurde mit einer Erhöhung der Chiralität des Cyclodextrins durch den Einschluß des chiralen Additivs erklärt. Der Zusatz dieser chiralen Additive führte bei einem Enantiomerenpaar allerdings zum Verlust der Selektivität. Inwieweit die d-Campher-10-Sulfonsäure und die l-Menthoxyessigsäure mit den vorhandenen Mizellen in Wechselwirkung traten und damit die Enantioselektivität beeinflussen konnten, wurde hier nicht diskutiert. Generell sind bei diesen komplexen Trennprozessen mit vielen sich überlagernden Gleichgewichten nur schwer Aussagen über die Trennmechanismen zu treffen.

Weitere gemischte Trennsysteme wurden von Terabe et al. beschrieben[83]. Sie verwendeten ebenfalls verschiedene Cyclodextrine in einem mizellaren SDS-System zur Trennung von isomeren Dimethylnaphthalenen und anderen aromatischen

Polycyclen. Ebenso gelang die Trennung von dansylierten Aminosäuren mit diesen Mischsystemen. So wurde neben einem SDS/β-CD/γ-CD-System auch ein Puffer mit Taurodeoxycholat und γ-CD eingesetzt.

Die hier beschriebenen gemischten Systeme bieten viele neue Kombinationsmöglichkeiten der bisher bekannten chiralen Selektoren. Allerdings sind bis heute nur wenige Systeme bekannt, in denen sich mehrere chirale Selektoren gegenseitig bei einem Trennproblem unterstützen, also einen synergetischen Effekt liefern. Es kann daher nicht vorhergesagt werden, welche Kombination an verschiedenen chiralen Selektoren einen Vorteil bringen könnte.

3.4. Enantiomerentrennungen mit Hilfe anderer chiraler Selektoren

In diesem Kapitel werden alle weiteren in der Kapillarelektrophorese bisher verwendeten chiralen Selektoren besprochen, die nur in wenigen Anwendungen benutzt wurden. Gründe für deren bisherige geringe Verbreitung sind neben eventueller UV-Absorption des chiralen Selektors auch oft eine zu geringe Selektivität dieser chiralen Selektoren. Häufig werden in diesen Beispielen Enantiomere getrennt, die unter Verwendung anderer chiraler Selektoren höhere Auflösungen ermöglichen.

3.4.1. Proteine als chirale Selektoren zur Enantiomerentrennung

In der HPLC sind Proteinphasen für die Enantiomerentrennung schon seit langem bekannt. Dies erklärt sich daraus, daß sich Proteine substratspezifisch verhalten, d.h. nur mit wenigen Verbindungen eine starke Wechselwirkung eingehen. Da Proteine außerdem aus vielen chiralen Zentren aufgebaut sind, ist deren Einsatz in Form chiraler Selektoren naheliegend.

Die ersten Arbeiten auf dem Gebiet der Kapillarelektrophorese wurden von Birnbaum et al. vorgestellt[84]. Sie beschreiben den Einsatz von mit Glutaraldehyd quervernetztem BSA (Bovine Serum Albumin) als chiralem Selektor. Um weiterhin gute Detektionsempfindlichkeit zu gewährleisten, wurde die vorbereitete BSA-Glutaraldehydlösung nur bis zum Detektorfenster in die Kapillare gefüllt und erst dann zum Gel polymerisiert. Dies ermöglichte den Einsatz hoher Konzentrationen an chiralem Selektor ohne Verlust an Detektionsempfindlichkeit. Sie bezeichneten die hier vorgestellte Methode als Kapillaraffinitäts-Gelelektrophorese auf Proteinbasis. Eventuelle Probleme bei der Kapillarstabilität von diesen immobilisierten Gelen wurden nicht diskutiert.

Barker et al. verwendeten BSA als reines Pufferadditiv zur Enantiomerentrennung[85]. Da BSA, wie die Probe selbst, negativ geladen ist, ist der Mobilitätsunterschied zwischen Analyt und chiralem Selektor wichtig für das Ausmaß der Wechselwirkungen. Die Autoren untersuchten hier den Einfluß der BSA-Konzentration und des pH-Wertes auf die Trennleistung des Systems. Zur Herabsetzung der Wandadsorption der Proteine wurde Polyethylenglycol als Pufferadditiv und gleichzeitig als dynamische Modifikation der Kapillarwand eingesetzt. Wegen der UV-Aktivität des BSA war nur ein kleiner Konzentrationsbereich dieses chiralen Selektors für die Optimierung zugänglich.

In einigen Arbeiten wird die Verwendung von Dextranen im Zusammenhang mit Proteinen als chirale Selektoren beschrieben. Sun et al. setzten ein hochmolekulares Dextran ein, das mit BSA kovalent verbunden ist[86]. Auf diese Weise konnte eine Trennung von Leucovorin erzielt werden. Die Trennung wurde im Sinne einer Affinitäts-Kapillargelelektrophorese durchgeführt. Dabei wurde eine mit Polyacrylamid beschichtete Kapillare verwendet, in die die flüssige BSA-Dextran-Polymerlösung eingefüllt wurde.

In einer weiteren Arbeit wurde berichtet, daß das BSA nicht kovalent an die Dextranpolymere gebunden sein muß[87]. So konnte eine Trennung von Ibuprofen und Leucovorin erreicht werden, wobei das BSA einfach der Dextranlösung zugesetzt wurde. Das Dextranpolymer diente hierbei zur Herabsetzung der Mobilität des BSA, um eine höhere Verweildauer zwischen Analyt und chiralem Selektor zu ermöglichen. Das Signal/Rausch-Verhältnis war bei allen Elektropherogrammen wegen der UV-Aktivität des BSA sehr ungünstig. Eine praktische Anwendung zur Bestimmung des Überschusses eines Enantiomers wird mit dieser Methode nicht möglich sein. Störende negative Signale, die mit der Trennung zusammenfielen, machten eine Quantifizierung unmöglich.

Hjerten et al. zeigten, daß Cellobiohydrolase I (Cellulase) zur Trennung von ß-Blocker in der Kapillarelektrophorese geeignet ist[88]. Auch hier wurden mit Polyacrylamid belegte Kapillaren eingesetzt, um die Adsorption des Proteins an der Kapillarwand zu vermeiden. Diese Kapillaren zeichnen sich u.a. dadurch aus, daß der EOF stark unterdrückt wird und den Analyten die Migrationsrichtung nicht mehr aufzwingt. Dies hat zur Folge, daß bei dem verwendeten pH-Wert die UV-aktiven Proteine (Anionen) vom Detektor weg zur Injektionsseite migrieren (Anode an der Injektionsseite der Kapillare), während die Analyten (Kationen) in entgegengesetzter Richtung zum Detektor hin wandern. Da die Proteine somit die Detektion nicht mehr stören, können hohe Konzentrationen des chiralen Selektors im Einlaßpuffergefäß verwendet werden, und die Analyten können trotzdem empfindlich bei niederen

Wellenlängen detektiert werden. Es stellte sich heraus, daß nur hohe Konzentrationen an chiralem Selektor zusammen mit 2-Propanol im Puffer eine Enantiomerentrennung der β-Blocker ergaben. Unter den Bedingungen, die für den gleichen chiralen Selektor in der HPLC benutzt werden, konnte in der Kapillarelektrophorese keine Enantiomerentrennung erzielt werden.

Neben dem oben erwähnten BSA konnte auch Humanserumalbumin zur Enantiomerentrennung von Kynurenine, Tryptophan, Milchsäure- und Weinsäurederivaten eingesetzt werden[89]. Wandadsorptionseffekte wurden auch hier durch den Einsatz von mit Polyacrylamid belegten Kapillaren vermindert. Zur Stabilisierung der Enantioselektivität von Humanserumalbumin im alkalischen Medium wurde von den Autoren ein kurzes Erhitzen des Proteins bei 60°C empfohlen. Mit steigender Konzentration des chiralen Selektors konnte trotz Verringerung der Selektivität eine Zunahme der Auflösung wegen steigender Effizienzen beobachtet werden. In einem direkten Vergleich der Albumin-Selektoren in der CE mit der HPLC für den gleichen chiralen Analyten (Trennung von 2,3-Dibenzoyl-D,L-Weinsäure unter Verwendung von Humanserumalbumin) zeigt sich deutlich die höhere Effizienz der Kapillarelektrophorese. Der direkte Vergleich der Selektivitäten der beiden Trennmethoden ist jedoch nicht einfach durchzuführen. Im Vergleich zur HPLC konnten hier wesentlich verbesserte Effizienzen erzielt werden, jedoch sind diese von den gängigen Effizienzen in der CE noch weit entfernt.

Poppe et al. benutzten saure Glycoproteine zur Trennung von Enantiomeren. Als chirale Selektoren wurden Orosomucoid, Ovomucoid und Pilz-Cellulase eingesetzt[90]. BSA als nicht Glycoprotein fand ebenfalls Verwendung bei der Trennung von Warfarin, Benzoin, Tryptophan, Pindolol und Promethazin. Die Zugabe von 1-Propanol zum Puffer erwies sich in den meisten Fällen als hilfreich. Mit steigender Konzentration des Proteins konnte sowohl eine steigende Selektivität als auch eine verbesserte Peakeffizienz beobachtet werden. Bei hohen 1-Propanolkonzentrationen verschlechterte sich die Auflösung wieder. Wegen der Eigenabsorption der verwendeten chiralen Selektoren konnte eine empfindliche Detektion nicht durchgeführt werden. Die gezeigten Trennungen gingen über ein Signal/Rausch-Verhältnis besser als zehn nicht hinaus. Da eine UV-Detektion zwischen 260 und 315 nm verwendet wurde, steht einer Konzentrationsoptimierung des chiralen Selektors die Detektionsempfindlichkeit gegenüber.

Aus den hier besprochenen Beispielen wird deutlich, daß eine empfindliche Detektion bei der Verwendung von Proteinen als chirale Selektoren nur dann möglich ist, wenn die verwendeten Pufferlösungen nur bis kurz vor das Detektionsfenster in die Kapillare eingebracht werden. Weiterhin muß auch die Wandadsorption der Proteine unterdrückt werden, um konstante Trennbedingungen in der Kapillare zu erhalten. Dies stellt auch gewisse Anforderungen an vorhandene kommerzielle Geräte, da vor allem die komplexen Spülvorgänge genau überwacht werden müssen.

3.4.2. Lineare Zucker als chirale Selektoren zur Enantiomerentrennung

Polysaccharide gehören in der HPLC zu einer verbreiteten Klasse chiraler Selektoren. So stellen z.B. Acetylcellulosen, auf Kieselgel aufgebracht, chirale Phasen mit hohen Auflösungen dar. Wegen ihrer begrenzten Wasserlöslichkeit sind solche Systeme jedoch nicht in die Kapillarelektrophorese übertragbar. Zyklische Oligosaccharide wie Cyclodextrine wurden bereits besprochen. Von den in der Natur vorhandenen nichtzyklischen, linearen oder verzweigten Polysacchariden sind nur wenige als chirale Selektoren in der Kapillarelektrophorese verwendet worden.

D'Hulst et al. untersuchten Maltodextrine als potentielle chirale Selektoren zur Trennung verschiedener Enantiomere[91]. Der Artikel gibt auch einen Überblick über die Eigenschaften dieser α-(1-4) verknüpften D-Glucose-Polymere. Die Trennmechanismen bei der Enantiomerentrennung mit diesen Oligosacchariden konnte jedoch nur auf eine Vielzahl unterschiedlicher Parameter zurückgeführt werden, von denen keiner als hauptverantwortlich für die chirale Erkennung gelten kann. Zur Untersuchung der Einflüsse von Pufferadditiven auf das vorliegende Trennsystem wurden auch Acetonitril und Mizellenbildner eingesetzt. Der Zusatz dieser Komponenten führte in allen Fällen zum Verlust der Auflösung. Der Einfluß der Konzentration verschiedener Maltodextrine wie Maltrin, Maldex, Glucidex und Mylose wurde ebenfalls untersucht. Höhere Konzentrationen an Maltodextrin verbesserten die Auflösung. Obwohl die verwendeten Proben sich in ihrer Struktur sehr ähneln, konnte eine Auftrennung aller Analyten mit nur einem Maltodextrin nicht erzielt werden. Um aufzuklären, welcher Molmassenbereich der Maltodextrine den größten Einfluß auf die chirale Erkennung und Auflösung hat, wurden verschiedene Fraktionen aus einer Maltodextrin-Ultrazentrifugation untersucht. Dabei zeigte sich, daß Oligosaccaridlösungen mit einem Molmassenbereich kleiner als 3000 zwar nur einen geringen Verlust an Enantioselektivität zeigten, die Migrationszeit des Analyten sich jedoch stark verkürzte. Für die Fraktion mit Molekulargewichten kleiner als 1000 konnte keine Enantioselektivität mehr beobachtet werden. Im Vergleich zu den hier erzielten Ergebnissen wurden auch einige Cyclodextrine (β-, hydroxypropyliertes β- und dimethyliertes β-CD) eingesetzt. In diesen Fällen erfolgte keine Auftrennung der chiralen Analyten. Allerdings wurden für diese chiralen Selektoren die Optimierungsparameter nicht vollständig ausgeschöpft. Die Anwendbarkeit linearer Polysaccharide als chirale Selektoren bleibt jedoch fragwürdig, da bei allen hier gezeigten Trennungen ein schlechtes Signal/Rausch-Verhältnis (um 3 bis 4) beobachtet wurde.

3.4.3. Enantiomerentrennung mit Hilfe der Elektrochromatographie

Einige Autoren versuchten, den elektroosmotischen Fluß als Pumpe in mit Phasenmaterial gepackten CE-Kapillaren für Trennungen einzusetzen[92]. Obwohl die hier erzielten Trennleistungen vielversprechend waren, wurden noch keine chiralen Phasen zur Trennung von Enantiomeren in der CE mit gepackten Kapillaren eingesetzt. Jedoch wurden bereits einige chirale Kapillarbelegungen zur Enantiomerentrennung beschrieben.

Schurig et al. zeigten erstmals eine Enantiomerentrennung, die auf der Elektrochromatographie mit Hilfe einer chiralen stationären Phase auf der Kapillarinnenwand beruht[93]. Als chiraler Selektor wurde eine "Chirasil-Dex"-Phase, analog der in der HPLC, GLC und SFC gängigen Phasen auf Cyclodextrinbasis, immobilisiert. Phenylethanol und (±)-1,1'-Binaphthyl-2,2'-diylhydrogenphosphat wurden in dem hier beschriebenen Beispiel getrennt. Dieses Beispiel einer Enantiomerentrennung ist sehr bemerkenswert, da lange Diffusionswege von Kapillarinnenraum zur Kapillarwand für die Probe zu überbrücken sind. Dies bedeutet, daß der Analyt nur sehr wenige Kontakte mit dem chiralen Selektor hat, um eine chirale Diskriminierung zu erreichen.

Mittlerweile wurde in einer weiteren Arbeit die Trennung von Enantiomeren mittels chiraler Kapillarwandbelegung beschrieben. Armstrong et al. entwickelten eine relativ einfache Methode zur Immobilisierung einer auf Cyclodextrin basierenden stationären Phase für GLC, SFC und CE[94]. Das mit Hilfe einer Polysiloxanmethode immobilisierte Cyclodextrinderivat wurde in dem hier gezeigten Beispiel zur Trennung von Mephobarbital in der Kapillarelektrophorese eingesetzt.

Auf die Stabilität dieser chiralen Belegungen bei höheren pH-Werten wurde in keiner der Arbeiten näher eingegangen. Auch das Verhalten dieser Trennverfahren bei Probenüberladung und die Bestimmung von Verunreinigungen eines unerwünschten Enantiomers wurden hier nicht diskutiert.

3.4.4. Ausbildung von diastereomeren Metallkomplexen

Die Verwendung chiraler Metallkomplexe zur Trennung von Enantiomeren ist eines der ältesten chromatographischen Verfahren zur Enantiomerentrennung.

Bereits 1971 beschrieben Davankov et al. die Synthese eines sogenannten "unsymmetrisch komplexierenden" Ionenaustauschers auf Polystyrolbasis (es handelte sich um chlormethyliertes Polystyrol, das mit L-Prolin als chiralem Selektor umgesetzt war), der unter Anwesenheit von Cu^{2+}-Ionen eine wesentlich höhere Affinität zu D-Aminosäuren zeigte als zu deren L-Antipoden[95].

Gassman et al. waren die erste Arbeitsgruppe, die ein ähnliches Prinzip erfolgreich zur Trennung von Enantiomeren in der Kapillarelektrophorese anwendeten[96]. Sie beschrieben die Ausbildung diastereomerer Wechselwirkungen von dansylierten D,L-Aminosäuren mit einem Cu(II)-L-Histidin Komplex, der dem Trennpuffer zugesetzt wurde. Auch dieser chirale Selektor war bereits mit Erfolg in der HPLC eingesetzt worden und bot sich daher auch für das kapillarelektrophoretische Experiment an. Die Derivatisierung der Aminosäuren mit Dansylchlorid und anschließender laserinduzierter Fluoreszenzdetektion führte zu einer wesentlichen Steigerung der Detektionsempfindlichkeit des Trennsystems. Die Komplexbildungs- und -zerfallkonstanten der ternären Metallkomplexe bilden auch hier die Grundlage für die Selektivität des Systems. Die durch die Fluoreszenzdetektion entstehenden Quenching-Effekte des stärker bindenden Enantiomers im Komplex ergeben jedoch ungleiche Peakflächen für racemische Gemische. Bei quantitativem Arbeiten ist somit eine separate Kalibrierung für jedes Enantiomer unerläßlich.

Gozel et al. nutzten die unterschiedlichen Wechselwirkungen von Enantiomeren mit einem Cu(II)-Aspartam-Komplex zur Trennung aus[97]. Aspartam besteht aus einem Dipeptid (L-Aspartyl-L-Phenylalanin-Methylester), das wegen der Eigenabsorption im unteren UV-Bereich nur mit Hilfe der laserinduzierten Fluoreszenzdetektion eingesetzt werden kann. Der Einfluß des Hintergrundelektrolyten, des pH-Wertes und der Temperatur auf die Trennleistung des Selektors wurde ebenso untersucht wie die Linearität der verwendeten Detektionsmethode. Diese wurde mit einem hervorragenden linearen Bereich über vier Größenordnungen angegeben. Quenching-Effekte wurden auch hier für das im Komplex stärker gebundene Enantiomer beobachtet. Aspartamkomplexe zeigten eine verbesserte Auflösung für die hier verwendeten dansylierten Aminosäuren im Vergleich zu den analogen Histidin-Komplexen.

Cohen und Karger et al. setzten chirale Mizellenbildner als Selektoren ein[98]. Dazu verwendeten sie Didecyl-L-Alanin, welches wegen Löslichkeitsproblemen nur zusammen mit SDS in gemischten Mizellen eingesetzt werden konnte. Die Auftrennung von dansylierten D,L-Aminosäuren mit direkter UV-Detektion konnte hier nur mit Hilfe von Cu(II)-Ionen erfolgreich durchgeführt werden. Es handelte sich also hierbei nicht, wie oben erwähnt, um einen MEKC-Mechanismus, sondern eher um einen chiralen, durch Metallchelatisierung unterstützten Ionenaustausch an

Mizellen. Die "Verdünnung" des eigentlichen chiralen Selektors mit anderen Detergenzien zur Kontrolle des Abstandes zweier chiraler Ligandenaustauschzentren auf der Mizellenoberfläche wurde bereits hier als eine mögliche Verbesserung für die Enantiomerentrennung hervorgehoben.

Auch freie Weinsäure wurde zur Enantiomerentrennung im Puffer verwendet. Fanali et al. berichteten über die Trennung verschiedener stabiler enantiomerer und diastereomerer Co(III)-Komplexe[99]. Da die Enantiomerentrennung gut, die Selektivität zwischen den verschiedenen Komplexen jedoch gering war, wurde β-CD zur Verbesserung der Auflösung zwischen den verschiedenen Komplexen eingesetzt. Das Cylodextrin diente hier nicht zur Erhöhung der Enantioselektivität. Dies ist einer von wenigen Fällen, in denen kleine chirale Selektoren ohne Verwendung von komplexen Puffersystemen erfolgreich eingesetzt werden können.

3.4.5. Enantiomerentrennungen nach einer Derivatisierung

Die Derivatisierung einer zu bestimmenden Substanz ist in der heutigen Analytik eine gebräuchliche Methode. Sie kommt überwiegend dann zum Einsatz, wenn die Eigenschaften des Analyten ein direktes Bestimmungsverfahren nicht mehr zulassen. Dabei wird anhand einer Derivatisierung versucht, die Selektivität des Trennsystems positiv zu verändern und gleichzeitig auch eine höhere Detektionsempfindlichkeit zu erhalten. Diese beiden Sachverhalte - Selektivität und Nachweisempfindlichkeit - sind die Hauptgründe für die Derivatisierung bei Enantiomerentrennungen. Dies trifft nicht nur für die Kapillarelektrophorese, sondern auch für alle anderen analytischen Bestimmungsverfahren zu.

Ueda et al. untersuchten die Derivatisierung von D,L-Aminosäuren mit Naphthalin-2,3-dicarbonsäuren, die zusammen mit Cyanid 1-cyano-2 substituierte Benz[f] Isoindole liefern und damit der laserinduzierten Fluoreszenzdetektion zugänglich sind[100]. Da hier keine chiralen Derivatisierungsreagenzien eingesetzt wurden, müssen die weiterhin enantiomeren Moleküle mit Hilfe eines chiralen Selektors aufgetrennt werden. Auch hier wurde ein gemischtes System, bestehend aus SDS/CD, eingesetzt. Dabei zeigte sich, daß unter Verwendung eines β-CD im MEKC-System die Migrationsreihenfolge zwischen D- und L-Enantiomer von der Struktur der Aminosäure abhängig ist. Bei aliphatischen Aminosäuren migrierte die D-Form vor der L-Form, wobei es sich bei aromatischen Aminosäuren umgekehrt verhielt. Die Verwendung von γ-CD/SDS wurde für dieses Trennproblem als das geeignetere Trennsystem mit höheren Auflösungen betrachtet.

Nishi et al. beschrieben die Trennung von D,L-Aminosäuren nach einer

Derivatisierung mit GITC (2,3,4,6-Tetra-O-acetyl-ß-D-Glucopyranosyl Isothiocyanat), einer optisch aktiven Substanz[101]. Die durch die Derivatisierung entstandenen diastereomeren Thioharnstoffderivate konnten so wegen unterschiedlicher physikalischer Eigenschaften, hier aufgrund von unterschiedlichen Löslichkeiten der aromatischen, heterozyklischen oder basischen Aminosäuren in der SDS-Mizelle, getrennt werden. Dabei konnten von 21 getesteten α-Aminosäuren 19 unter verschiedenen Trennbedingungen mittels SDS aufgetrennt werden. GITC wurde schon bei der "reversed-phase"-HPLC zur Trennung von Aminosäureenantiomeren erfolgreich eingesetzt. Dieses chirale Derivatisierungsreagenz reagiert unter milden Bedingungen schnell und vollständig mit primären und sekundären Aminogruppen und erklärt somit seine verbreitete Anwendung.

Lurie et al. beschrieben ebenfalls die Trennung von Enantiomeren in der Kapillarelektrophorese nach einer Derivatisierung mit GITC[102]. Die Trennung von Amphetamin, Ephedrin, Pseudoephedrin, Norephedrin, Norpseudoephedrin und Methamphetamin wurde nach der Überführung in ihre Diastereomere ebenfalls in einem 100 mM-SDS-System mit 20 % Methanol durchgeführt. Zur Optimierung der Trennung wurde die SDS-Konzentration und die Methanolkonzentration verändert und deren Einfluß auf die Trennleistung des Systems untersucht. Zudem wurde der Einfluß der Temperatur und der Spannung auf die Selektivitäten beschrieben. Verschiedene Cyclodextrine (Heptakis (di-O-methyl)-β-CD) sowie ein chiraler Mizellenbildner (Natriumtaurocholat) wurden zum Vergleich als chirale Selektoren eingesetzt. Unter den gegebenen Bedingungen konnte nur in wenigen Fällen eine Trennung der Analyten beobachtet werden. Allerdings muß hier erwähnt werden, daß für basische Amine unter alkalischen Bedingungen in einem gemischten System mit SDS/β-CD keine optimalen Trennbedingungen für diese Analyten vorliegen.

3.5. Theoretische Betrachtungsweise der Enantiomerentrennung

In der Kapillarelektrophorese finden sich für die Trennung von Enantiomeren verschiedene theoretische Ansätze, die im Folgenden erläutert und mit dem Experiment verglichen werden.

Eines der ersten Modelle mit Cyclodextrinen als chiralem Selektor wurde von Karger et al. vorgestellt[103]. Das Modell beschreibt den Einfluß der Gleichgewichtskonstanten und der Cyclodextrinkonzentration auf die Auflösung des Systems. Die Trennung von Enantiomeren in der Kapillarelektrophorese beruhen auf unterschiedlich starken Wechselwirkungen der Analyten mit dem chiralen Selektor. Ein einfacher Ansatz besteht darin, daß das L- bzw. D-Enantiomer mit dem Cyclodextrin CD einen Komplex LCD bzw. DCD ausbildet:

$$\langle D\rangle + \langle CD\rangle \xleftrightarrow{K_1} \langle DCD\rangle \qquad \langle L\rangle + \langle CD\rangle \xleftrightarrow{K_2} \langle LCD\rangle \tag{3.20}$$

K_1 bzw. K_2 stellen somit die Gleichgewichtskonstanten zwischen dem Komplex und den freien Komponenten dar. Hierbei besitzt die unkomplexierte Form L die Mobilität μ_L und die unkomplexierte Form des D-Enantiomers die Mobilität μ_D, die zugleich die Mobilitäten in freier Lösung darstellen. Die Komplexe LCD und DCD besitzen die Mobilitäten μ_{LCD} und μ_{DCD}. Das Cyclodextrin selbst besitzt hier keine Mobilität, da es elektrisch neutral ist und nur dann wandert, wenn der Analyt durch die Ausbildung eines Komplexes eine Ladung mit einbringt. Unterscheiden sich die Gleichgewichtskonstanten K_1 und K_2 stark voneinander sowie die Mobilitäten der freien und der komplexierten Form der Enantiomere so kann eine Enantiomerentrennung erfolgen. Diese Trennung ist somit eine Funktion der Aufenthaltszeit der Enantiomere in freier Lösung und im Komplex. Die beobachtbare Mobilität setzt sich somit aus einem Mobilitätsanteil in freier Lösung und einem Mobilitätsanteil im Komplex zusammen. Damit ergibt sich für die D-Form folgender Zusammenhang:

$$\mu_{Beob,D} = \frac{[D]}{[D]+[DCD]} * \mu_D + \frac{[DCD]}{[D]+[DCD]} * \mu_{DCD} \tag{3.21}$$

Analog gilt für die L-Form:

$$\mu_{Beob,L} = \frac{[L]}{[L]+[LCD]} * \mu_L + \frac{[LCD]}{[L]+[LCD]} * \mu_{LCD} \tag{3.22}$$

Setzt man in Gleichung 3.21 und 3.22 das Massenwirkungsgesetz mit [DCD]=K[D][CD] und [LCD]=K[L][CD] ein, so erhält man für die beiden Enantiomere folgende Zusammenhänge:

$$\mu_{Beob,D} = \frac{\mu_D + \mu_{DCD} K_1 [CD]}{1 + K_1 [CD]} \tag{3.23}$$

$$\mu_{Beob,L} = \frac{\mu_L + \mu_{LCD} K_2 [CD]}{1 + K_2 [CD]} \qquad (3.24)$$

Aus diesen beiden Gleichungen können die Gleichgewichtskonstanten direkt berechnet werden, wenn μ_L und μ_{LCD} bzw. μ_D und μ_{DCD} bekannt sind. Die Bestimmung von μ_L und μ_D ist durch Messung der Mobilität der Enantiomere im Puffer ohne Cyclodextrin möglich. Die Mobilität des Komplex ergibt sich bei sehr hohen Cyclodextrinkonzentrationen, bei denen sich die Mobilität des Analyten nicht mehr ändert. Zur Berechnung der Gleichgewichtskonstanten ergibt sich somit:

$$K_1 = \frac{(\mu_D - \mu_{Beob,D})}{(\mu_{Boeb,D} - \mu_{DCD})} * \frac{1}{[CD]} \qquad K_2 = \frac{(\mu_L - \mu_{Beob,L})}{(\mu_{Beob,L} - \mu_{LCD})} * \frac{1}{[CD]} \qquad (3.25)$$

Sind die Mobilitäten der komplexierten Form nicht zugänglich (Mobilitätsplateau wird nicht erreicht bei hohen CD-Konzentrationen), so kann durch die Annahme, daß der Analyt im Komplex eine wesentlich geringere Mobilität besitzt als in freier Lösung, dessen Mobilität vernachlässigt werden. Dadurch vereinfacht sich Gleichung 3.23 und 3.24 zu:

$$\mu_{Beob,D} = \frac{\mu_D}{1 + K_1 [CD]} \qquad \mu_{Beob,L} = \frac{\mu_L}{1 + K_2 [CD]} \qquad (3.26)$$

Es sei hier noch einmal betont, daß es sich bei den hier erwähnten beobachteten Mobilitäten μ_{Beob} um die gemessenen Mobilitäten abzüglich der Mobilität des EOF handelt.

Betrachtet man nun die Mobilitätsunterschiede zwischen der D- und. L-Form, so ergibt sich aus Gleichung 3.23 und 3.24 Gleichung 3.27, die die beobachtbare Mobilitätsdifferenz $\Delta\mu_{Beob,(D,L)}$ beschreibt:

$$\Delta\mu_{Beob(D,L)} = \frac{(\mu_L - \mu_D) + [CD]*((\mu_D K_2 - \mu_L K_1) + (\mu_{DCD} K_1 - \mu_{LCD} K_2) + K_1 K_2 [CD](\mu_{DCD} - \mu_{LCD}))}{1 + [CD](K_1 + K_2) + K_1 K_2 [CD]^2}$$

Von Gleichung 3.27 ausgehend leiten sich zwei Möglichkeiten zur Vereinfachung ab. Es kann angenommen werden, daß die Mobilitäten μ_L und μ_D in freier Lösung (also außerhalb des Komplexes in freier Lösung) gleich groß sind weil kein chiraler Selektor in ihre Migration involviert ist. Zudem gehen die momentanen Modelle davon aus, daß auch die Mobilität des D-CD-Komplexes und des L-CD-Komplexes gleich groß sind[104,105]. Es gibt jedoch Beispiele, wo diese Annahme nicht zutrifft. Diese Fälle sind im folgenden Kapitel (Kapitel 4.) über erweiterte Modellvorstellungen diskutiert. Durch die beiden oben erwähnten Vereinfachungen $\mu_D=\mu_L=\mu_{L,D}$ sowie $\mu_{LCD}=\mu_{DCD}=\mu_{CD}$ reduziert sich Gleichung 3.27 zu:

$$\Delta\mu_{Beob,(L,D)} = \frac{[CD](\mu_{L,D} - \mu_{CD})(K_2 - K_1)}{1+[CD](K_1 + K_2) + K_1 K_2 [CD]^2} \tag{3.28}$$

Aus dieser Gleichung ist zu sehen, daß keine Unterschiede in der Mobilität zwischen der D- und der L-Form auftreten, wenn erstens die Cyclodextrinkonzentration gegen Null geht, zweitens die Gleichgewichtskonstanten für beide Enantiomere gleich groß sind und drittens die Mobilität des Analyten in freier Lösung so groß ist wie die Mobilität des Komplexes. Diese Gleichung verdeutlicht auch das Wechselspiel zwischen den Mobilitätsunterschieden des Analyten in freier und komplexierter Form sowie den Unterschieden in den Gleichgewichtskonstanten. Hat man nur geringe Unterschiede in den Gleichgewichtskonstanten, so können große Unterschiede zwischen den Mobilitäten der komplexierten und der freien Form des Enantiomers dieses wieder ausgleichen, und das $\Delta\mu_{Beob(D,L)}$ bleibt somit gleich. Analoges gilt umgekehrt für geringe Unterschiede zwischen den Mobilitäten der komplexierten und der freien Form des Analyten.

Dieses vereinfachte Modell besitzt allerdings einige Einschränkungen, die vor allem bei Berechnungen der Gleichgewichtskonstanten berücksichtigt werden müssen. Mit steigender CD-Konzentration mimmt die Viskosität des Puffers stark zu und auch die Mobilitäten werden dadurch verlangsamt (siehe auch Gleichung 2.4.). Daher muß bei der exakten Bestimmung dieser Konstanten der Einfluß der Viskosität mit berücksichtigt werden.

Wren et al. untersuchten den Einfluß der Cyclodextrinkonzentration und beschrieben diesen Einfluß in einem einfachen Modell. Dabei wird sowohl der Einfluß der elektroosmotischen Mobilität als wichtiges Kriterium für die Auflösung herausgestellt als auch die Maximierung der Differenzen der elektrophoretischen Mobilitäten der Enantiomere [106]. Sie stellten des weiteren fest, daß die Auflösung bei einer Trennung stark von der Cyclodextrinkonzentration abhängt. Diese Untersuchungen stützen sich auf das Verhalten von Propranolol in einem mit β- oder methyliertem β-CD modifizierten Puffersystem[107]. In der Kapillarelektrophorese zeigte sich häufig bei der Trennung von Enantiomeren eine Zunahme oder auch Abnahme der Trennleistung bei der Verwendung von Cyclodextrinen als chirale Selektoren. Wren et al. versuchten, in einem mathematischen Modell diesem Sachverhalt Rechnung zu tragen[108]. Für die untersuchte Trennung (Propranolol mit β - und methyliertem β-CD) konnte zum einen eine Verlängerung der Migrationszeit bei Zusatz von Methanol und zum anderen eine Migrationszeitverkürzung bei Zusatz von Acetonitril beobachtet werden. In beiden Fällen verringerten sich mit der Zunahme der organischen Komponente im Puffer die Mobilitätsdifferenzen zwischen den Enantiomeren, und die Auflösung verschlechterte sich.

In weiteren Modellen wurde versucht, durch mathematische Näherungen die optimale Cyclodextrinkonzentration zu bestimmen[109]. Für die Verwendung von methyliertem ß-CD konnte dieses Modell erfolgreich eingesetzt werden. Es wurde zudem versucht, über Hydrophobiemessungen mit dem log P Wert (log (Octanol-Wasser-Verteilungskoeffizient)) eine Aussage über die Konzentrationsoptima des chiralen Selektors zu treffen. Dabei konnten in einem gewissen Maß Korrelationen gefunden werden.

Der Einfluß der Protonierungsgleichgewichte des Analyten sind in diesem Modell nicht mit berücksichtigt. Bei pH-Werten außerhalb des pH=pK±1 Bereiches sind Änderungen der Selektivität aufgrund sich ändernder Ionisierung des Analyten nicht zu erwarten. Innerhalb des pK±1 Bereiches wurden jedoch schon sehr starke Abhängigkeiten vom Ionisierungsgrad festgestellt[110]. Die dann zu berücksichtigenden zusätzlichen Protonierungsgleichgewichte ergeben sehr komplexe Gleichungen für die oben abgeleiteten Mobilitätsunterschiede. Ein komplexeres Modell zur Beschreibung der Trennung von Enantiomeren mittels Cyclodextrinen wurde von Vigh et al. vorgestellt. Als Testsubstanzen wurden Ibuprofen und Fenoprofen als Enantiomere und β-Cyclodextrin als chiraler Selektor verwendet[111]. Dieses Modell beschäftigt sich nur mit chiralen Säuren. Die Grundlagen dieses Modells basieren auf der pH-Abhängigkeit der Enantiomerentrennung, der Konzentrationsabhängigkeit des chiralen Selektors sowie der Mobilitätsabhängigkeit des Analyten vom pH-Wert.

Überdies wurde ein weiteres Gleichgewichtsmodell entwickelt[112], das die elektrophoretische Mobilität basischer Amine und die daraus resultierenden Selektivitäten in Abhängigkeit vom pH-Wert und der Cyclodextrinkonzentration beschreibt. Die für das Modell benötigten Parameter können, wie auch für chirale

Säuren, durch folgende drei Meßreihen bestimmt werden: die Veränderung der Mobilitäten des Analyten mit dem pH-Wert ohne Cyclodextrinzusatz, die Konzentrationsabhängigkeit der Mobilitäten bei niedrigen pH-Werten und deren Abhängigkeit bei höheren pH-Werten. Für die verwendete Testsubstanz (Homatropin) konnte eine gute Korrelation zwischen gemessenen und errechneten Daten gefunden werden. Dieses Modell beschreibt auch mögliche Selektivitätsänderungen zwischen Analyt und Cyclodextrin bei einem pH-Wert in der Nähe des pK-Wertes des Analyten. Bei diesen pH-Werten liegen die Analyten nur zu einem gewissen Teil ionisch vor, wodurch sich ein Unterschied in den Komplexstabilitätskonstanten zwischen D- und L-Analyt ergeben kann. Durch das Arbeiten im pK-Bereich des Analyten verringert sich generell die Mobilität des Analyten.

In allen theoretischen Ableitungen werden die wichtigsten Parameter einer chiralen Erkennung berücksichtigt. Diese Parameter sind im einzelnen der pH-Wert des Puffers, damit die ionische Form des Analyten in einer definierten Form vorliegt, die Konzentration des chiralen Selektors, vor allem jedoch die unterschiedlichen elektrophoretischen Mobilitäten der D- bzw. L-Form der Enantiomere, die durch unterschiedliche Komplexstabilitäten des Analyten mit dem Cyclodextrin hervorgerufen werden. Die strukturellen Eigenschaften der Analyten und deren sterische Paßform in einem Inklusionskomplex mit verschiedenen Cyclodextrinen sind für diese Unterschiede in der Komplexstabilität verantwortlich. Keines dieser Modelle erlaubt jedoch vorherzusagen, unter welchen Bedingungen überhaupt eine chirale Erkennung möglich ist, d.h. der chirale Selektor eine Selektivität entwickelt. Erst im Experiment lassen sich darüber Aussagen ableiten.

3.6. Zusammenfassung und Ausblick

Aus diesen Arbeiten ist ersichtlich, daß die Kapillarelektrophorese ein geeignetes Analysenverfahren zur Trennung von Enantiomeren darstellt und auch in der Praxis den gestellten Anforderungen entspricht. Ein weiterer Vorteil der Kapillarelektrophorese ist die schnelle Methodenentwicklung, da die Selektivität im Trennsystem überwiegend durch die Pufferzusammenstellung erzielt wird und lange Äquilibrierungszeiten wie in der HPLC entfallen. Mit den heutigen automatisierten CE-Instrumenten kann in wesentlich kürzerer Zeit eine Aussage über die Verwendbarkeit eines chiralen Selektors für das zu bearbeitende Trennproblem gemacht werden als dies in der HPLC, SFC und GLC möglich ist. Auch sind die in der CE bisher verwendeten chiralen Pufferchemikalien wegen ihres geringen Verbrauchs preislich wesentlich günstiger als die bei anderen Analysenverfahren benötigten chiralen Phasen. Ein Nachteil der Kapillarelektrophorese ist - und dies gilt nicht nur für die Enantiomerentrennung in der CE - der rein analytische Charakter dieser Analysenmethode. Wegen der geringen Probevolumina und der hohen Massenempfindlichkeiten ist ein hoher Massendurchsatz für präparative Zwecke nicht möglich. Die Durchführung mehrerer repetitiver Analysen mit anschließender Probenfraktionierung würde hier auch nicht sinnvoll erscheinen. Dieser Nachteil der Kapillarelektrophorese kann auch als Vorteil ausgelegt werden, da bei geringen vorhandenen Probemengen nur sehr wenig von dieser Probe pro Analyse verbraucht wird.

Eine der Hauptmotivationen für die Trennung von Enantiomeren ist die Reinheitsbestimmung optisch aktiver Pharmaka. Auf diesem Gebiet sind mittlerweile einige Arbeiten erschienen, die sich neben der Bestimmung von optischen Verunreinigungen auch mit der Methodenvalidierung beschäftigen. Neben den vielen in der Literatur beschriebenen Methoden sind auch die Transferierbarkeit derselben von Labor zu Labor ein wichtiger Gesichtspunkt bei der Validierung dieser Analysenmethoden.

Altria et al.[113] beschrieben die Durchführung einer Enantiomerentrennung in verschiedenen Laboratorien, mit verschiedenen Geräten und mit der gleichen Trennmethode. Dieser Versuch zeigt, daß die Kapillarelektrophorese, speziell die hier verwendete Methode, akkurate und präzise Daten mit akzeptabler Linearität in bezug auf Migrationszeit und Peakflächen liefern kann.

Sie zeigten auch eine Validierung einer kapillarelektrophoretischen Methode zur Trennung von (+)- und (-)-Fluparoxan[114]. Dabei zeigte sich, daß die Präzision, die Linearität des Detektors, die Wiederfindungsrate und die Detektionsgrenzen den allgemeinen Anforderungen entsprechen.

4. Erweiterte Modellvorstellung

Aus Kapitel 3.5. ging hervor, daß die Auftrennung der Enantiomere auf unterschiedlichen Aufenthaltszeiten in freier und komplexierter Form beruhen, die auf unterschiedlichen Gleichgewichtskonstanten basieren. Aus Gleichung 3.27 ergibt sich auch eine andere Möglichkeit der Vereinfachung. Sind die Gleichgewichtskonstanten der beiden Enantiomere zum Cyclodextrin gleich groß, so ist trotzdem eine Trennung in die Enantiomere möglich, nämlich dann, wenn sich die Mobilitäten der beiden komplexierten Formen voneinander unterscheiden. Nimmt man an, daß die Mobilitäten der freien, nicht komplexierten Form gleich sind und $K_1=K_2=K$ ist, so ergibt sich aus Gleichung 3.27 folgender Zusammenhang:

$$\Delta\mu_{Beob(D,L)} = \frac{(\mu_{DCD} - \mu_{LCD}) * K * [CD]}{1 + K[CD]} = \frac{(\mu_{DCD} - \mu_{LCD})}{\frac{1}{K[CD]} + 1} \quad (4.1)$$

Aus dieser Gleichung geht hervor, daß bei hohen CD-Konzentrationen und/oder hohen Gleichgewichtskonstanten der Nenner gegen 1 geht, d.h. daß unter diesen Bedingungen sich die Mobilitätsunterschiede der komplexierten Formen voll entfalten können. In den meisten der in der Literatur diskutierten Beispiele wird ein reiner Trennmechanismus basierend auf unterschiedlichen Aufenthaltszeiten des Analyten im CD mit unterschiedlichen Gleichgewichtskonstanten angenommen. Dabei wurde nicht berücksichtigt, daß in vielen Fällen erst bei sehr hohen CD-Konzentrationen eine Auftrennung in die Enantiomere erfolgt.

In der Trennung von Dansyl-D,L-Phenylalanin mit Hydroxypropyl-β-CD konnte ein Beispiel gefunden werden, für das eine Auftrennung bei hohen und bei niedrigen Cyclodextrinkonzentrationen beobachtet wurde. Bei mittleren sowie bei sehr niedrigen CD-Konzentrationen erfolgte keine Auflösung. Die Trennungen, die in diesen beiden Konzentrationsbereichen des gleichen Cyclodextrins erhalten wurden, sind in Abbildung 4-1 A und B dargestellt. Da bei niedrigen CD-Konzentrationen der EOF eine hohe Mobilität besitzt, ist die Trennung nach einer kurzen Analysenzeit beendet. Wegen der hohen Viskosität der Puffer mit hohen Cyclodextrinkonzentrationen verlängert sich automatisch die Analysenzeit, was in Abbildung 4-1 B zu erkennen ist.

Der Verlauf der Selektivitäten und der Auflösungen mit steigender CD-Konzentration sind für dieses Beispiel in Abbildung 4-2 aufgetragen. Daraus geht hervor, daß bereits bei sehr kleinen CD-Konzentrationen (0.5 % (w/v)) eine hohe

Selektivität und Auflösung vorhanden ist. Mit steigender CD-Konzentration bis auf 6 % (w/v) gehen diese verloren und erst ab 12 % wird wieder eine Trennung beobachtet. Aus dieser Auftragung ist auch ersichtlich, daß nur die Veränderung der Selektivität und nicht die Veränderung von Effizienzen für die sich ändernden Auflösungen vorhanden sind.

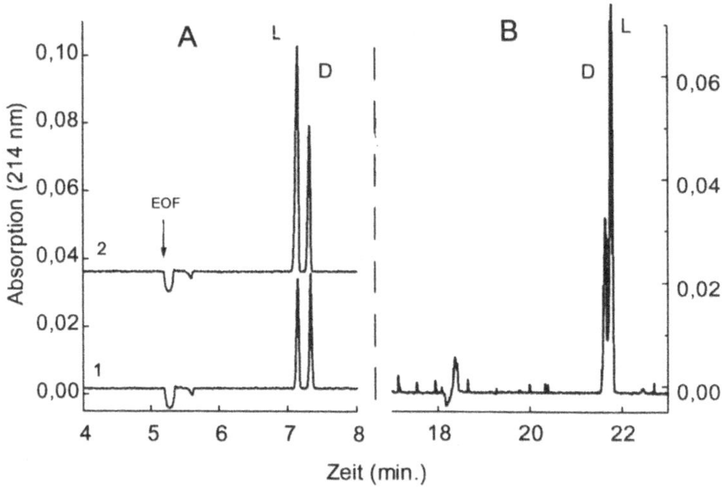

Abb. 4-1: Umkehr der Migrationsreihenfolge von D,L-Dansyl-Phenylalanin mit steigender Cyclodexdrinkonzentration. Trennbedingungen: A): L=50/57 cm, E=350 V/cm, 20 mM Phosphatpuffer pH 7.0, 0.5 % (w/v) Hydroxypropyl-β-Cyclodextrin, racemisches Gemisch mit L-Form aufgestockt. B): L=80/87 cm, E=300 V/cm, 20 mM Phosphatpuffer pH 7.0, 15 % (w/v) Hydroxypropyl-β-Cyclodextrin, Detektion bei 214 nm.

Um auszuschließen, daß es sich hier um Kapillarwandeffekte handelt, wurde die gleiche Meßreihe auch auf einer mit linearem Polyacrylamid belegten Kapillare durchgeführt. Die in Abbildung 4-3 gezeigten Elektropherogramme ergeben das gleiche Bild wie in der unbehandelten Kapillare.

Der Verlauf der Mobilitäten der beiden Enantiomere ist in Abbildung 4-4 aufgetragen. Die Mobilität nimmt bei sehr kleinen Cyclodextrinkonzentrationen stark ab und geht bei Konzentrationen über 4 % (w/v) in einen kontinuierlichen, stetig abnehmenden Bereich über. Die stetige Verminderung der Analytmobilität ist auf die zunehmende Viskosität des Puffers mit steigender CD-Konzentration zurückzuführen.

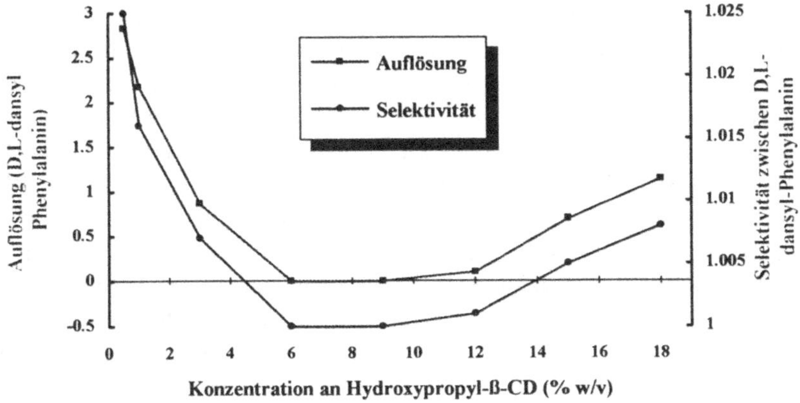

Abb. 4-2: Einfluß der Hydroxypropyl-β-CD Konzentration auf Selektivität und Auflösung von Dansyl-D,L-Phenylalanin. Trennbedingungen wie in Abb.4-1.

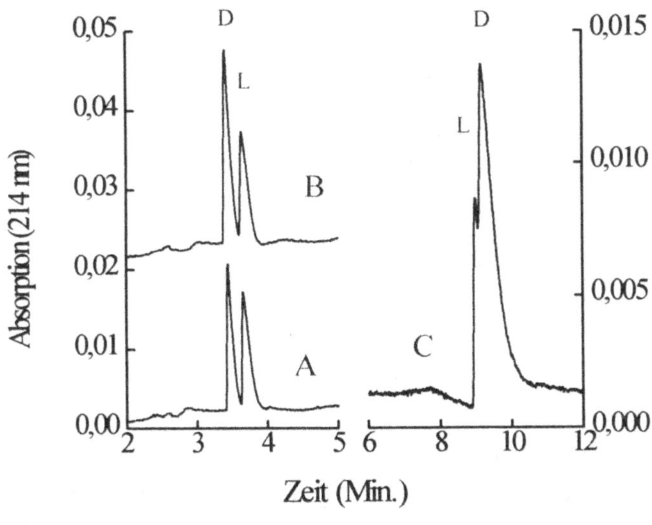

Abb. 4-3: Umkehr der Migrationsreihenfolge von Dansyl-D,L-Phenylalanin mit steigender Hydroxypropyl-β-CD Konzentration in einer mit LPA belegten Kapilare Trennbedingungen: L=20/27 cm, E=740 V/cm, 20 mM Phosphatpuffer pH 6.0, Kapillare mit 4 % T LPA belegt, Probe mit der D-Form aufgestockt.
A), B): 0.5 % (w/v) Hydroxypropyl-β-CD (Lauf B mit D-Form aufgestockt), C) 15 % (w/v) Hydroxypropyl-β-CD

Diese Viskositätseffekte machen sich bereits bei 1 % (w/v) bemerkbar und sind in einer unbehandelten Kapillare durch die verminderte Mobilität des EOF gekennzeichnet. Bezieht man die Migrationszeit der Analyten auf die Migrationszeit des EOF, so erhält man eine sogenannte relative Migration (t_{Analyt}/t_{EOF}), bei der die Viskositätseffekte herausgemittelt sind. Der EOF wird hier sozusagen als interner Standard für die Viskosität benutzt. Trägt man die relative Migration gegen die Cyclodextrinkonzentration auf (Abbildung 4-5) so erhält man ein verändertes Bild. Die Beweglichkeit des Analyten verringert sich nun nicht mehr über den gesamten CD-Konzentrationsbereich, sondern erreicht bei etwa 6 % (w/v) ein Plateau. Von 0.5 bis 6 % findet ein starker Abfall der relativen Migration statt, d.h. die Analyten rücken immer näher zum EOF hin. Über 6 % behalten die Enantiomere ihren Abstand zum EOF bei und bei sehr hohen CD-Konzentrationen kann wieder eine Auflösung beobachtet werden.

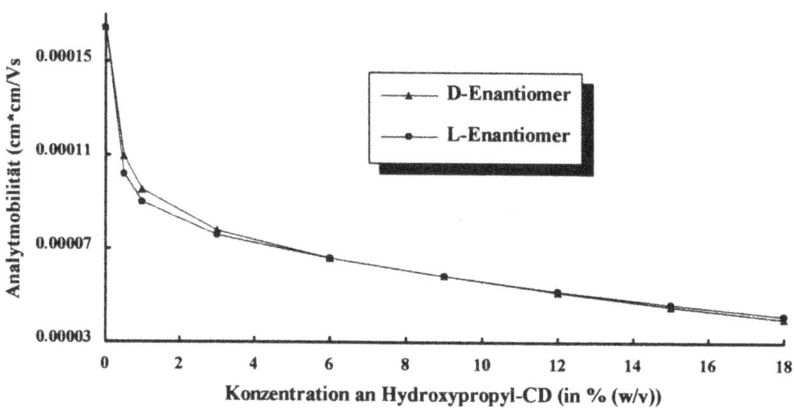

Abb. 4-4: Abhängigkeit der Mobilität von D,L-Dansyl-Phenylalanin von der Hydroxypropyl-β-CD-Konzentration. Trennbedingungen wie in Abbildung 4-1

Somit lassen sich die hier erzielten Trennungn in zwei Bereiche klassifizieren, d.h. es kann hier von zwei unterschiedlichen Trennmechanismen ausgegangen werden. Der erste Bereich ist durch eine starke Veränderung der Mobilität des Analyten mit steigender CD-Konzentration gekennzeichnet. Die Trennung beruht auf unterschiedlichen Aufenthaltszeiten des Analyten im Cyclodextrin und somit auf unterschiedlicher Gleichgewichtskonstanten der D- und der L-Form zum Cyclodextrin. Dieser Bereich entspricht auch den in Kapitel 3-5 aufgestellten theoretischen Herleitungen.

Im zweiten Bereich (hohe CD-Konzentrationen) ändert sich die effektive Mobilität des Analyten nur noch geringfügig mit der CD-Konzentration. Es kann daher angenommen werden, daß die Verteilung des Analyten zwischen Puffer und Cyclodextrin stark auf die Seite des Analyt-CD-Komplexes verschoben ist und daß die hier beobachtete Mobilität des Analyten die eigentliche Mobilität des Komplexes darstellt. Dies heißt auch, daß sich nun diastereomere Komplexe gebildet haben. Es ist bekannt, daß Diastereomere sich aufgrund unterschiedlicher physikalischer Eigenschaften leichter trennen lassen als Enantiomere, die immer ein optisch aktives, chirales Ambiente brauchen. Unter diesem Gesichtspunkt ist auch die hier erzielte Trennung verständlich, da Diastereomere in der Kapillarelektrophorese oft eine unterschiedliche Mobilität zeigen. Die hohen CD-Konzentrationen werden hier allerdings zur Ausbildung der diastereomeren Komplexe benötigt. Dies bedeutet auch, daß für diese Trennung keine optimalen Trennbedingungen zur Diastereomerentrennung vorliegen.

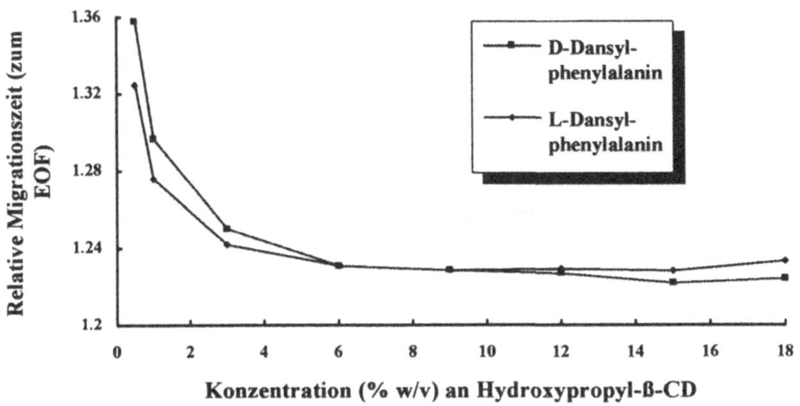

Abb. 4-5: Abhängigkeit der relativen Migration (zum EOF) von Dansyl-D,L-Phenylalanin von der Hydroxypropyl-β-CD Konzentration. Trennbedingungen wie in Abb.4-1.

Zur Klärung der Migrationsreihenfolge der D- bzw. L-Form wurde das Racemat mit dem L-Enantiomer, bei der belegten Kapillare mit D-Enantiomer, aufgestockt. Bei der behandelten und auch bei der unbehandelten Kapillare ist mit dem Wechsel des Trennmechanismus auch eine Umkehr der Migrationsreihenfolge der Enantiomere zu beobachten. Auch ist hier die Umkehr der Migrationsreihenfolge für anionische Enantiomere beim Übergang von einer unbelegten Kapillare mit EOF zu einer belegten Kapillare mit unterdrücktem EOF gezeigt. Dies liegt daran, daß bei Kapillaren mit EOF die spiegelbildlichen Verhältnisse der Mobilitäten vorliegen. Die schnellsten Anionen werden in einer unbelegten Kapillare zuletzt detektiert. Die

Umkehr der Migrationsreihenfolge durch Manipulation des EOF ist ausführlich in Kapitel 6.3. diskutiert. Eine Erklärungsmöglichkeit für die Umkehr der Migrationsreihenfolge mit zunehmender CD-Konzentration ist in Abbildung 4-6 und 4-7 schematisch wiedergegeben. In Abbildung 4-6 beruht die Trennung auf unterschiedlichen Gleichgewichtskonstanten zwischen D- bzw. L-Form zum Cyclodextrin. Angenommen, daß das D-Enantiomer die höhere Konstante besitzt, wird es öfter als Komplex vorliegen und somit im zeitlichen Mittel eine geringere Mobilität zeigen als das L-Enantiomer.

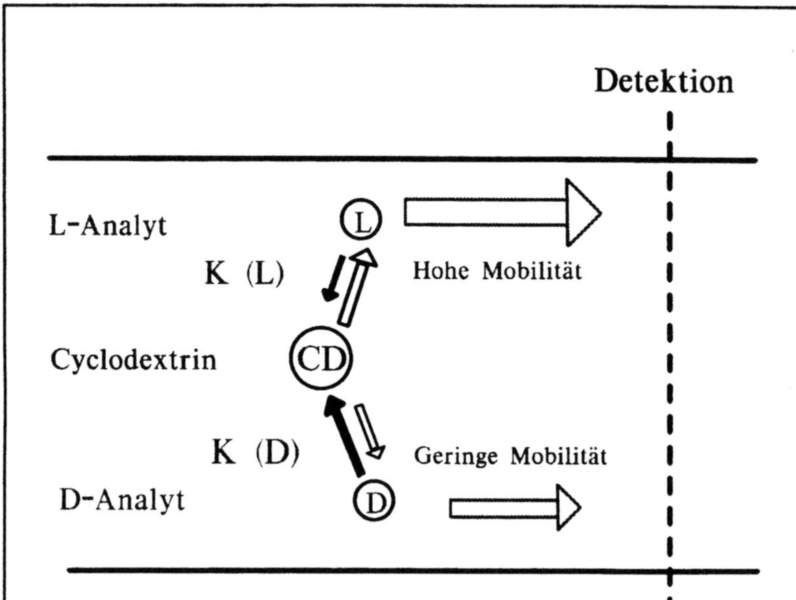

Abb. 4-6: Schematische Darstellung der Migrationsreihenfolge aufgrund unterschiedlicher Aufenthaltszeiten der Enantiomere im Cyclodextrin

Dabei ist anzunehmen, daß das Enantiomer mit der höchsten Affinintät zum Cyclodextrin auch den tieferen Komplex ausbildet, d.h. eine tiefere Durchdringung vorliegt. Werden nun beide Enantiomere in den CD-Komplex gedrängt, so werden die Aufenthaltszeiten zwischen den beiden Enantiomeren im Komplex gleich und die Trennung auf Grund unterschiedlicher Gleichgewichtskonstanten geht verloren. Die unterschiedliche Druchdringung der Komplexe führt nun zu einer unterschiedlichen Ladungsdichte, die in der Elektrophorese die Ursache von Mobilitätsunterschieden darstellt. Das hat zur Folge, daß der D-Analyt, der bei niedrigeren CD-Konzentrationen noch die höchste Affinität und somit geringere Mobilität aufweist, bei hohen CD-Konzentrationen durch die höhere Ladungsdichte eine größere Mobilität besitzt (Abbildung 4-7). Dieser Übergang von geringer Mobilität durch starke Wechselwirkungen und hohe Mobilität wegen höherer Ladungsdichte führt in diesem Fall zwangsläufig zu einer Umkehr der Migrationsreihenfolge mit steigender CD-Konzentration. Dieses Beispiel stellt einen Sonderfall dar, weil unter diesen Bedingungen beide Trennmechanismen voll zum tragen kommen. Normalerweise kann aber nur für einen Trennmechanismus unter optimalen Bedingungen gearbeitet werden. Es gibt sehr viele Beispiele, in denen bei niedrigen CD-Konzentrationen ein Auflösungsmaximum durchlaufen wird, die Selektivität dann verloren geht und keine Auftrennung bei sehr hohen CD-Konzentrationen mehr erfolgt. Demgegenüber stehen Trennungen von Enantiomeren bei sehr hohen CD-Konzentrationen, wo keine Auftrennung im unteren Konzentrationsbereich erfolgt.

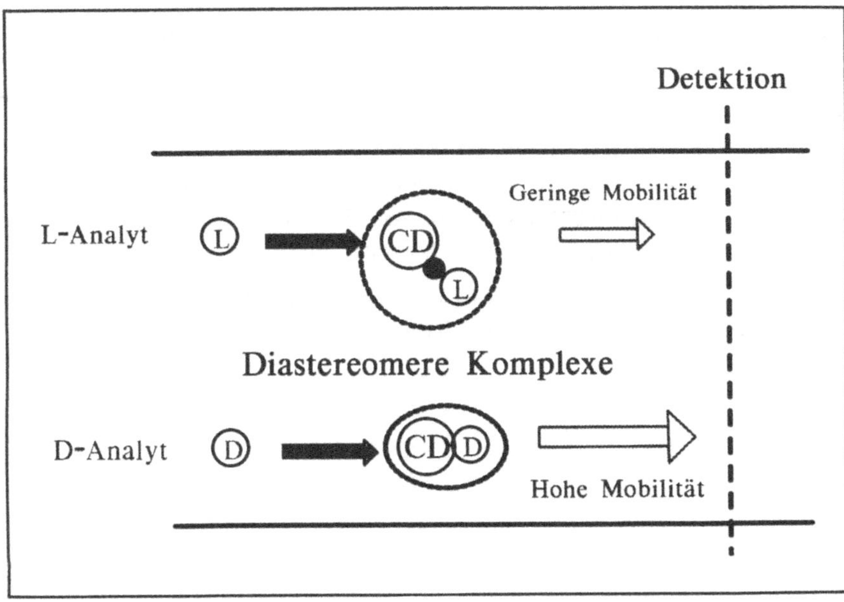

Abb. 4-7: Schematische Darstellung der Migrationsreihenfolge von Enantiomeren unter Ausbildung diastereomerer Komplexe mit Cyclodextrinen.

Die Verläufe der relativen Migration mit steigender CD-Konzentration sind somit ein gutes Indiz für den vorherrschenden Trennmechanismus. Die möglichen Kurvenverläufe sind in Kapitel 6.1. für einige Enantiomere unter Verwendung verschiedener ungeladener Cyclodextrine zusammengefaßt.

Zur besseren Übersicht der im folgenden Auftragungen seien hier noch einmal die gängigsten Auswerteverfahren bei der Enantiomerentrennung herausgestellt. Gute Aussagen über die Vorgänge bei Enantiomerentrennung liefern die Auftragungen der t_{rel}. (relative Migration), $\Delta\mu$ (Delta-Mobilität), und μ_{rel} (relative Mobilität) gegen die Cyclodextrinkonzentration.

-Die **relative Migration** ist der Quotient aus der gemessenen Migrationszeit des Analyten und der Migrationszeit des elektroosmotischen Flußes. Je näher dieser Wert bei 1 liegt, umso näher migriert der Analyt beim EOF. Dieses Vorgehensweise ermöglicht das Herausmitteln des Viskositätseffekts bei höheren CD-Konzentrationen. Die relative Migration ist einheitslos.

-Die **Delta-Mobilitätswerte** ergeben sich aus der Differenz der Mobilität des Analyten im cyclodextrinfreien Puffer und der Mobilität des selben Analyten im identischen Puffersystem mit Cyclodextrinzusatz. Dieser Wert beschreibt die Abnahme der Mobilität der Analyten mit steigender CD-Konzentration und ist ein Maß für die Affinintät des Analyten zum Cyclodextrin. Die Einheit dieser Einheit ist cm^2/Vs.

-Die **relative Mobilität** ist der Quotient aus der Mobilität des Analyten in freier Lösung und der Mobilität des Analyten im cyclodextrinhaltigen Puffer. Der Einfluß der Viskosität auf die Mobilität kann auf diese Weise nicht herausgemittelt werden. Wie die relative Migration ist die relative Mobilität einheitslos.

Die in dieser Arbeit aufgeführten α-Werte errechnen sich aus dem Quotienten der Mobilität des Analyten (2) dividiert durch die Mobilität des Analyten (1): $\alpha=\mu_2/\mu_1$

5. Einfluß verschiedener Trennparameter auf die Trennung von Enantiomeren

Die Optimierung der Enantiomerentrennung mit Hilfe der Cyclodextrine wird von vielen Parametern beeinflußt. Als wichtigste Trennparameter sind zum einen die Auswahl eines geeigneten chiralen Selektors zu sehen, der zudem in einer adäquaten Konzentration zum Einsatz kommen muß. Des weiteren spielt auch die Geschwindigkeit des elektroosmotischen Flusses eine Rolle, da von ihm die Gesamtverweildauer der Analyten in der Kapillare abhängt. Somit spielen auch Kapillarbelegungsverfahren zur Kontrolle des EOF und natürlich auch zur Verhinderung unerwünschter Wandadsorptionseffekte eine wichtige Rolle in der Optimierungsarbeit. Wie bei allen elektrophoretischen Verfahren ist die Verwendung eines geeigneten pH-Bereichs unerläßlich, um Analyt und CD in einen definierten Zustand zu überführen. Auch die Auswahl eines geeigneten Hintergrundelektrolyten ist zu optimieren, da diese die Peaksymmetrie und die Effizienzen beeinflussen. Anschließend ist der Einsatz von Pufferadditiven diskutiert, die einen Einfluß auf das Gleichgewicht zwischen Cyclodextrin und der Probe ausüben. Auf diese Weise können ebenfalls Selektivitäten manipuliert werden.

5.1. Einfluß des chiralen Selektors

Bei der Verwendung von Cyclodextrinen als chirale Selektoren haben nicht nur die regulären Cyclodextrine (α, β, γ) wegen ihrer unterschiedlichen Größe einen starken Einfluß auf die Selektivität, sondern auch die Art deren Derivatisierung sowie deren Derivatisierungsgrad. Dies ist an einem Testgemisch, bestehend aus Dansyl-D,L-Phenylalanin und (±)-Hexobarbital und unter Verwendung verschiedener Cyclodextrine in Abbildung 5-1, demonstriert. Es ist in dieser Abbildung klar zu erkennen, daß für verschiedene Cyclodextrine unterschiedliche Affinitäten zum Analyten bestehen. Je größer diese Affinität ist, desto geringer ist die effektive Mobilität des Analyten und desto näher wird er beim elektroosmotischen Fluß detektiert werden. Das bedeutet jedoch nicht, daß die Auflösung mit steigender Affinität zum Cyclodextrin zunimmt. Überwiegend ist der Unterschied der Affinitäten zwischen (+)- und (-)-Enantiomer zum chiralen Selektor die treibende Kraft für die Auftrennung. Dies wird vor allem im Vergleich zwischen Abbildung 5-1 C (methyliertes ß-CD) und 5-1 D (hydroxypropyliertes ß-CD) ersichtlich. Obwohl die relative Mobilität des dansylierten Phenylalanin zum EOF in beiden Fällen etwa gleich ist, wird nur beim hydroxypropylierten CD eine Auftrennung beobachtet. Dies heißt dann auch, daß eine starke Wechselwirkung des Analyten zum CD ein notwendiges aber kein hinreichendes Kriterium für eine Enantiomerentrennung darstellt.

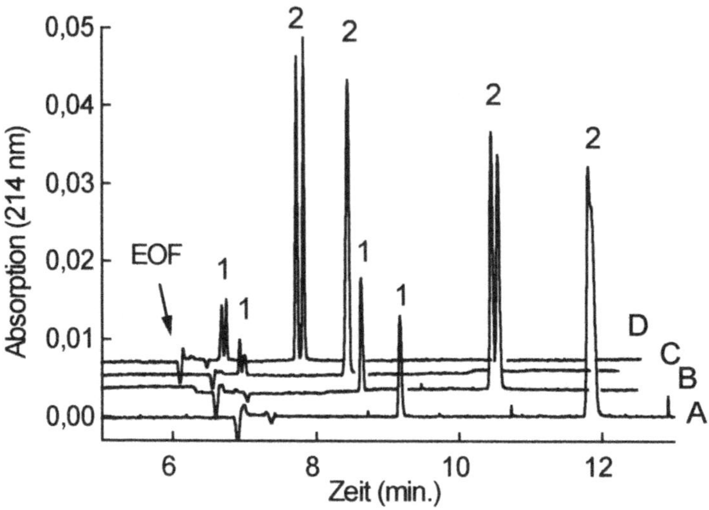

Abb. 5-1: Trennpotential verschiedener Cyclodextrine.
Trennbedingungen: L=50/57 cm, E=350 V/cm, Puffer: 0.1 M TBE pH 8.3, Detektion bei 214 nm (negative Polung), Probe: 1=(±)-Hexobarbital, 2=D,L-Dansyl-Phenylalanin, in allen Fällen 1,5 % (w/v) des Cyclodextrins: A) α-CD, B) Hydroxypropyl-α-CD, C) Methyl-β-CD, D) Hydroxypropyl-β-CD

Die Affinität des Analyten zum Cyclodextrin läßt sich sehr einfach über die Verminderung der Mobilität des Analyten nach CD-Zusatz messen. Je stärker die Wechselwirkungen sind desto länger hält sich der Analyt im zeitlichen Mittel im Cyclodextrin auf, wodurch sich seine effektive Ladungsdichte und deshalb auch seine Mobilität verringert. Geringe Affinitäten vom Analyten zum CD zeigen sich dann in einer gleichbleibenden Mobilität der Probe nach Cyclodextrinzusatz. Dieser Fall ist für Hexobarbital in Abbildung 5-1 A und D ersichtlich. Für α-CD wird eine hohe Mobilität aufgrund geringer Wechselwirkungen beobachtet, während für Hydroxypropyl-β-CD eine geringe Mobilität, jedoch dafür eine Auftrennung in die Enantiomere beobachtet wird. Welche Cyclodextrine für welche chiralen Proben die geeignetsten sind, kann allgemein nicht vorhergesagt werden.

5.2. Einfluß der Konzentration des chiralen Selektors

Ein weiterer wichtiger Bestandteil der Optimierung besteht in der Auswahl der geeigneten Cyclodextrin-Konzentration im Puffer.

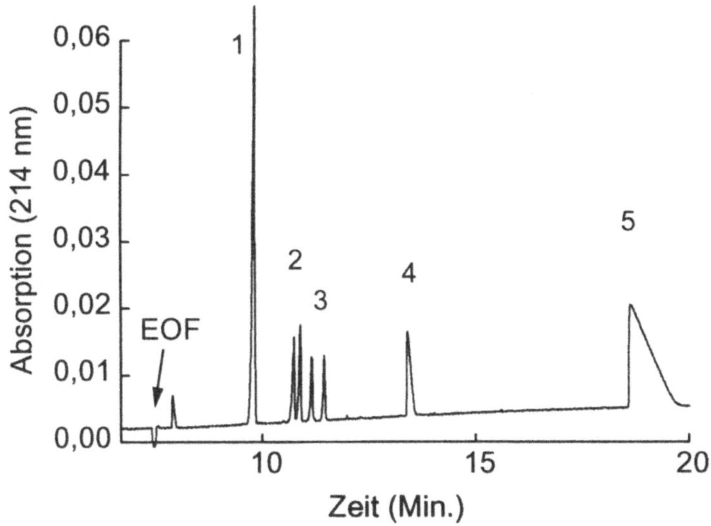

Abb. 5-2: Abbhängigkeit der Enantiomerentrennung von der Cyclodextrinkonzentration. Trennbedingungen: L=60/57 cm, E=370 V/cm; 0,1 M Tris/ 0.1 M Borsäure pH 8.3, Detektion bei 214 nm, Probe: Racemisches Gemisch von Hexobarbital (1), eines Dihydropyridinderivates (2), Dansyl-Phenylalanin (3), Hydrolyseprodukt von Hexobarbital (4) und Mandelsäure (5); 0,1 % (w/v) Hydroxypropyl-β-CD

Je nach Art des Analyten können verbesserte Auflösung, Auflösungsverlust oder sogar Inversion mit steigender CD-Konzentration beobachtet werden. Dies ermöglicht auch Rückschlüsse auf die unterschiedlichen Trennmechanismen wie bereits in Kapitel 4 gezeigt. Wegen der Wichtigkeit dieses Trennparameters ist in den Elektropherogrammen von Abbildung 5-2 bis 5-4 der Einfluß steigender CD-Konzentration auf ein Enantiomerengemisch dargestellt. In einem Puffersystem ohne Cyclodextrin besitzen die Enantiomere eine relativ hohe Mobilität zum EOF, da sie ungehindert durch den Puffer hindurchwandern können. Schon ein geringer Zusatz an chiralem Selektor bewirkt eine Mobilitätsverringerung derjenigen Analyten, die eine starke Affinität zum Selektor aufweisen. Da in diesem Fall anionische Analyten getrennt werden, bedeutet dies in erster Hinsicht eine Verkürzung der Analysenzeit, weil sich die Peaks näher in Richtung zum EOF hin verschieben (vgl. Peaks 1, 2, 3 in Abbildung 5-2 und 5-3). Bereits bei sehr niedrigen Konzentrationen (Abb. 5-2) kann für Peak 2 und 3 (Dihydropyridincarbonsäure (DHP) und Dansyl-Phenylalanin) eine Basislinientrennung erzielt werden, die jedoch mit steigender Konzentration des Selektors wieder verlorengeht.

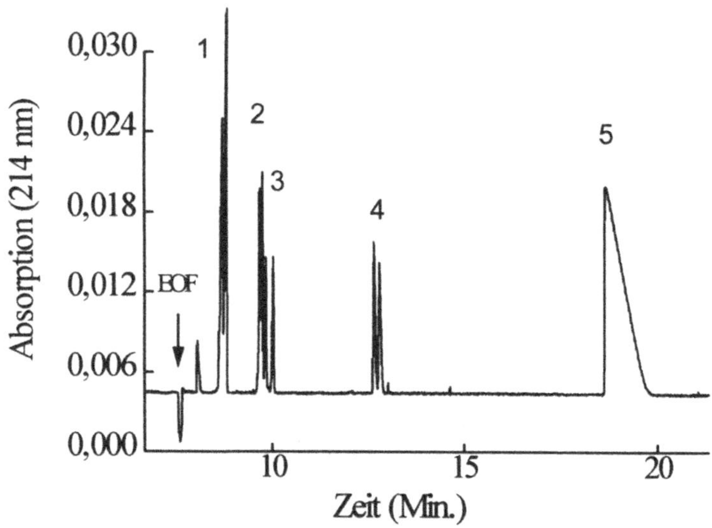

Abb. 5-3: Abhängigkeit der Enantiomerentrennung von der Cyclodextrin-konzentration. Trennbedingungen: wie in Abbildung 5-2, außer 1.0 % Hydroxypropyl-β-CD

Somit stellen sehr niedrige Konzentrationen schon ein Optimum für die Trennung dieser Substanzen dar. Dies hat auch eine sich ändernde Selektivität mit der CD-Konzentration zur Folge. Für Hexobarbital wird nur bei mittleren CD-Konzentrationen die höchste Auflösung erzielt. Bei sehr geringen (< 0.1 % (w/v)) und höheren (> 2 % (w/v)) ist noch keine Auflösung zu beobachten bzw. geht die Auflösung wieder verloren. Der Auflösungsverlust bei höheren CD-Konzentrationen ist hier weniger auf eine sich ändernde Selektivität als auf eine stark verringerte Mobilität zurückzuführen. Da die Trennung immer auf Mobilitätsunterschieden beruht, wird Analyten mit geringer Mobilität und schnellem EOF oft nicht genug Zeit zur Wechselwirkung mit den Selektoren gegeben. Beim Hydrolyseprodukt ist von einer mittleren CD-Konzentration an ein stetiger Anstieg der Auflösung zu beobachten. Ein anderes

Verhalten ist bei der Mandelsäure festzustellen, die erst bei sehr hohen CD-Konzentrationen von mehr als 10 % (w/v) eine Auftrennung zeigt (Abbildung 5-4). Insgesamt lassen sich aus dem Verhalten der hier eingesetzten Analyten drei Bereiche mit unterschiedlicher Trennleistung herausstellen:

-Auflösung bei niedrigen CD-Konzentrationen, Auflösungsverlust mit steigender Konzentration des chiralen Selektors

-Auflösung im mittleren Konzentrationsbereich, Auflösungsverlust bei niedrigen und sehr hohen Konzentrationen des chiralen Selektors

-Auflösung nur bei sehr hohen Konzentrationen des chiralen Selektors

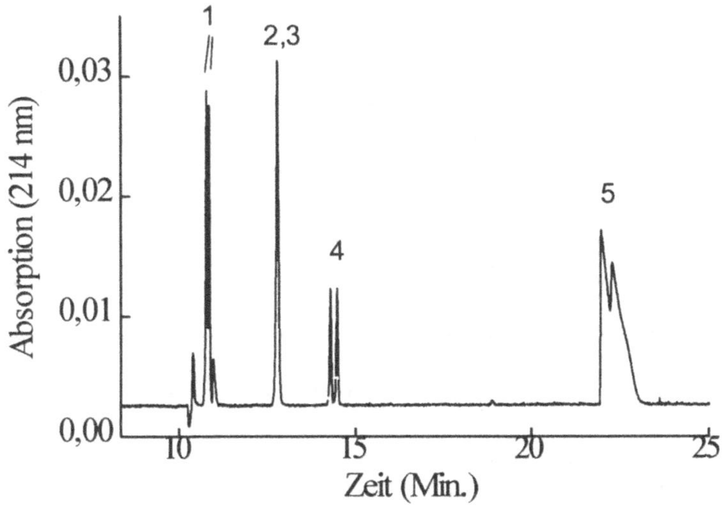

Abb. 5-4: Abhängigkeit der Enantiomerentrennung von der Cyclodextrinkonzentration Trennbedingungen wie in Abbildung 5-2, außer 10 % Hydroxypropyl-β-CD

Dieses Analytverhalten bedeutet allerdings, daß während der Auswahl eines potentiellen chiralen Selektors für ein bestimmtes Trennproblem bei drei verschiedenen Konzentrationen gearbeitet werden muß, um alle Bereiche abzudecken. Erst dann kann entschieden werden, ob eine Substanz als chiraler Selektor fungieren kann. Zudem ist aus diesen Abbildungen zu erkennen, daß die optimale Auflösung der Analyten in diesem komplexen Gemisch jeweils bei verschiedenen Cyclodextrinkonzentrationen liegt und somit, falls alle Komponenten getrennt werden sollen, Kompromisse geschlossen werden müssen. Dies bedeutet jedoch keine starke

Einschränkung dieses Systems, da in den meisten Fällen nur ein Enantiomerenpaar zu trennen sind.

Aus Abbildung 5-4 wird deutlich, daß die gemessenen absoluten Migrationszeiten nicht als Maß für die Wechselwirkungen angesehen werden dürfen. Während von Abbildung 5-2 nach 5-3 die Migrationszeiten aller Analyten abnehmen, nehmen diese in Abbildung 5-4 wieder zu. Dies ist darauf zurückzuführen, daß die Wanderungsgeschwindigkeit des EOF die absoluten Migrationszeiten der Analyten bestimmt. Die Abhängigkeit der Wanderungsgeschwindigkeit des EOF von der Cyclodextrinkonzentration ist in Abbildung 5-5 für einen Bereich von 0-18 % (w/v) wiedergegeben.

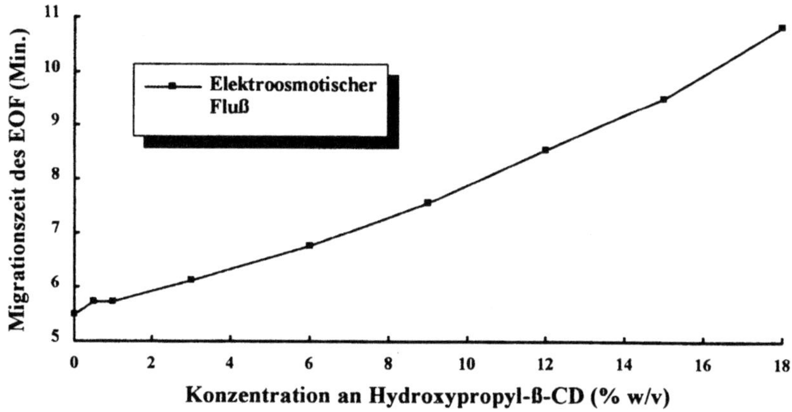

Abb. 5-5: Abhängigkeit der Mobilität des EOF von der Hydroxypropyl-β-CD Konzentration. Trennbedingungen wie in Abbildung 4-1

Sie zeigt deutlich, daß durch Zunahme der Viskosität mit steigender CD-Konzentration die Wanderungsgeschwindigkeit des EOF abnimmt. Um diese Viskositätseffekte bei der Betrachtung der Migrationszeiten zu berücksichtigen, wurde der EOF als interner Marker verwendet, d.h. die gemessenen Migrationszeiten der Analyten wurden auf die Migrationszeit des EOF normiert, die im folgenden als relative Migration $t_{rel.}$(zum EOF) bezeichnet wird: $t_{rel.}=t_{Anlyt}/t_{EOF}$ (siehe auch Kapitel 4). Hierbei stellen t_{Anlyt} die gemessene Migrationszeit des Analyten und t_{EOF} die Migrationszeit des EOF dar. Diese relative Migration stellt auch ein Maß für die vorhandene effektive Mobilität dar. Trägt man diese relative Migration (zum EOF) gegen die Cyclodextrinkonzentration auf, so erhält man die in Abbildung 5-6 gezeigten Verläufe. Daraus ist nun ersichtlich, daß die Analyten mit steigender CD-Konzentration immer langsamer werden, d.h. im Elektropherogramm immer näher zum EOF-Peak hinrücken. Hierbei ähneln sich die Kurven von Hexobarbital (2) und dessen Hydrolyseprodukt (5) sowie die der Dihydropyridincarbonsäure (3) und des Dansylphenylalanins (4).

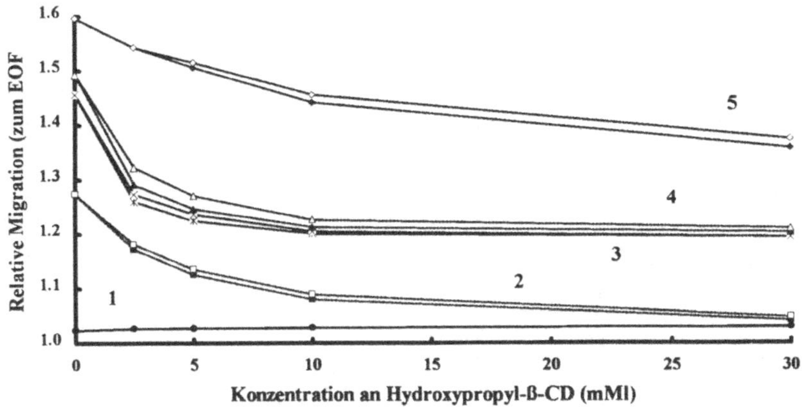

Abb. 5-6: Relative Migration (zum EOF) chiraler Anionen mit steigender Cyclodextrinkonzentration. Trennbedingungen: L=72/80.5 cm, E=300 V/cm, T=20°C, 50 µm Id. Kapillare mit dreifach aufgeweitetem Detektionsfenster, Puffer: 100 mM Tris, 100 mM Borsäure pH 8,3 mit 2,5-30 mM Hydroxypropyl-β-CD, Detektion bei 214 nm, Probe: Verunreinigung (1), Hexobarbital (2), Dansyl-Phenylalanin (3), Dihydropyridinderivat (4), Hydrolyseprodukt des Hexobarbitals (5)

Es fällt auf, daß die Kurvenverläufe 3 und 4 bei niedrigen CD-Konzentrationen sehr stark abnehmen und sehr bald (bei etwa 10 mM des CD) einen konstanten Wert erreichen (Plateaueffekt). Über 10 mM ändert sich die Mobilität des Analyten mit der CD-Konzentration nicht mehr. Allerdings wird in diesem Bereich auch keine Auflösung mehr erhalten. In den Kurven 2 und 5 ist für den hier aufgetragenen Konzentrationsbereich noch kein Plateau erreicht, was auch durch den flacheren Kurvenverlauf bedingt ist. Die Auflösung ist deshalb auch bei 30 mM Selektorkonzentration noch vorhanden.

Die relative Migration einer ebenfalls in der Testmischung vorhandenen Verunreinigung (1) (in Abbildung 5-2 sichtbar, allerdings nicht numeriert) ist ebenfalls gegen die Selektorkonzentration aufgetragen. Es zeigt sich hier, daß keinerlei Wechselwirkungen mit den Cyclodextrinen vorhanden sind, da die relative Migration immer gleich bleibt. In Tabelle 5-1 sind die bei verschiedenen CD-Konzentrationen erhaltenen Auflösungen der Testsubstanzen zusammengefaßt und in Abbildung 5-7 in einem Plot aufgetragen. Aus dieser Auftragung ist ersichtlich, daß die maximale Auflösung für jedes Enantiomer bei einer anderen CD-Konzentration zu finden ist.

	Auflösung				
Cyclodextrin-konzentration (%(w/v))	Hexo-barbital	DHP-Carbon-säure	Dansyl-Phenylalanin	Hydrolyse-produkt (Hexobarbital)	Mandel-säure
0,10	0,00	1,55	3,25	0,00	0,00
0,50	0,67	1,32	4,20	0,83	0,00
1,00	0,87	0,81	3,00	1,27	0,00
3,00	1,00	0,00	1,00	2,20	0,11
10,00	1,10	0,00	0,00	1,90	0,48

Tab. 5-1: Auflösung für verschiedene anionische Enantiomere mit steigender Hydroxypropyl-β-CD-Konzentration (siehe Abb. 5-7)

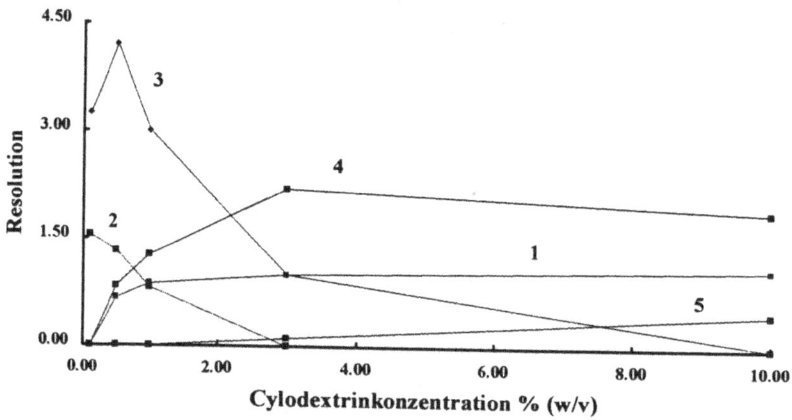

Abb. 5-7: Verlauf der Auflösung von verschiedenen anionischen Enantiomeren mit steigender Cyclodextrinkonzentration. Trennbedingungen siehe Abb. 5-2 bis Abb. 5-4, Hexobarbital (1), Dihydropyridinderivat (2), Dansyl-Phenylalanin (3), Hydrolyse-produkt von Hexobarbital (4) und Mandelsäure (5)

Bereits bei 0,1 % (w/v) Cyclodextrin im Puffer ist das Optimum der Auflösung für die DHP-Carbonsäure erreicht. Mit steigender CD-Konzentration reduziert sich die

Auflösung für diese Substanz, und bei 3 % wird keine Trennung mehr beobachtet. Beim Dansyl-Phenylalanin liegt dieses Optimum bei etwa 0,5 %. Auch hier ist keine Trennung mehr ab Konzentrationen über 5 % zu beobachten. Beim Hexobarbital und dessen Hydrolyseprodukt ist dieses Optimum zu hohen CD-Konzentrationen verschoben, während die Mandelsäure erst bei sehr hohen Konzentrationen getrennt werden kann. Dies verdeutlicht erneut, daß beim Einsatz eines potentiellen chiralen Selektors drei verschiedene Cyclodextrinkonzentrationen getestet werden müssen, um dessen Nutzbarkeit feststellen zu können. Das bedeutet eine längere Optimierungsarbeit, die jedoch noch wesentlich unter derjenigen bleibt, die bei den bisher etablierten Verfahren wie HPLC und GC üblich ist. Zudem ermöglicht die Kapillarelektrophorese durch kurze Analysenzeiten und schnelle Pufferwechsel den Test aller bisher bekannter chiraler Selektoren in einer akzeptablen Zeit.

5.3. Einfluß des elektroosmotischen Flusses

Geringe α-Werte führen nur dann zu einer Trennung der Analyten, wenn die effektive Wanderungsstrecke für den Analyten maximal groß wird, d.h. sich die geringen Mobilitätsunterschiede auch bemerkbar machen können. Dies bedeutet, daß der Analyt im elektrischen Feld selbständig vom Injektionspunkt bis zum Detektor wandern muß. Um maximale Auflösung in kürzestmöglicher Zeit zu erzielen, wurden deshalb belegte Kapillaren mit stark unterdrücktem EOF verwendet. Dadurch können sehr kurze Kapillaren (7-20 cm) eingesetzt und hohe elektrische Feldstärken (bis zu 1000 V/cm) angelegt werden. Dies führt mit einem geeigneten chiralen Selektor zu sehr kurzen Analysenzeiten und hoher Auflösung. Der Unterschied zwischen einer unbelegten und einer belegten Kapillare ist in Abbildung 5-8 für Hexobarbital demonstriert. Die scheinbar höheren Effizienzen bei der unbelegten Kapillare rühren daher, daß der EOF die Mobilität der Analyten überlagert, wodurch diese sehr schnell am Detektor vorbeibewegt werden. In Tabelle 5-2 sind die Mobilitäten und Effizienzen für Hexobarbital in beiden Trennungen gegenübergestellt. Der EOF besitzt in der unbehandelten Kapillare eine mehr als 15-mal höhere Mobilität als der Analyt, wodurch sich auch für diesen scheinbar sehr hohe Effizienzen errechnen lassen weil der EOF die Aufenthaltszeit der Probe im Detektor stark verkürzt und so ein falsches Bild der wirklichen Peakbreite erzeugt. Daher sollten auch die Effizienzen in der unbelegten Kapillare etwa 15 mal höher sein als in der belegten Kapillare. Berechnet man die Effizienzen in beiden Systemen so erhält man etwa 5-fach höhere Effizienz (pro Meter). Dies rührt daher, daß in der belegten Kapillare höhere Feldstärken zur Beschleuningung der Analyse eingesetzt wurden und somit der Analyt schneller durch den Detektor wandert. Die bei höheren Feldstärken verursachte größere Joulesche Wärme führt auch zu einer höheren Mobilität des Hexobarbitals in der belegten Kapillare.

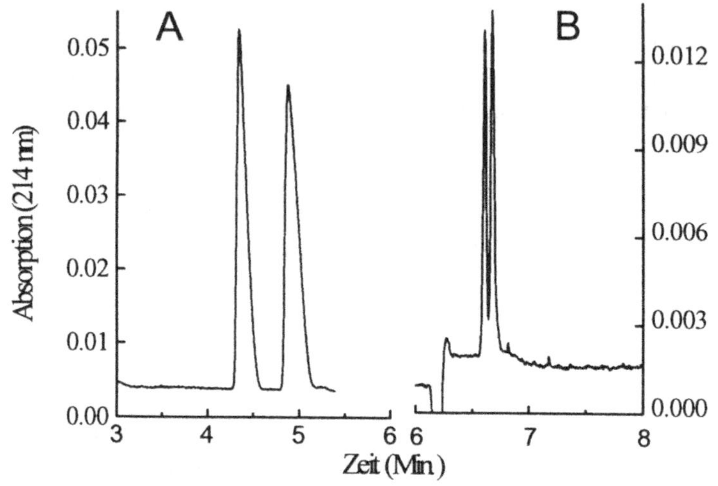

Abb. 5-8: Enantiomerentrennung von Hexobarbital auf einer belegten (A) und unbelegten Kapillare (B). Trennbedingungen: 0.1 M TBE pH 8.3, Detektion bei 214 nm, Injektion: 1s, 2 KV, 1.56 % (w/v) β-Cyclodextrin, T=25°C: A) Belegte Kapillare (4 % T LPA), E=710 V/cm, L=7/27 cm, B) Unbelegte Kapillare, E= 400 V/cm, L=50/57 cm.

	Unbelegte Kapillare			Belegte Kapillare	
	EOF	Peak 1	Peak 2	Peak 1	Peak 2
Mobilität μ (x 10^{-5})	38,5	2,48	2,84	3,47	3,10
Effizienzen (N) (absolut) (x1000)		260	210	6,4	4,7
N pro Meter (x1000)		520	420	95	70
Wanderungsstrecke des Analyten (cm)	50	3,4	4,0	6,7	6,7

Tab. 5-2: Mobilitäten, Effizienzen und effektive Wanderungsstrecke von Hexobarbital aus Abb. 5-8

Die Verwendung belegter Kapillaren spielt bei der Suche nach einem geeigneten chiralen Selektor ebenfalls eine große Rolle. Besitzt ein Selektor eine gewisse Selektivität für ein Trennproblem, so kann diese in einer belegten Kapillare mit unterdrücktem EOF schneller und mit größerer Auflösung sichtbar gemacht werden als in einer unbelegten Kapillare.

In Tabelle 5-3 sind die Migrationszeiten und effektiven Wanderungsstrecken von Analyten zusammengestellt, die eine Mobilität zwischen 10 und 80 % des EOF aufweisen. Unter Verwendung von Gleichung 5.1 bis 5.3 lassen sich die beobachteten Migrationszeiten sowie die effektiv zurückgelegten Wanderungsstrecken der Analyten berechnen. Dabei stellen μ die Mobilität, l_{eff} die effektive Kapillarlänge (cm) bis zum Detektor, t the Migrationszeiten (s) und E die Feldstärke (V/cm) dar. μ_{Beob} ist die beobachtete Mobilität der Probe, t_{Beob} die gemessene Migrationszeit der Probe und S_{Probe} die zurückgelegte Wanderungsstrecke des Analyten gemäß seiner Mobilität.

$$\mu_{Probe} = \mu_{Beob} - \mu_{EOF} = \frac{l_{eff}}{E}\left(\frac{1}{t_{Beob}} - \frac{1}{t_{EOF}}\right) \qquad (5.1)$$

$$|t_{Beob}| = \frac{1}{\frac{\mu_{Probe} * E}{l_{eff}} - \frac{1}{t_{EOF}}} \qquad (5.2)$$

$$S_{Probe} = \mu_{Probe} * t_{Probe} * E \qquad (5.3)$$

Beträgt zum Beispiel die Analytmobilität nur 10 % der Mobilität des EOF, so ist der Analyt bei der hier angenommenen Kapillarlänge effektiv nur 5,5 cm selbst gewandert, die Reststrecke zum Detektor wird durch den schnelleren EOF überlagert. Anders ausgedrückt bedeutet dies, daß in einer 5,5 cm langen Kapillare ohne EOF das gleiche Resultat erhalten werden sollte wie in einer Kapillare mit 50 cm Effektiv-,60 cm Gesamtlänge mit vorhandenem EOF.

In Abbildung 5-9 sind die prozentualen Mobilitäten der Analyten bezogen auf die Mobilität des EOF gegen die zurückgelegten Wanderungsstrecken aufgetragen. Erreicht der Analyt 50 % der EOF Mobilität, legt er bei einer effektiven Kapillarlänge von 50 cm in einer Kapillare mit und ohne EOF die gleiche Wanderungsstrecke zurück. Die Analysenzeiten sind natürlich ebenfalls von der Mobilität des EOF und der Eigenmobilität des Analyten abhängig.

Standardbedingungen: L=50/60 cm, E=300 V/cm								
	Mobilität des Analyten in Relativprozent zum EOF							
μ (EOF)	0%	10%	20%	30%	40%	50%	60%	80%
(x 0.0001)	t (EOF)	Migrationszeit des Analyten (Min.)						
8	3.47	3.85	4.32	4.93	5.77	6.92	8.65	17.22
6	4.62	5.13	5.77	6.58	7.68	9.20	11.50	22.82
4	6.93	7.70	8.67	9.90	11.55	13.83	17.30	34.33
2	13.87	15.40	17.33	19.80	23.10	27.67	34.60	68.67
1	27.73	30.80	34.67	39.60	46.20	55.33	69.20	137.33
	Effektive Wanderungsstrecke des Analyten (cm)							
	0	5.5	12.5	21.4	33.2	49.8	74.7	198.4

Tab. 5-3: Migrationszeit anionischer Analyten bei verschiedenen Mobilitäten des EOF. Die Mobilitäten der Analyten sind in % der EOF-Mobilität angegeben (μ(EOF)in cm²/Vs).

Mit steigender Mobilität des Analyten sowie mit sinkender Mobiltät des EOF nehmen die Analysenzeiten sehr stark zu. Dies ist in Abbildung 5-10 dargestellt, wobei die Mobilitäten der anionischen Analyten wieder prozentual zum EOF angegeben sind. Dieses Verfahren der prozentualen Angabe zum EOF stellt eine Standardisierung der Analytmobilitäten und seiner Wanderungsstrecken dar. Berechnet man aus einem Elektropherogramm die prozentuale Mobilität des Analyten, so kann man aus diesen Tabellen schnell ersehen, ob eine EOF-unterdrückte Kapillare sinnvoll erscheint, und mit welchen Analysenzeiten gerechnet werden muß. Aus Tabelle 5-3 kann somit sehr einfach eine Faustregel abgeleitet werden. Erscheint ein Peak vor der doppelten Migrationszeit des EOF, so ist eine Kapillare ohne EOF von Vorteil; ist die Migrationszeit des Analyten länger als die doppelte Migrationszeit, so wird die längere Wanderungsstrecke bei der unbehandelten Kapillare mit EOF erreicht.

Dieses oben diskutierte Verfahren mit den dazugehörigen effektiven Wanderungsstrecken und Migrationszeiten sind hier nur für anionische Analyten berechnet, können aber auch auf gleiche Art für kationische Proben mit Gleichung 5-1 bis 5-3 ermittelt werden. Da die Mobilität des EOF auch vom pH-Wert abhängig ist, werden bei gleichbleibender Mobilität des Analyten auch unterschiedliche Wanderungsstrecken in der Kapillare zurückgelegt. Dies ist in Tabelle 5-4 über den für den EOF üblichen Bereich zusammengefaßt.

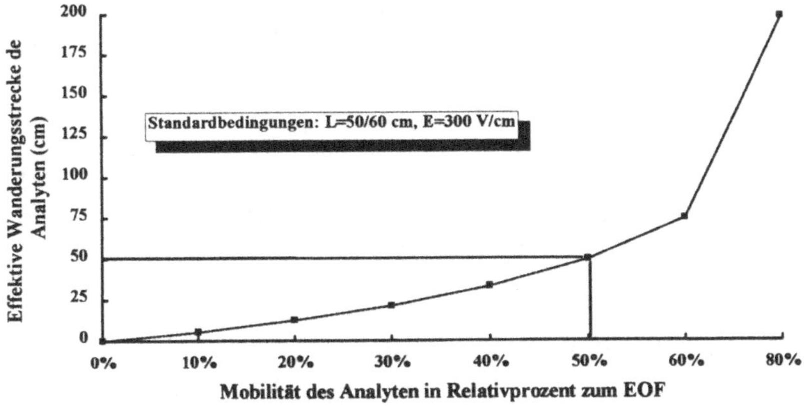

Abb. 5-9: Effektive Wanderungsstrecke von Analyten mit steigender prozentualer Mobilität zum EOF

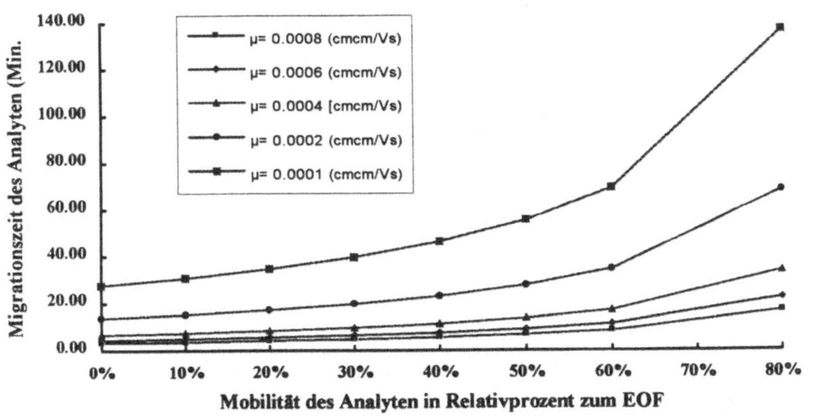

Abb. 5-10: Migrationszeit von Analyten mit unterschiedlicher prozentualer Mobilität zum EOF

Verlangsamt sich der EOF unter den gegebenen Bedingungen von $80*10^{-3}$ auf $10*10^{-3}$ (cm^2/Vs), so erhöht sich die Analysenzeit von 3.85 auf 137.3 Minuten in einer 50 cm langen Kapillare (effektive Länge). In dieser Zeit könnte der Analyt ohne EOF eine effektive Wanderungstrecke von 198,3 cm zurücklegen. Auch hier würde sich der Vorteil einer belegten, EOF unterdrückten Kapillare zeigen.

μ_{EOF} (cm^2/Vs)	0.0008	0.0006	0.0004	0.0002	0.0001
t_{EOF} (Min.)	3.47	4.62	6.93	13.87	27.73
t_{Probe} (Min.)	3.85	5.33	8.66	22.55	137.70
s_{Probe} (cm)	5.5	7.7	12.5	32.5	198.3

Tab. 5-4: Abhängigkeit der Migrationszeit und der effektiven Wanderungsstrecke des Analyten von der Mobilität des EOF. Standardbedingungen: L=50/57 cm, E=300 V/cm, $\mu_{Probe} = 8 \times 10^{-5}\ cm^2/Vs$

5.4. Einfluß des pH-Werts auf die Trennung

Generell ist in der CE der pH-Wert der wichtigste Optimierungsparameter. Über den pH-Wert wird nicht nur, wie oben gezeigt, der EOF beeinflußt, sondern auch die Analyten in eine definierte ionische Form überführt. Daraus resultieren unterschiedliche elektrophoretische Mobilitäten, die unmittelbaren Einfluß auf die Auftrennung der Analyten haben. Werden ungeladene Cyclodextrine verwendet, so müssen die Enantiomere bei einem definierten pH-Wert eine Eigenmobilität besitzen, um durch die "Quasi-stationäre Phase" (hier Cyclodextrine) hindurchwandern zu können. Der Begriff "Quasi-stationär" soll andeuten, daß das Cyclodextrin sich in diesem Fall nur mit dem elektroosmotischen Fluß bewegt und keine eigene elektrophoretische Mobilität besitzt. Dies ändert sich allerdings wenn der Analyt einen Inklusionskomplex mit dem CD ausbildet und somit die Ladung des Analyten mit in den Komplex eingebracht wird. Allerdings ist die resultierende Mobilität dieses Komplexes um ein Vielfaches niedriger als die freie Mobilität des Analyten, da sich die Ladungsdichten bei Komplexausbildung verkleinern. Cyclodextrine können, analog zur HPLC, auch in der CE als Phase bezeichnet werden, da die Auftrennung der Analyten nicht nur durch die eigene Mobilität, sondern auch durch eine Wechselwirkung mit einer zweiten Komponente, hier Cyclodextrin, erfolgt.

In Abbildung 5-11 ist an einem Beispiel die pH-Abhängigkeit der Trennung eines racemischen Gemisches dargestellt. Bei niedrigen pH-Werten besitzt der Analyt kaum eine eigene Mobilität, wodurch er nahe am EOF durch den Detektor bewegt wird, ohne daß eine Auftrennung erfolgt. Die geringe Mobilität des Analyten resultiert aus dessen geringem Ionisierungsgrad bei einem vorgegebenen pH-Wert, der sich im Bereich des pK-Wertes $\pm$ 1 bewegt. Aus Abbildung 5-11 ist auch ersichtlich, daß der EOF bei niedrigen pH-Werten ebenfalls niedrig ist.

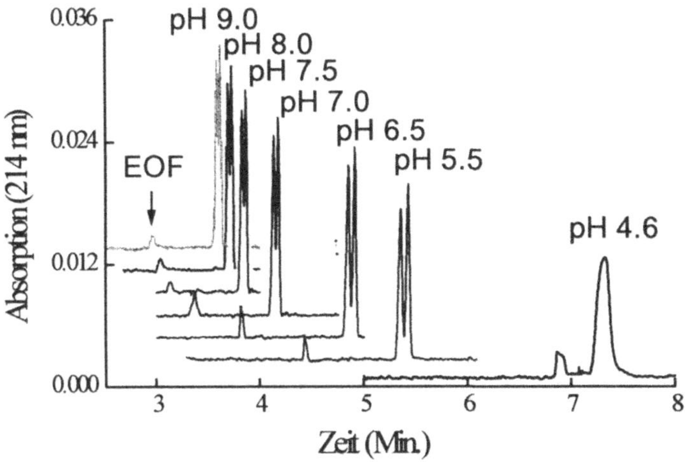

Abb. 5-11: Einfluß des pH-Wertes auf die Enantiomerentrennung einer Dihydropyridin-Carbonsäure. Trennbedingungen: L=50/57 cm, E=440 V/vm, Puffer: 20 mM Phosphatpuffer mit 0.4 % (w/v) Hydroxypropyl-β-CD, unterschiedliche pH-Werte, Detektion bei 214 nm

Bei mittleren pH-Werten hat der Analyt eine ausreichende Mobilität, da er vollständig deprotoniert ist, so daß Mobilitätsunterschiede zwischen der D- und L-Form maximal zum Tragen kommen können. Es ist ebenfalls ersichtlich aus Abbildung 5-11, daß sich die Mobilität des Analyten ab pH 6.5 nur noch geringfügig ändert. Der Analyt hat hier auch eine ausreichend große, effektive Wegstrecke in der Kapillare zur Verfügung, da das Verhältnis EOF-Mobilität zu Analyt-Mobilität (relative Migration) günstiger ist. Da sich bei weiterer Erhöhung des pH die Mobilität des Analyten nicht mehr ändert, die Mobilität des dominanten EOF jedoch immer noch mit dem pH-Wert steigt (Abb. 5-12), wird die relative Migration wieder abnehmen. Dies ist in Abbildung 5-13 zusammen mit der Auflösung gegen den pH-Wert aufgetragen. Der Auflösungsverlust bei höheren pH-Werten ist also darauf zurückzuführen, daß der nun sehr schnelle EOF dem Analyten nicht genug Zeit zur Auftrennung in der Kapillare läßt, und sich auch die Wanderungsstrecke des Analyten verkürzt. Der hohe, die Analyse überlagernde EOF führt somit zu einer zu kurzen Verweildauer des Analyten in der Kapillare. Wegen dieser drei Bereiche (niedriger, mittlerer und hoher pH-Bereich) existiert ein Maximalwert für die relative Migrationszeit, bei der auch das Maximum der Auflösung zu suchen ist.

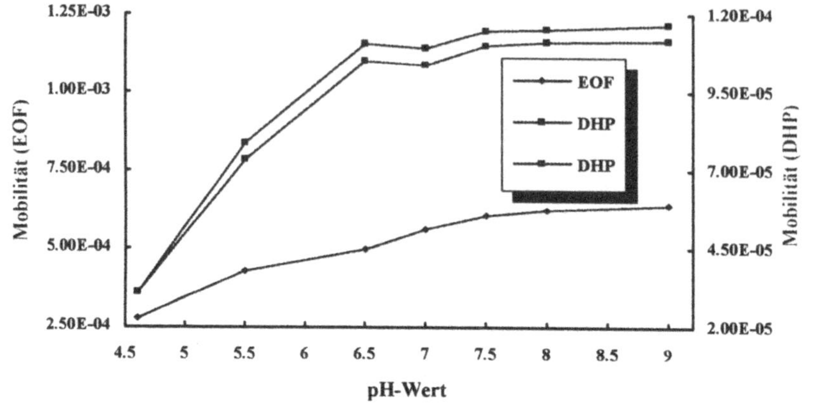

Abb. 5-12: Abhängigkeit der Mobilität des EOF und einer einwertigen Carbonsäure vom pH-Wert des Puffers. Trennbedingungen wie in Abb. 5-11.

Dies wird auch aus Abbildung 5-13 sehr deutlich, in welcher die relative Migration und die Auflösungen (nach der 100 %-Methode) gegen den pH-Wert aufgetragen ist. Der optimale pH-Bereich für diese Trennung in einer unbelegten Kapillare liegt also zwischen pH 5,5 und 6,5. Dies bedeutet in diesem Fall auch, daß der pH-Wert hier keinen Einfluß auf die Selektivität in Form von sich ändernden Ladungsverteilungen hat, sondern es sich hier lediglich um eine Optimierung der Geschwindigkeit des Analyten im Vergleich zum EOF handelt. Bei kationischen Enantiomeren ergibt sich ein ähnliches Bild. Da hier die Proben vor dem EOF migrieren und die Aufenthaltszeiten in der Kapillare deswegen noch kürzer sind, ist es erforderlich, den EOF zu verlangsamen. Dies kann ebenfalls sehr einfach über den pH-Wert geschehen. Bei niedrigen pH-Werten ist der EOF stark reduziert, und die Mobilität der kationischen Analyten ist konstant, wodurch sich wieder ein Maximum der relativen Mobilität ergibt.

Bei einwertigen Säuren oder Basen sind die oben beschriebenen Verhältnisse einfach zu beschreiben. Schwieriger ist allerdings das Verhalten zwitterionischer Enantiomere einzuordnen, da diese Substanzen einen isoelektrischen Punkt (pI-Wert) besitzen und somit dort elektrisch neutral vorliegen. Daraus ergibt sich folgender Mobilitätsverlauf:

Hohe konstante Mobilität des Kations $(pH<pK_1-1) > (pH=pK_1+1) > (pH=pI=0) < (pK_2-1) < (pH=pK_2+1)$ Hohe konstante Mobilität des Anions

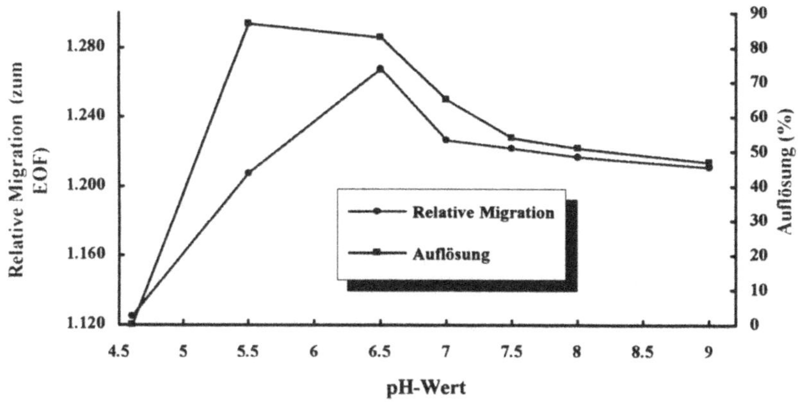

Abb. 5-13: Abhängigkeit der relativen Migration (zum EOF) und der Auflösung (% Methode) vom pH-Wert. Trennbedingungen wie in Abb. 5-11.

Da sich bei pH-Werten von $pK_1<pH<pK_2$ die Mobilität der Zwitterionen stark ändern kann, sind auch in den Elektropherogrammen starke Änderungen der Mobilitäten bei geringen pH-Wert-Änderungen zu erwarten. Zudem können bei vielen Zwitterionischen Substanzen durch Ausbildung innerer Salze Rotationsfreiheitsgrade eingeschränkt werden, wodurch sich auch stark die Selektivitäten bei der Ausbildung von "Host-Guest"-Komplexen mit Cyclodextrinen ändern können. Abbildung 5-14 zeigt die Trennung von Dansyl-D,L-Methionin unter Verwendung von Hydroxypropyl-β-CD bei verschiedenen pH-Werten. Der kontinuierliche Gang der Migrationszeit ist in diesem Beispiel nicht mehr zu beobachten. Das Maximum der Auflösung liegt hier in der Nähe des Maximums der relativen Migration, wie aus Abbildung 5-15 ersichtlich wird. Die Ausbildung eines inneren Ionenpaars kann auch hier diskutiert werden, da die Dansyl-Gruppe zwar die primäre Aminogruppe der Aminosäure amidiert, jedoch selbst wieder ein tertiäres Amin einführt. Ein Hinweis dafür besteht darin, daß sich die Maxima von relativer Migration und Auflösung nicht komplett decken, sondern sich um eine pH-Einheit unterscheiden. Dies deutet auf eine sich ändernde Selektivität aufgrund unterschiedlicher Wechselwirkungen mit dem chiralen Selektor hin. Eine mögliche Erklärung wäre hier die konformative Änderung des Analyten.

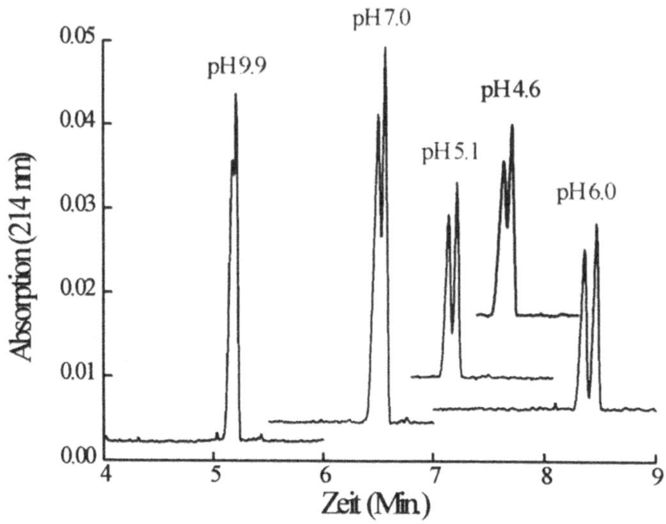

Abb. 5-14: Abhängigkeit der Auflösung von Dansyl-D,L-Methionin vom pH-Wert. Trennbedingungen: L=50/57 cm, 20 mM Phosphatpuffer verschiedene pH-Werte, 0.5 % (w/v) Hydroxypropyl-β-CD, T=20°C, E=350 V/cm

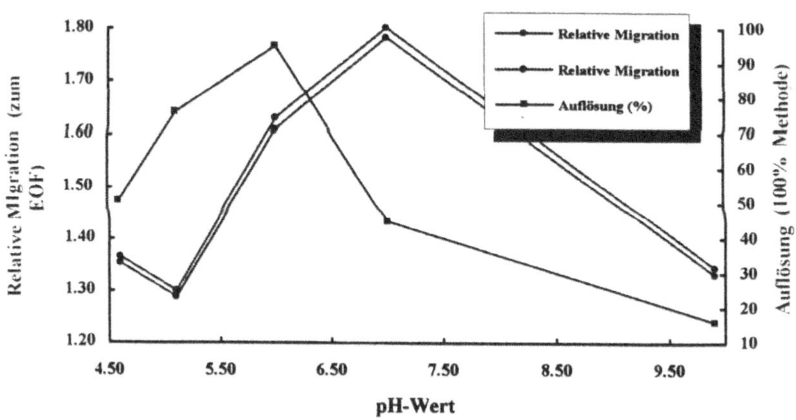

Abb. 5-15: Relative Migration und Auflösung von Dansyl-D,L-Methionin in Abhängigkeit vom pH-Wert. Trennbedingungen wie in Abb. 5-14.

Bei pH-Werten über 12 können die Cyclodextrine selbst deprotoniert werden, wodurch sich dann auch wieder die Selektivität ändert. Hat das Cyclodextrin die gleiche Ladung wie der Analyt, geht die chirale Erkennung wegen elektrostatischer Abstoßung meistens verloren. Auch kann es bei diesen hohen pH-Werten zu einer Zersetzung der Probe oder zu einer höheren Deprotonierungsstufe kommen (z.B. bei mehrwertigen Säuren), wodurch sich die Trenneigenschaften ebenfalls ändern. Bei sehr niedrigen pH-Werten (< 2) besteht ebenfalls das Problem der Zersetzung von Probe und auch der Cyclodextrine (Halbacetale sind säurelabil), wodurch diese pH-Bereiche für die Trennung ausfallen.

5.5. Art des Puffers

Nach Auswahl eines geeigneten chiralen Selektors und des optimalen pH-Wertes kann auch das verwendete Puffersystem noch weiter optimiert werden.

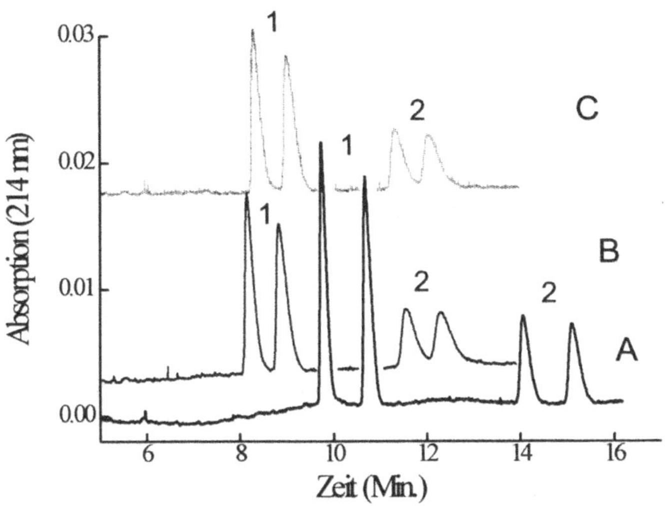

Abb. 5-16: Einfluß des Hintergrundelektrolyten auf die Peakform und -auflösung. Trennbedingungen: L=20/27 cm, E=370 V/cm, in allen Beispielen Druckinjektion: 1s., 0.3 % (w/v) Hydroxypropyl-β-Cyclodextrin, belegte Kapillare (4%T LPA), Detektionsseite an der Anode, Detektion bei 214 nm, Probe: D,L-Dansyl-Phenylalanin (1), Dihydropyridin-Carbonsäure (2).
A) 10 mM Zitronensäure/TRIS pH 6.0. B) 25 mM MES/TRIS pH 6.0. C) 20 mM Phosphatpuffer pH 6.0.

Wie in Abbildung 5-16 dargestellt, werden die Peakform und die Effizienzen des Analyten durch die Mobilitäten der Pufferionen beeinflußt. In allen drei Fällen wurde unter gleichen Bedingungen injiziert und bis auf den verwendeten Puffer alle anderen

Trennbedingungen beibehalten. Es ist deutlich zu erkennen, daß im Falle des Zitronensäurepuffers für dieses spezielle Trennbeispiel eine bessere Auflösung als Folge höherer Effizienzen erzielt werden konnte. Dies führt auch zu einer höheren Nachweisempfindlichkeit des Systems wegen einer höheren Konzentration der Probe in der Probezone. Dieses Beispiel macht deutlich, daß auch bei geringen α-Werten durch Verbesserung der Trennleistung eine ausreichende Auflösung der Enantiomere erreicht werden kann. Dieses Phänomen der Bandenverbreiterung in der Kapillarelektrophorese bezeichnet man als Elektrodispersion und wird durch die Kohlrausch-Gesetze beschrieben (vgl. Kapitel 2.2.2.). Generell treten diese Bandenverbreiterungseffekte nur dann auf, wenn die Leitfähigkeiten und die Mobilitäten in der Probezone von denen des Hintergrundelektrolyten (Puffer) abweichen.

Trennung	Auflösung		Bodenzahl (Absolut)		α-Werte	
	Peakpaar 1	Peakpaar 2	Peakpaar 1	Peakpaar 2	Peak 1	Peak 2
A	2,9	2,4	18 000	21 000	1,095	1,075
			15 000	16 000		
B	1,6	1,2	8 300	7 000	1,084	1,065
			6 100	5 600		
C	1,8	1,2	8 400	7 500	1,075	1,065
			7 100	5 400		

Tab. 5-5: Auflösung , Effizienzen und α-Werte von DHP und Dansyl-D,L-Phenylalanin. Selektivität (α-Wert) = (μ_2/μ_1), Auflösung (R) = $2*(t_2-t_1) / (w_1+w_2)$, Effizienzen: $N=16*(t/w)^2$; $\mu_{1,2}$= Mobilitäten der Enantiomere 1,2; $t_{1,2}$=Migrationszeit der Enantiomere 1,2; $w_{1,2}$=Basisbreite (4σ) der Enantiomere 1 bzw. 2

Dies kann durch Überladung der Pufferkapazität sowie durch einen starken Unterschied zwischen den Ionenbeweglichkeiten des Puffers und der Probeionen verursacht werden. Die in dieser Abbildung erzielten Auflösungen , Effizienzen und α -Werte sind in Tabelle 5-5 zusammengefaßt.

Kuhn et al. beobachteten zudem, daß eine Erhöhung der Pufferkapazität zu einer verbesserten Auflösung in einem Cyclodextrinsystem führen kann [115]. Dieser Effekt wurde mit der zunehmenden Hydrophilie des Puffers aufgrund steigender Ionenstärke interpretiert, wodurch die hydrophoben Komponenten zu stärkeren Wechselwirkungen mit dem Cyclodextrin gedrängt werden.

Desweiteren wurden auch Wechselwirkungen der Pufferkomponenten selbst mit dem Analyten oder mit dem Cyclodextrin festgestellt. Abbildung 5-17 zeigt die Trennung von Dansyl-Phenylalanin mit Hydroxypropyl β-CD in verschiedenen zwitterionischen Puffersystemen. Die eingesetzten Puffersysteme sind in Tabelle 5-6 zusammengefaßt. Für die zweiwertigen Basen (TAPS, HEPES) wurden die schlechtesten Auflösungen aufgrund geringerer Bodenzahlen erhalten. Hierfür könnten die Wechselwirkungen der Pufferionen mit dem Analyt in Betracht bezogen werden. Demgegenüber werden für die Pufferionen mit endständigen Ringsystemen höhere Auflösungen durch höhere Effizienzen beobachtet.

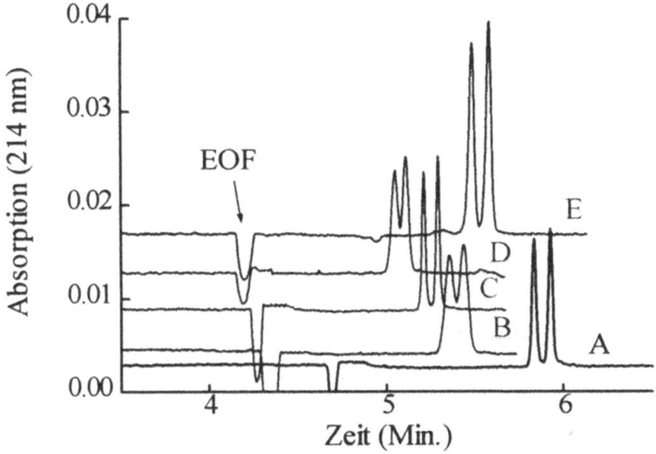

Abb. 5-17: Einfluß verschiedener zwitterionischer Puffer auf die Auflösung bei einer Enantiomerentrennung. Trennbedingungen: L=50/57 cm 75μm Id. ungelegte Kapillare, E=350 V/vm, T=20°C, 1 % Hydroxypropyl β-CD in 100 mM der jeweiligen Puffer: A) MES pH 6.0, B) HEPES pH 7.1, C) MOPS pH 6.9, D) TAPS pH 7.5, E) CAPS pH 10.0, Probe: Dansyl-Phenylalanin

Da Ringsysteme dieser Größe mit dem Cyclodextrin selbst Komplexe ausbilden können ist hier die Möglichkeit gegeben, daß das Pufferion selbst als Additiv angesehen werden kann. Auffällig beim CAPS-Puffer ist die erhöhte Mobilität des Analyten im stark alkalischen Milieu. Die schwach basischen Eigenschaften der Dansyl-Gruppe (tertiäres Amin) scheinen bei diesem pH Wert eliminiert und der Analyt in die anionische Form überführt.

Puffer		pK-Wert	Pufferbereich (pH)
CAPS:	3-(Cyclohexylamino)-propansulfonsäure	10.4	9.7-11.1
TAPS:	N-Tris-(hydroxymethyl)-methyl-3-amino-propansulfonsäure	8.11	7.5-8.7
HEPES:	N-2-Hydroxyethylpiperazin-N'-2-ethansulfon-säure	7.5	6.8-8.2
MOPS:	γ-Morpholinopropansulfonsäure	7.2	6.5-7.9
MES:	2-(N-Morpholino)-ethansulfonsäure	6.1	5.5-6.7

Tab. 5-6: Einsatzbereiche verschiedener zwitterionischer Puffersysteme. pH-Bereiche und pK-Werte waren vom Hersteller angegeben.

5.6. Einfluß von Pufferadditiven

Neben den schon besprochenen Parametern haben noch viele andere Zusätze zum Trennpuffer einen Einfluß auf die Trennleistung eines chiralen Selektors. Es kann jedoch im voraus nicht abgeschätzt werden, ob durch Zusatz weiterer Komponenten zum Puffer, wie z.B. organische Lösungsmittel, Komplexierungsmittel, Detergenzien usw. eine Verbesserung der Auftrennung erfolgt oder ob diese eventuell ganz verloren geht. In Abbildung 5-18 und Tabelle 5-7 ist am Beispiel der Dihydropyridincarbonsäure der Einfluß von Harnstoff, Methanol und Natriumdodecylsulfat auf die Migrationszeit, Peakeffizienzen und Auflösung dargestellt. Die Versuche wurden mit einer belegten Kapillare (lineares Polyacrylamid) durchgeführt, die nach dem im experimentellen Teil beschriebenen Verfahren hergestellt wurde (Kapitel 8.2.1.).

Für eine mit ß-CD gesättigte Pufferlösung (1,56 % w/v) stellt sich in dem hier gezeigten Beispiel (anionisches Enantiomer) die schnellste Migrationszeit ein (A). Durch Verwendung eines 7-molaren Harnstoffpuffers kann die CD-Konzentration stark erhöht werden (D). Für diesen Fall kann eine weitaus längere Analysenzeit wegen höherer Viskosität des Puffers und geringerer Mobilität des Analyten durch hohe Konzentration des chiralen Selektors beobachtet werden. Eine Verbesserung der Auflösung ist jedoch nicht eingetreten. Der Zusatz von Methanol (E) hat hier einen positiven Einfluß. Die Migrationszeit erhöht sich zwar geringfügig, jedoch zugunsten einer verbesserten Auflösung. Benutzt man den in (D) verwendeten Puffer zusammen mit einer 0,1-molaren SDS-Lösung, so ist eine starke Verkürzung der Migrationszeiten zu beobachten (B). Dies beruht auf der Tatsache, daß unter den herrschenden

Bedingungen das SDS und der Analyt in die gleiche Richtung wandern (beide sind anionisch) und somit einen synergetischen Effekt liefern. Die Auflösung ist im Vergleich zu (D) stark verbessert, wobei hier noch eine verkürzte Analysenzeit hinzukommt. Auch in diesem Fall führt das Einbringen von Methanol in den Trennpuffer zu einer Erhöhung der Analysenzeit, jedoch ist dann keine Verbesserung der Auflösung zu beobachten (C).

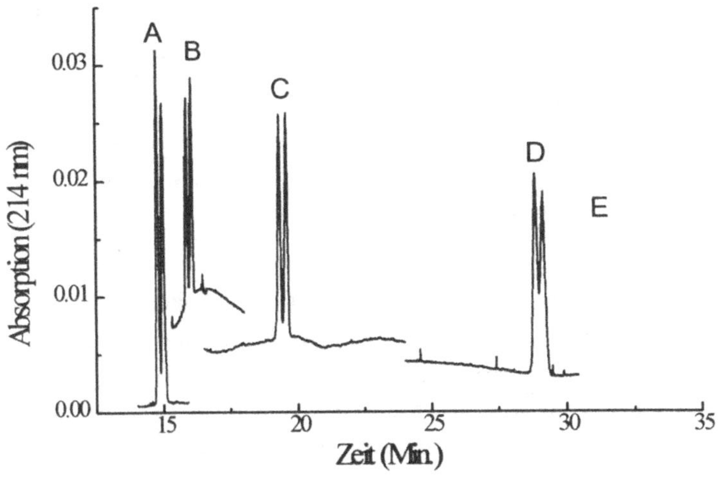

Abb. 5-18: Einfluß von Pufferadditiven auf die Trennung einer Dihydropyridin-Carbonsäure. Trennbedingungen: L=40/47 cm, E=232 V/cm (Anode an der Detektionsseite), belegte Kapillare (4%T LPA), Detektion bei 214 nm, Puffer: 0.1 M TBE pH 8.3 mit: A) 1.56 % (w/v) β-Cyclodextrin, B) 12 % (w/v) β-Cyclodextrin, 7 M Harnstoff, 0.1 % SDS, C) 12 % (w/v) β-Cyclodextrin, 7 M Harnstoff, 10 % (v/v) Methanol, 0.1 M SDS, D) 12 % (w/v) β-Cyclodextrin, 7 M Harnstoff, E) 12 % (w/v) β-Cyclodextrin, 7 M Harnstoff, 10 % Methanol

In den hier diskutierten Beispielen ist eine Verbesserung der Auflösung überwiegend auf höhere Effizienzen in den verschiedenen Trennmedien zurückzuführen. Die α-Werte verändern sich hier nur geringfügig.

	Selektivität ($\alpha=\mu_2/\mu_1$)	**Theor. Böden (x1000)** ($N=16(t/w)^2$) Peak 1	Peak2	**Trennbedingungen:** L=40/47 cm, E=232 V/cm, Beschichtung: 4 % T LPA, 100 mM TRIS, 100 mM Borsäure pH 8.3 mit folgenden Zusätzen:
A	1.014	207	159	1.56 % (w/v) β-CD
B	1.012	167	155	12 % (w/v) β-CD, 7 M Harnstoff, 0.1 M SDS
C	1.014	142	160	12 % (w/v) β-CD, 7 M Harnstoff, 0.1 M SDS, 10 % (v/v) Methanol
D	1.010	124	97	12 % (w/v) β-CD, 7 M Harnstoff
E	1.013	115	117	12 % (w/v) β-CD, 7 M Harnstoff, 10 % (v/v) Methanol

Tab. 5-7: Vergleich der bei verschiedenen Pufferadditiven erzielten Selektivitäten und Trenneffizienzen. Bedingungen wie in Abb. 5-18

5.7. Einfluß der Temperatur auf die Trennung von Enantiomeren

Die Temperatur kann in vielfältiger Hinsicht Einfluß auf ein elektrophoretisches Resultat ausüben. Zum einen erhöht sich mit der Temperatur die Mobilität aller im Puffer befindlichen Ionen, wodurch der Stromfluß in der Kapillare ansteigt. Zum anderen nimmt aber auch die Viskosität mit steigender Temperatur ab, wodurch wiederum die Mobilität der Pufferionen wie auch der Probeionen zusätzlich erhöht wird. Insgesamt bewirkt eine Temperaturzunahme eine starke Beschleunigung der Wanderungsgeschwindigkeit der Proben und somit verkürzte Analysenzeiten. Eine Temperaturerhöhung kann auch durch den Einsatz von Puffern mit hoher Leitfähigkeit geschehen, bei denen der hohe Stromfluß durch Joulsche Erwärmung eine Temperaturzunahme im System bewirkt. Allerdings bedingt eine höhere Temperatur im System auch einen Anstieg der Diffusionskoeffizienten und somit eine verstärkte Bandenverbreiterung der Analytzonen (siehe Kapitel 2.2). Aus diesem Grunde ist es erforderlich, die Temperatur auf einem niedrigen Niveau zu halten, d.h. die Kapillare zu thermostatisieren, damit reproduzierbare Ergebnisse erhalten werden können. Bei der Trennung von Enantiomeren bewirkt die Temperatur nicht nur eine Verkürzung der Analysenzeit, sondern hat auch einen wesentlichen Einfluß auf die Selektivität bei der Trennung. Mit steigender Temperatur (>20°C) nimmt im allgemeinen die Selektivität im System ab. Dies liegt darin begründet, daß die Wechselwirkungen zwischen Enantiomer und chiralem Selektor durch die Wärmezufuhr zurückgedrängt werden.

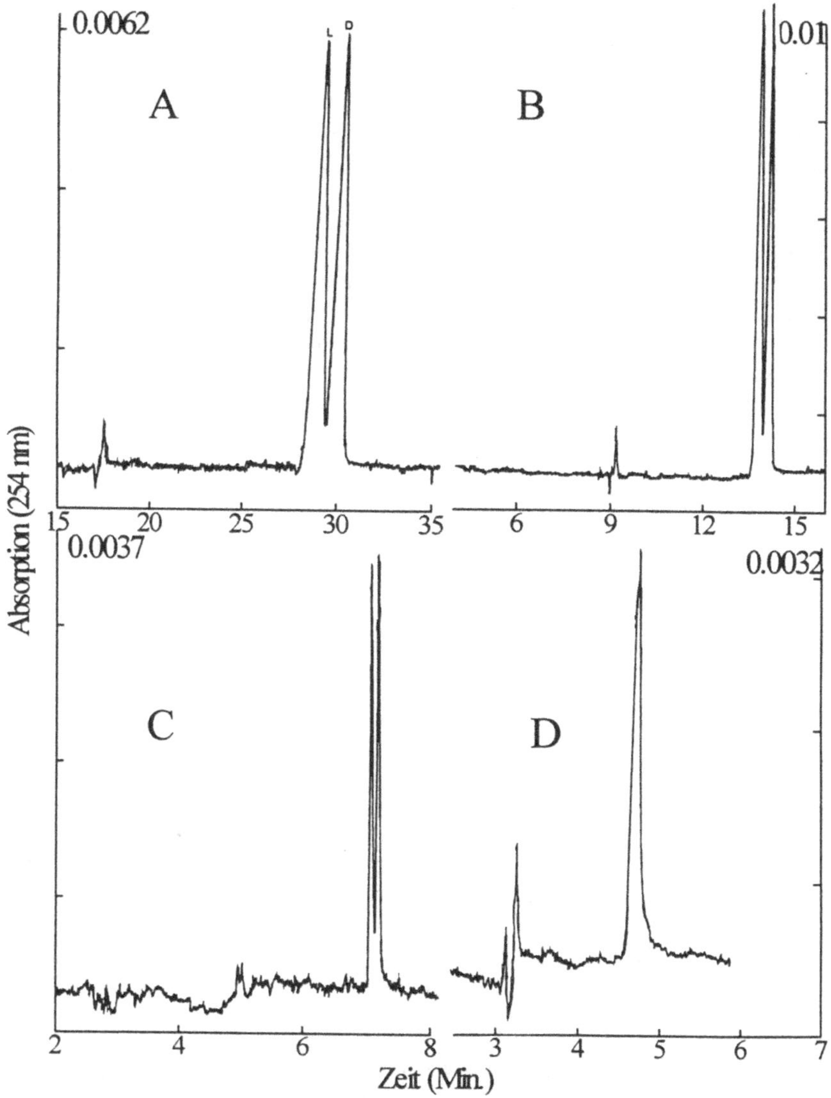

Abb. 5-19: Temperaturabhängigkeit der Trennung von Dansyl-D,L-Phenylalanin mit 1 % (w/v) Hydroxypropyl-β-CD. Trennbedingungen: L=40/60 cm, 75µm Id., 20 mM TRIS/20 mM Borsäure pH 8.3 in 3 % T LPA, E=333 V/cm, Eigenbaugerät mit Temperaturkontrollsystem. A)=4°C, B)=20°C, C)=40°C, D)=60°C

Da die Ausbildung von Host-Guest Komplexen einen exergonischen Prozeß darstellt, wird jede Zufuhr von Energie den Umkehrprozeß begünstigen, d.h. die Analyten werden sich öfter außerhalb des Cyclodextrins fortbewegen, und die Auflösung wird sich dadurch verschlechtern. In Abbildung 5-19 und 5-20 sind zwei Beispiele für ein solches Verhalten gezeigt. Da Dansyl-Phenylalanin bei sehr niedrigen und sehr hohen Hydroxypropyl-β-CD-Konzentrationen getrennt werden kann, wurde bei diesen Konzentrationen die Temperaturabhängigkeit untersucht. Aus diesen Abbildungen wird sichtbar, daß die Auflösung, wie bereits oben besprochen, mit steigender Temperatur verloren geht. Da bei niedrigen CD-Konzentrationen (kinetisch bedingte Host-Guest-Wechselwirkungen) eine andere Migrationsreihenfolge beobachtet wird als bei hohen Konzentrationen (vorliegende Komplexe), und dies auf unterschiedliche Trennmechanismen hinweist, erscheint auch die Untersuchung der Temperaturabhängigkeit hier sinnvoll, um die in Kapitel 4. vorgestellten Trennmechanismen zu bestätigen.

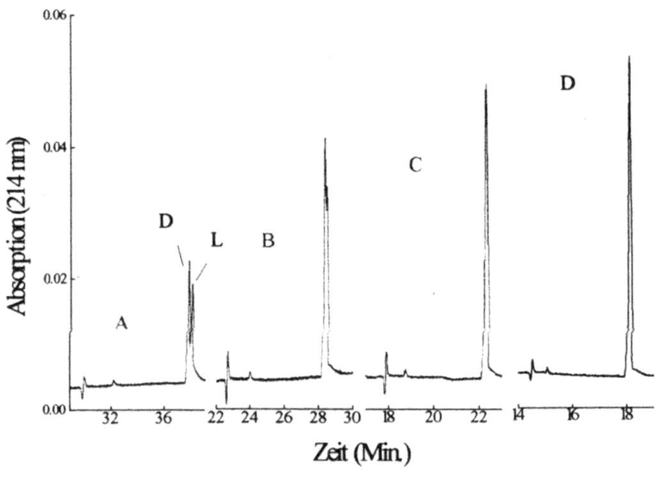

Abb. 5-20: Temperaturabhängigkeit der Trennung von Dansyl-D,L-Phenylalanin bei 18 % (w/v) Hydroxypropyl-β-CD. Trennbedingungen: L=90/97 cm, 75 μm Id., E=257 V/cm, 100 mM TRIS, 100 mM Borsäure pH 8.3, Pace 2000 (Beckman): A)=20°C, B)=30°C, C)=40°C, D)=50°C

Trägt man die Migrationszeiten der Analyten mit steigender Temperatur auf, so erhält man für die Enantiomere zwei Kurvenverläufe mit unterschiedlichen Steigungen (Abbildung 5-21). Beruht der Trennmechanismus bei hohen CD Konzentrationen auf der Ausbildung von Diastereomeren Komplexen, so wird eine Temperaturerhöhung zwar die Migrationszeit erniedrigen, jedoch überwiegend aus Gründen der Viskosität, die bei diesen Auftragungen in der Migrationszeit noch beinhaltet ist. Die geringen Unterschiede in der Migrationszeit, die höhere thermische Diffusion sowie die stark verkürzte Analysenzeit bei höheren Temperaturen führt sehr schnell zum Verlust der Auflösung in diesem Trennsystem.

Beruht die Trennung bei niedrigen Temperaturen auf einem Verteilung des Analyten zwischen CD und freier Lösung so wird mit steigender Temperatur ebenfalls die Migrationszeit abnehmen, allerdings wird das Gleichgewicht mehr auf die Seite der Migration in freier Lösung verschoben werden, wodurch die Migrationszeitabnahme im Vergleich zur Trennung bei hohen CD Konzentrationen verlangsamt wird. Dieses Verhalten spiegelt sich in dieser Auftragung wieder. Die Migrationszeit nimmt bei niedrigen Konzentrationen weniger stark mit der Temperatur ab als bei der hohen CD Konzentration. Noch eindeutiger wird dieses Bild, wenn man anstelle der absoluten Migrationszeiten die auf den EOF normierten relativen Migrationszeiten heranzieht. Dadurch wird der Temperatureinfluß auf die Viskosität herausdividiert. Unterliegt die EOF-Mobilität und die Analytmobilität im gleichen Maße der Temperatur (gleiche Steigung), so erhält man einen konstanten Wert für die relativen Migrationszeiten.

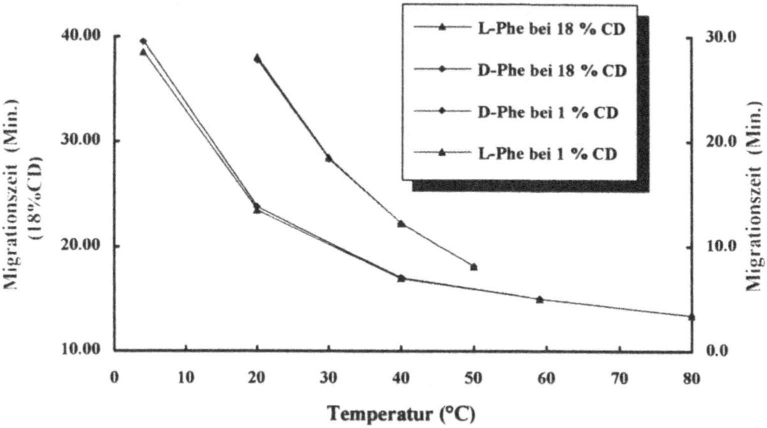

Abb. 5-21: Abhängigkeit der Migrationszeit von Dansyl-D,L-Phenylalanin von der Temperatur bei 1 % und 18 % Cylodextrinkonzentration. Trennbedingungen wie in Abb. 5-19 und Abb. 5-20.

Wie in Abbildung 5-22 deutlich wird, hat die Temperatur fast keinen Einfluß auf die relative Migration (bezogen auf den EOF) bei hohen CD-Konzentrationen. Dies bedeutet, daß die Mobilitätszunahme fast ausschließlich auf die Temperaturerhöhung zurückzuführen ist. Bei niedrigen CD-Konzentrationen zeigt sich ein stark verändertes Bild. Die relative Migration nimmt stark mit steigender Temperatur ab und erreicht bei 40 °C einen konstanten Wert. Diese Abnahme der relativen Migration ergibt sich nicht aus einer verlangsamten Mobilität des Analyten, sondern aus einer langsameren Mobilitätszunahme des EOF mit steigender Temperatur im Vergleich zum Analyten. Ab 40 °C hat dann die Temperatur den gleichen Einfluß auf Mobilitätsänderungen beim EOF wie beim Analyten. Dies bedeutet auch, daß der Analyt keine Wechselwirkungen mit Cyclodextrinen mehr aufweist, die Analyten sich also frei in der Lösung bewegen können, aber dadurch auch keine Trennung mehr erzielt werden kann. Die Abhängigkeit der Mobilität von der Temperatur weist ebenfalls auf diesen Sachverhalt hin. Wie in Abbildung 5-23 dargestellt, steigt die Mobilität des Analyten bei niedrigen CD-Konzentrationen wesentlich stärker an als bei hohen CD-Konzentrationen mit steigender Temperatur (größere Steigung der Kurve). Dies weist neben der Viskositätsverminderung auf eine zusätzliche Mobilitätssteigerung hin.

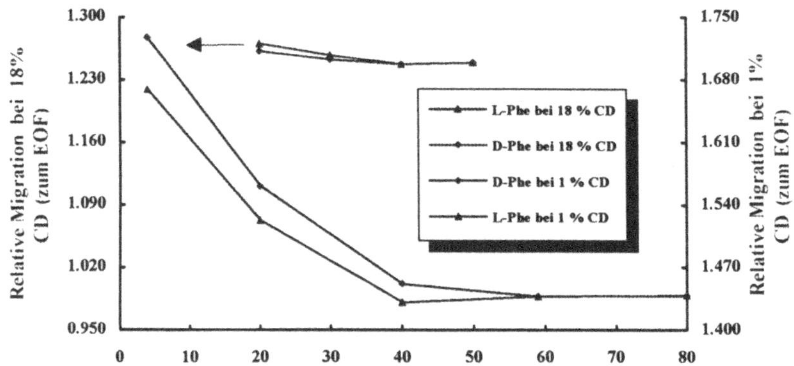

Abb. 5-22: Abhängigkeit der relativen Migrationszeit von Dansyl-D,L-Phenylalanin (bezogen auf den EOF) von der Temperatur bei 1 % und 18 % Cylodextrinkonzentration. Trennbedingungen wie in Abb. 5-19 und Abb. 5-20.

Wird das Gleichgewicht zwischen Analyt in freier Lösung und Analyt im Cyclodextrin-Komplex mit steigender Temperatur mehr auf die Seite der freien Lösung verschoben, so steigt die Mobilität zusätzlich zu den Viskositätseffekten an. Dadurch, daß sich der Analyt im zeitlichen Mittel weniger im CD-Komplex aufhält, resultiert eine höhere Mobilität.

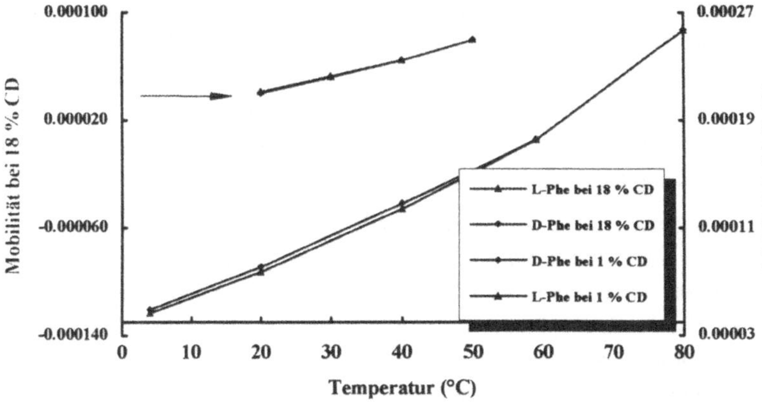

Abb. 5-23: Abhängigkeit der Mobilität von Dansyl-D,L-Phenylalanin (bezogen auf den EOF) von der Temperatur bei 1 % und 18 % Cylodextrinkonzentration. Trennbedingungen wie in Abb. 5-19 und Abb. 5-20.

Durch diese Gleichgewichtsverschiebung resultiert auch eine Verringerung der Trennleistung, da man sich vom Optimum entfernt. Bei höheren CD-Konzentrationen ist der Verlust an Auflösung auf eine höhere thermisch induzierte Diffusion zurückzuführen. Da der Trennmechanismus hier auf der Ausbildung von Diastereomeren beruht, die hier wegen der vorgegebenen CD-Konzentration nicht unter optimalen Bedingungen erfogt, führt eine Temperaturerhöhung schnell zum Verlust der Trennung.

5.8. Einfluß verschiedener Kapillarbelegungsverfahren und Kapillarmaterialien

In belegten Kapillaren wird nicht nur der EOF unterdrückt, sondern auch unerwünschte Wandadsorptionseffekte zwischen Analyten und der Kapillarwand herabgesetzt. Im folgenden wurden verschiedene Beschichtungsverfahren auf ihre Eignung für spezielle Trennprobleme getestet und miteinander verglichen:

-4 % T beschichtete LPA-Kapillaren (siehe auch Kapitel 8.2.)

-Vinylsilica-beschichtete Kapillaren (siehe auch Kapitel 8.2.)

-Polyethylenimin-modifizierte PEEK-Kapillaren (siehe auch Kapitel 8.2.)

-Mit CTAB vorbehandelte Quarzkapillaren

-Unbehandelte Quarzkapillaren

In diesen modifizierten Kapillaren wurden verschiedene basische Amine (Doxylamin, Ephedrin, Dimethinden) als Testsubstanzen getrennt, da diese oft durch ihre Basizität viele Probleme in Form asymmetrischer Peaks aufwerfen. Diese Probleme sind überwiegend auf Wechselwirkungen mit der Kapillarwand zurückzuführen, daher wurden hier neben neutralen und kationischen Belegungen auch modifizierte Kunststoffkapillaren getestet.

Eine von vielen Möglichkeiten, die Kapillare chemisch zu modifizieren, ist die Verwendung von Acrylamid, das mit Ankergruppen an der Kapillarwand copolymerisiert wird. Dieses Verfahren wurde schon bei vielen Arbeiten auf dem Gebiet der Kapillarelektrophorese angewendet. Die erste Herstellungsmethode dieser Kapillaren wurde von Hjerten beschrieben[116]. Diese mit linearem Polyacrylamid belegten Kapillaren stellen im Augenblick auch die verbreitetste Kapillarbeschichtung in der CE dar und sind von einigen Herstellern von CE-Geräten auch kommerziell erhältlich. Für eigene Zwecke wurde dieses Verfahren in einer abgewandelten Form angewendet, welche ausführlich in Kapitel 8.1.2. zusammen mit den anderen Beschichtungsverfahren beschrieben ist. Diese Beschichtung ist den hydrophilen Kapillarbelegungen zuzuordnen, da Polyacrylamid zu den wasserlöslichen ungeladenen Polymeren zählt und somit eine gute Benetzbarkeit zwischen wäßrigem Puffer und der Kapillarwand sicherstellt.

Des weiteren wurde eine mit Trichlorvinylsilan umgesetzte Fused-Silica Kapillare eingesetzt, die während ihrer Herstellung mit Triethylamin behandelt wurde und dadurch auch Anteile eines SAX-Coatings (strong anion exchanger) auf der Kapillaroberfläche aufweist[117]. Dies sollte zu elektrostatischer Abstoßung der Analyten mit der Kapillarwand beitragen und somit die Effizienzen und Auflösungen verbessern.

Das gleiche Prinzip wurde auch mit einer PEEK-Kapillare durchgeführt. Dabei wurde als letzter Derivatisierungsschritt ein Polyethylenimin auf das Kapillarinnere aufgebracht[118]. Generell besitzen Kapillarmaterialien auf Kunststoffbasis den Nachteil der Lichtundurchlässigkeit, vor allem bei niedrigen Wellenlängen. Es ist daher notwendig, ein kleines Fragment einer Quarzkapillare in die Kunststoffkapillare zu insertieren, um dann an dieser Stelle empfindlich detektieren zu können. Bei dieser Vorgehensweise ist vor allem auf den exakten Zusammenbau dieser Detektionskapillare mit der Trennkapillare zu achten, damit später keine Totvolumina entstehen, die eine zusätzliche Bandenverbreiterung durch Verwirbelungen verursachen. Wegen dieser Totvolumina ist es bei der Auswertung dieser Trennung schwierig, Bandenverbreiterungseffekte aufgrund der Eigenschaften des Kapillarmaterials von der Bandenverbreiterung durch ein schlecht zusammengesetztes

Detektionsfenster zu unterscheiden. Generell stellt jedoch die Verwendung von Kunststoffen als Kapillarbasismaterial ein komplett neues Gebiet in der Kapillarelektrophorese dar. Da Quarzmaterialien in wäßrigen Lösungen nicht als inert anzusehen sind, besteht im Einsatz von Kunststoffen eine gute Möglichkeit der Verbesserung der Migrationszeitkonstanz im Langzeitbetrieb. Des weiteren ist zu beachten, daß bei Kunststoffkapillaren der Wärmetransport zwischen Pufferlösung und der die Kapillare umgebenden Kühlflüssigkeit anders ist als bei normalen Quarzkapillaren. Hinzu kommt die unterschiedliche Wandstärke der verschiedenen Kapillaren. Kann die durch den Stromfluß entstehende Joulsche Erwärmung nicht schnell genug abgeführt werden, wird die Temperatur des Puffers im Inneren der Kapillare langsam ansteigen. Dieses Verhalten kann durch die Messung der Linearität des Ohmschen Gesetzes überprüft werden, welche in Abbildung 5-24 für verschiedene Kapillarmaterialien dargestellt ist.

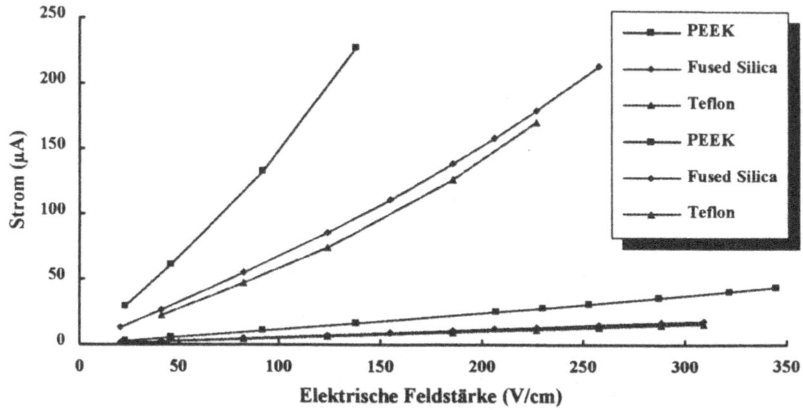

Abb. 5-24: Ohmsches Gesetz für verschiedene Kapillarmaterialien bei niedrigen und hohen Pufferleitfähigkeiten. Bedingungen: 200 mM Kaliumsulfat-Lösung (3 obere Kurven), 20 mM Phosphatpuffer pH 9.1. Kapillaren: Teflon (L=90/97 cm 50 µm Id. 350 Ad.), Quarz (L=90/97 cm, 50 µm Id., 360 µm Ad.), PEEK (L=80/87 cm, 50 µm Id., 500 µm Ad.)

Trotz effizienter Flüssigkühlung ist die Steigung des Kurvenverlaufs des Ohmschen Gesetzes bei der PEEK-Kapillare wesentlich größer als bei der Quarz- und Teflonkapillare. Die Teflonkapillare liefert sogar ein günstigeres Ohmsches Profil als die Quarzkapillare. Diese Ergebnisse zeigen, daß bei der PEEK-Kapillare zusätzlich zur normalen Bandenverbreiterung auch noch ein wesentlicher Anteil an

Effizienzverlust durch verminderten Wärmeabtransport durch die Kapillarwand zu erwarten ist. Bereits bei geringer Leitfähigkeit des Puffers zeigt die PEEK-Kapillare trotz gleichen Innendurchmessers einen wesentlich höheren Strom. Ein repräsentatives Elektropherogramm mit einer PEI-modifizierten PEEK-Kapillare ist in Abbildung 5-25 wiedergegeben.

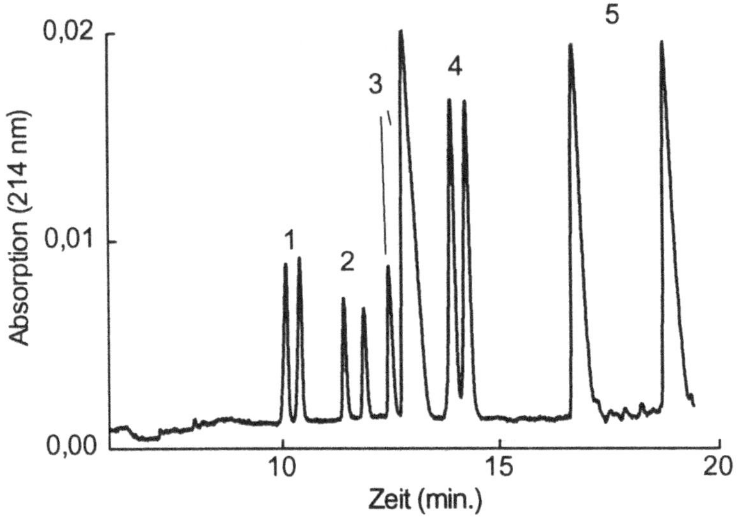

Abb. 5-25: Trennung von basischen Enantiomeren in einer modifizierten Polyetheretherketon-Kapillare (PEEK).
Trennbedingungen: L=30/37 cm, 50 µm Id. Polyethylenimin-belegte PEEK-Kapillare, E=300 V/cm, T=25°C, Detektion an einer 1 cm langen insertierten Quarzkapillare bei 214 nm, 20 mM Zitronensäure pH 2,5 mit 2 % (w/v) Carboxymethyl-CD, Probe: racemische Gemische von Doxylamin (1), Arterenol (2), Ephedrin (3), Pindolol (4) und Dimethinden (5)

Neben dem Einsatz einer unbelegten Quarzkapillare als Referenz wurde auch eine Kapillare verwendet, die vor dem Einbringen des Cyclodextrin-Trennpuffers mit einer 1 mM-Lösung von Cetyltrimethylammoniumbromid (CTAB) gespült worden war. Es sollte dabei untersucht werden, ob eventuell adsorptiv zurückgehaltener Flußmodifier die Wandeffekte des Analyten beeinflussen kann. Eine Flußumkehr sollte in diesem Fall nicht erzielt werden. Durch den somit stark verlangsamten kathodischen EOF ergab sich eine lange Analysenzeit. Die Basislinie zeigte durch ihren unstetigen Verlauf an, daß die Kapillare noch nicht vollständig konditioniert war. Daraus ergab sich auch ein zunehmender EOF mit steigender Analysenzahl. Dieses Verhalten wurde trotzdem in Kauf genommen um die prizipiellen Änderungen zu betrachten.

Der Vergleich der Auflösungen einer unbelegten Quarzkapillaren zu den hier vorgestellten unterschiedlichen Belegungsverfahren ist in Tabelle 5-8 zusammengefaßt. Dabei zeigt sich deutlich, daß eine bestimmte Beschichtung nur für eine der Proben die beste Auflösung liefert. Dabei wurde bei der unbehandelten Kapillare für Dimethinden die beste Auflösung erhalten. Ephedrin zeigte bei der LPA-Kapillare die beste Trennung und Doxylamin wurde in der CTAB behandelten Quarzkapillare mit der höchsten Auflösung getrennt. Die PEEK-Kapillare lieferte in diesem Vergleich die schlechtesten Ergebnisse. Dies kann, wie schon oben erwähnt, durch ein schlecht installiertes Detektionsfenster verursacht worden sein. Eine Klärung dieser Tatsache erlaubt nur die standatisierte Vermessung verschiedener PEEK-Kapillaren mit unterschiedlich eingebauten Detektionsfenstern.

	Doxylamin	Ephedrin	Dimethinden
LPA belegte Kapillare	1,8	2,2	7,7
Polyethylenimin-belegte PEEK-Kapillare	1,7	0,8	4,3
Unbelegte Quarzkapillare	2,1	1,7	11,1
Vinylamin belegte Kapillare	2,6	1,9	5,5
CTAB behandelte Quarzkapillare	3,5	1,0	6,7

Tab. 5-8: Auflösung der Substanzen bei verschiedenen Kapillarmaterialien und Kapillarbeschichtungen

Ein weiterer Gesichtspunkt bei der Verwendung von beschichteten Kapillaren ist die bessere Reproduzierbarkeit der analytischen Ergebnisse. Die Reproduzierbarkeit der Migrationszeiten wird weniger von den elektrophoretischen Bedingungen (Konstanz der Spannung, Temperatur etc.) beeinflußt als vielmehr von Schwankungen des EOF über die Analysenzeit. Irreversible Adsorption von Probebestandteilen, Pufferwechsel etc. beeinflussen sehr stark den EOF und damit die Reproduzierbarkeit der Migrationszeiten. Dadurch wird auch die Reproduzierbarkeit der quantitativen Analyse beeinflußt. Abbildung 5-26 zeigt den Verlauf der Migrationszeiten einiger Testsubstanzen während den ersten 27 Injektionen in einer neuen Kapillare. Nach einer Äquilibrierungsphase von etwa 4 Injektionen wird ein konstanter Wert erreicht, die Migrationszeiten schwanken nur noch wenig. Nach der 9. Injektion wurde die Kapillare über 48 Stunden im Trennpuffer gelagert. Nach kurzer Anlaufphase stellt sich ein größerer EOF ein. Dieses Plateau bleibt bei den weiteren 20 Injektionen konstant.

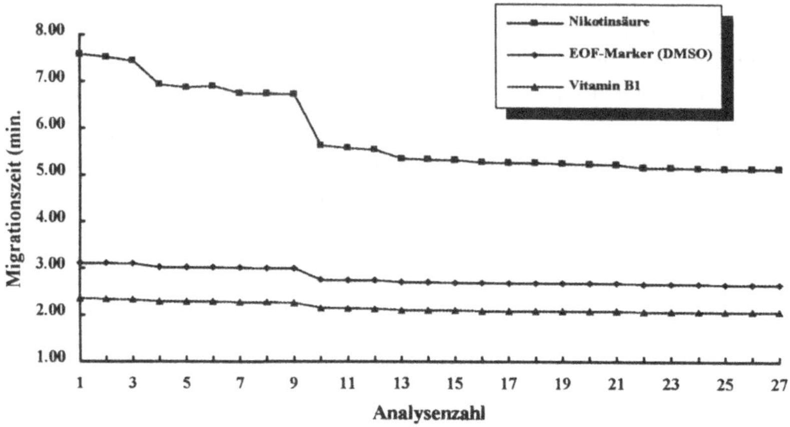

Abb. 5-26: Reproduzierbarkeit der Migrationszeiten in einer bislang unbenutzten und unbelegten Kapillare. Trennbedingungen: L=40/47 cm, 50 µm i.d., Puffer: 10 mM Phosphat pH 7,0, Spannung: 20 kV, Detektion bei 214 nm, Spülzeiten zwischen jedem Lauf: 2 min mit 0,1 M NaOH, 3 min. mit Puffer

Diese Experimente verdeutlichen, daß reproduzierbare Analysenbedingungen nach kurzen Äquilibrierungszeiten erreicht werden können. Bei Pufferwechsel sollten entweder die Kapillaren gewechselt oder mindestens 10 bis 15 Minuten mit dem neuen Puffer gespült werden. Da der EOF wesentlich effektiver die Pufferschichten an der inneren Kapillaroberfläche austauscht als ein druckgetriebener Fluß, können meist die Äquilibrierungszeiten verkürzt werden, wenn die Kapillare mit neuem Puffer gespült wird und dann mit angelegter Spannung für 5 bis 10 min betrieben wird. Genaue Zeiten zur Äquilibrierung der Kapillare können nicht gegeben werden, da die Werte sowohl stark von der Art der Puffer wie auch von den einzelnen Konditionierungsschritten abhängen.

5.9. Beispiele optimierter Trennungen in der Kapillarelektrophorese unter Verwendung verschiedener Cyclodextrine

In einem optimierten System unter Berücksichtigung aller für eine Enantiomerentrennung wichtigen Größen sind hohe Auflösungen und damit sehr schnelle Trennungen möglich. Dies ist im folgenden an einigen Beispielen gezeigt.

Die Trennung der Dihydropyridincarbonsäure kann unter Verwendung von

Hydroxypropyl-γ-CD als chiraler Selektor, einer sehr kurzen Kapillare (7 cm effektive Länge) mit unterdrücktem EOF und hohen Feldstärken innerhalb von zwei Minuten erzielt werden (Abbildung 5-27). Bei dieser Trennung wurde die Auslaßseite der Kapillare (Kapillarende bis zum Detektor) für die Trennung verwendet, wofür eine sehr hohe Trennleistung des chiralen Selektors im wäßrigen Medium benötigt wird. Allerdings sind der Geschwindigkeit der Trennung auch Grenzen gesetzt. Mit steigender Feldstärke wird die Trennung zwar noch beschleunigt, jedoch nimmt die Auflösung ab.

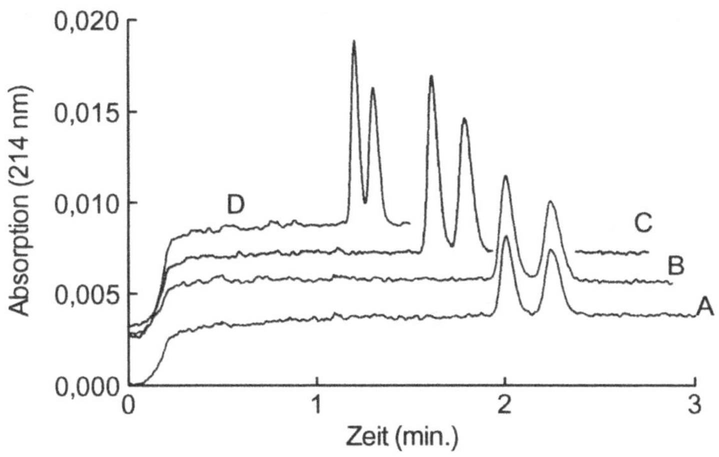

Abb. 5-27: Optimierte Trennung einer Dihydropyridin-Carbonsäure. Trennbedingungen: L=7/27 cm, 75 µm Id. belegte Kapillare (4%T LPA), T=25°C, 20 mM Phosphatpuffer pH 6.0 mit 0.5 (w/v) Hydroxypropyl-γ-Cyclodextrin, Injektion: A) 2s, 3KV; B), C) und D) 4s, 4 KV; A)B) 555 V/cm, C) 640 V/cm, D) 740 V/cm.

Doxylamin kann auf einer mit LPA belegten Kapillare unter Verwendung von Carboxymethyl-β-CD innerhalb von fünf Minuten mit den angegebenen Trennbedingungen aufgetrennt werden. Tryptophan benötigt für eine schnelle Trennung innerhalb von 1,6 Minuten einen 10 prozentigen (w/v) α-Cyclodextrin-Puffer. Diese beiden Trennungen sind in Abbildung 5-28 gezeigt. Auch hier konnten wegen der hohen Selektivitäten der verwendeten chiralen Selektoren sehr kurze Trennkapillaren eingesetzt werden. Die Kapillarbeschichtung verhindert auch hier eventuell auftretende Wandadsorptionseffekte und unterdrückt den EOF.

Die Trennungen von Dimethinden und Hexobarbital in Abbildung 5-29 konnten in einer äußerst kurzen Zeit durchgeführt werden. Dabei wurde für Dimethinden 2 % (w/v) Carboxymethyl-β-CD als optimale Konzentration eingesetzt, während bei Hexobarbital die erforderlichen Trennleistungen von Methyl-β-CD erbracht wurden.

Generell ist es bei der Enantiomerentrennung nicht erforderlich, möglichst schnelle Trennungen zu erzielen, jedoch stellt die erreichbare Auflösung ein wesentliches Qualitätsmerkmal der Trennung dar. Durch den Einsatz von sehr kurzen Kapillaren bei den hier gezeigten optimierten Trennungen kann die Auflösung sehr leicht durch eine Verlängerung der Trennstrecke zusätzlich verbessert werden. Dabei ist auch wichtig, daß die Feldstärke bei Kapillarverlängerung beibehalten werden kann, d.h. die Hochspannungsquelle noch genügend Reserven hat, um die anzulegende Spannung weiter zu erhöhen.

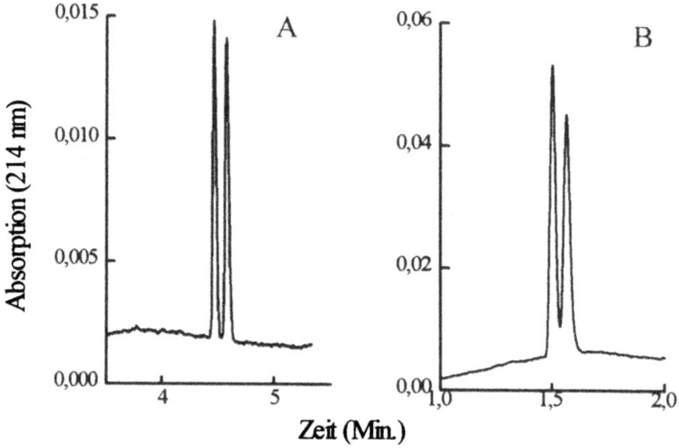

Abb. 5-28: Zeitoptimierte Trennung von Doxylamin (A) und Trypthophan (B) Trennbedingungen: Kapillare mit 4 % T LPA belegt, Detektion bei 214 nm am Anodenende. A) L=20/27 cm, E=350 V/cm, 20 mM Zitronensäurepuffer pH 2.5 mit 2 % (w/v) Carboxymethyl-β-CD. B) L=7/27 cm, E=730 V/cm, 20 mM Zitronensäure pH 2.5 mit 10 % (w/v) α-CD

Diese ausgewählten Beispiele zeigen, daß die Enantiomerentrennungen mit der Kapillarelektrophorese in bezug auf Leistungsfähigkeit den etablierten Methoden nicht nur ebenbürtig, sondern in vielen Fällen, insbesondere der Analysengeschwindigkeit, überlegen ist.

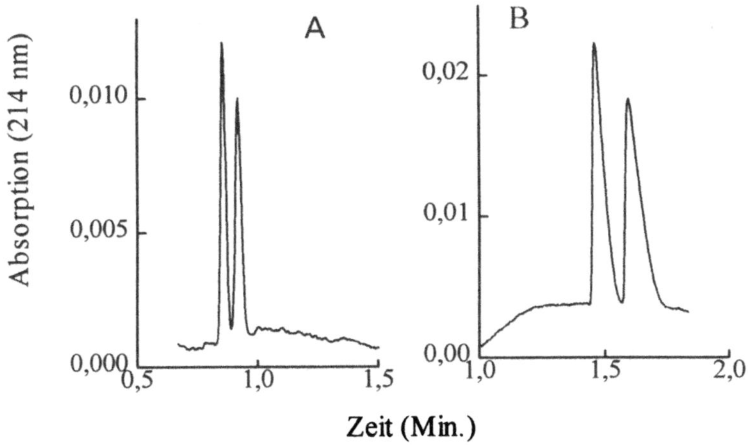

Abb. 5-29: Zeitoptimierte Trennung von Dimethinden (A) und Hexobarbital (B)
Trennbedingungen: L=7/27 cm (Injektion von der Auslaß-Seite), 75µm Id., Kapillare mit 4 % T LPA belegt
A) 20 mM Zitronensäurepuffer pH 2.5 mit 2 % (w/v) Carboxymethyl-β-CD, E=520 V/cm, T=30°C, Detektion bei 214 nm, Kathode an der Injektionsseite
B) 100 mM TRIS/ 100 mM Borsäure pH 8.3 mit 0.5 % (w/v) Methyl-β-CD, E=1070 V/cm, T=20°C, Detektion bei 214 nm, Anode an der Injektionsseite

Als einschränkendes Kriterium ist der rein analytische Charakter dieser Methode zu nennen, da präparatives Arbeiten mit vielen Problemen behaftet ist, die auf einem geringen Massendurchsatz beruhen.

5.10. Besonderheiten cyclodextrinhaltiger Puffer

Neben den oben beschriebenen Parametern zur Optimierung von Enantiomerentrennungen sind bei dem Umgang mit cyclodextrinhaltigen Puffern einige Gesichtspunkte zu beachten, die die Leistungsfähigkeit dieses Trennsystems beeinträchtigen können. Da Cyclodextrine für viele Mikroorganismen eine attraktive Nahrungsquelle darstellen, werden cyclodextrinhaltige Puffer ohne vorherige Vorsichtsmaßnahmen schnell bakteriell zersetzt. Daher ist es notwendig, diese Puffer kühl aufzubewahren oder eventuell angesetzte Standardlösungen sogar einzufrieren und nach Bedarf aufzutauen. In Abbildung 5-30 ist der Einfluß der Pufferlagerung auf die Trennleistung dargestellt. Puffer A wurde über 3 Monate im Kühlschrank aufbewahrt während der gleiche Puffer im Fall B frisch angesetzt wurde. Es ist deutlich zu erkennen, daß längere Lagerung von bereits angesetzten Puffern zu einer

Zersetzung führt. Da im Fall A eine niedrigere CD-Konzentration zu ähnlichen Selektivitäten führt wie nach einer längeren Lagerung, ist anzunehmen, daß sich nun effektiv weniger an dem ursprünglich vorhandenen Cyclodextrin in der Pufferlösung befindet.

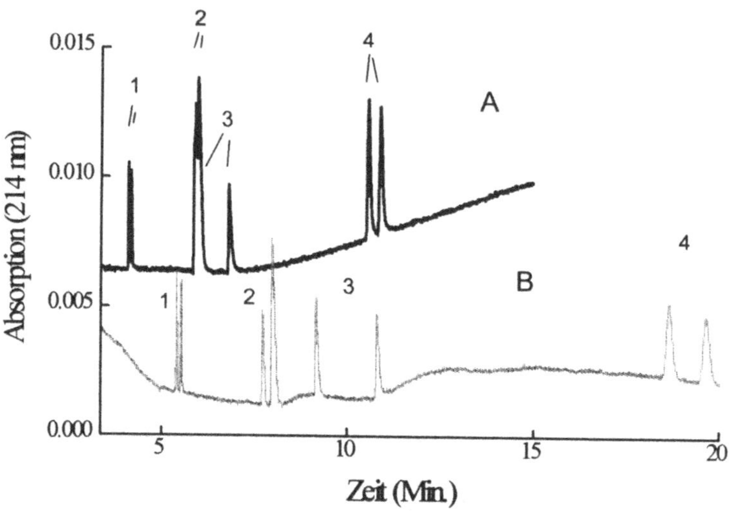

Abb. 5-30: Einfluß der Pufferlagerung auf die Selektivität von Carboxymethyl-β-CD. Trennbedingungen: L=30/37 cm, E=400 V/cm, 75 μm Id. belegte Kapillare (4%T LPA), Probe: Doxylamin (1), Ephedrin (2), Dimethinden (3), Propranolol (4)
A) 20 mM Zitronensäurepuffer pH 2.5 (kommerzieller Puffer), 2 % (w/v) Carboxymethyl-β-CD, bei 4°C über 3 Monate im Kühlschrank gelagert
B) Puffer wie in A (frisch angesetzter kommerzieller Zitronensäurepuffer)

Aus Abbildung 5-30 ist auch ersichtlich, daß die kommerziellen Puffer eine unreproduzierbare Basislinie verursachten. Dies konnte vor allem bei denjenigen Puffern beobachtet werden, die von Natur aus ebenfalls keine Langzeitstabilität gegen Mikroorganismen zeigten wie etwa Zitronensäurepuffer.

In Abbildung 5-31 ist der Vergleich eines kommerziellen mit einem selbst angesetzten Zitronensäurepuffer gezeigt. In beiden Puffern wurde die gleiche CD-Konzentration eingesetzt und auch der pH-Wert und die Zitronensäurekonzentration waren identisch. Der kommerzielle Puffer führte zudem zu einer stark schwankenden Basislinie und zu einer stark veränderten Selektivität im Vergleich zum frisch hergestellten Puffer. Beim Austausch des kommerziellen Puffers mit dem selbst hergestellten sank das Detektorsignal um 0,05 Absorptionseinheiten, was auf UV-aktive Substanzen im kommerziellen Puffer hinweist. Auch der aufgezeichnete Strom während der Analyse war beim kommerziellen Puffer doppelt so hoch wie beim frischen Puffer. Dies ist auch ein Indiz auf ionische Additive, bei denen es sich nur um Konservierungsstoffe handeln kann, da diese Puffer auch bei längerem Stehen bei Raumtemperatur keinen bakteriellen Befall zeigten.

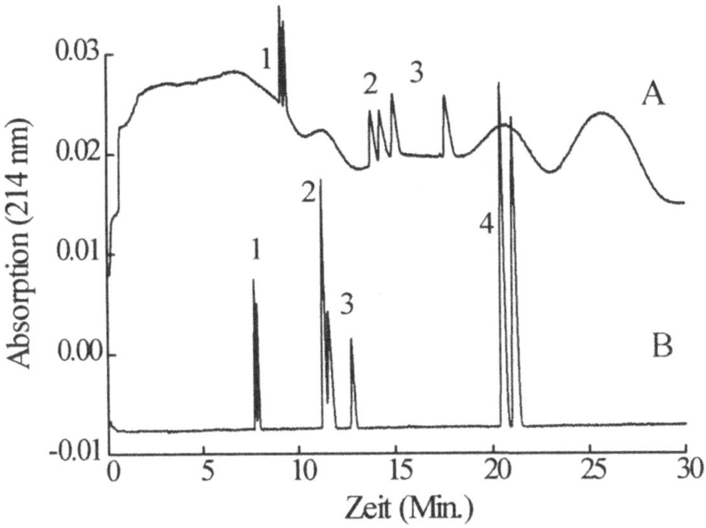

Abb. 5-31: Vergleich eines kommerziellen Puffers mit einem frisch angesetzten Puffer. Trennbedingungen: L=30/37 cm 75 µm Id., belegt mit 4 % T LPA, Puffer enthalten beide 1 % (w/v) Carboxymethyl-β-CD, Probe: Doxylamin (1), Ephedrin (2), Dimethinden (3), Propranolol (4). A) 20 mM Zitronensäurepuffer pH 2.5 (kommerzieller Puffer mit Konservierungsmittel), Strom: 130 µ-Ampère B) 20 mM Zitronensäurepuffer pH 2-5 (frisch hergestellter Puffer), Strom: 75 µ-Ampère, 0.05 Absorptionseinheiten geringeres Detektorsignal (bei 214 nm)

Dies zeigt, daß die Verwendung mancher käuflichen Puffer vor deren Einsatz auf Konservierungsstoffe untersucht werden sollte, um die Ursache eventueller Störungen auf Selektivität und Nachweisempfindlichkeit zu erkennen. Durch den Einsatz unspezifisch derivatisierter Cyclodextrine kann die Leistungsfähigkeit des chiralen Selektors auch zwischen verschiedenen Chargen unterschiedlich ausfallen und/oder von dem Derivatisierungsgrad des Cyclodextrins abhängig sein. Dies kann vor allem dann auftreten, wenn neben der Reaktionsdurchführung (One-Pot-Reaction) auch noch die Synthesebedingungen zwischen verschiedenen Chargen nicht einheitlich waren und als Reaktionsprodukte gemischte Derivatisierungsgrade entstehen. Aus diesen Gründen wurden verschiedene Chargen und Derivatisierungsgrade des Hydroxypropyl-β-CD bei niedrigen und hohen Konzentrationen zur Trennung von

Dansyl-D,L-Phenylalanin eingesetzt. Da sich in diesem Fall der Trennmechanismus mit der CD-Konzentration ändert, sollte gerade an diesem Beispiel die auffälligsten Änderungen zu sehen sein. In Abbildung 5-32 ist die Trennung bei niedrigen Selektorkonzentrationen gezeigt. Bei diesen Konzentrationen ist zwischen den verschiedenen Chargen und Derivatisierungsgraden kein Unterschied zu erkennen.

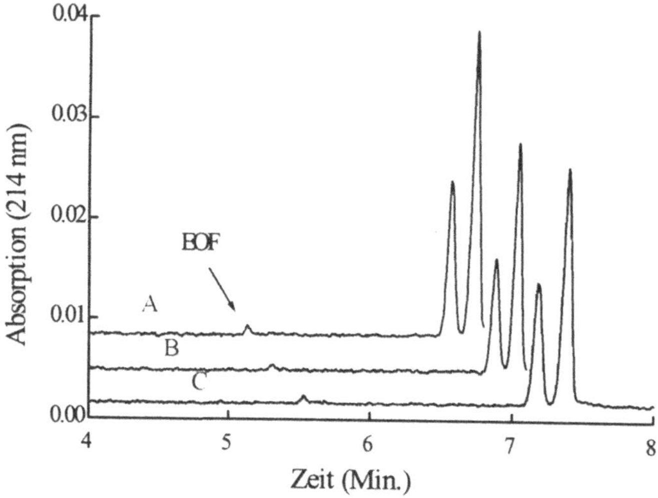

Abb. 5-32: Vergleich zweier Chargen und zweier Derivatisierungsgrade von Hydroxypropyl-β-CD bei niedrigen Konzentrationen im Puffer. Trennbedingungen: L=50/57 cm, 75µm Id., 350 V/cm, T=20°C, 100 mM TRIS/100 mM Borsäure pH 8.3
A) Alte Charge (Wacker Chemie), 0.34 % (w/v) Hydroxypropyl-β-CD (Dg. 0.9)
B) Neue Charge (Wacker Chemie), 0.33 % (w/v) Hydroxypropyl-β-CD (Dg. 0.6)
C) Neue Charge (Wacker Chemie), 0.37 % (w/v) Hydroxypropyl-β-CD (Dg. 0.9)

Anders ist dies im hohen Konzentrationsbereich der Trennung. Während bei niedrigen Konzentrationen der L-Analyt zuerst detektiert wurde, ist wie bereits in Kapitel 4 gezeigt, auch hier in allen Fällen die Migrationsreihenfolge umgekehrt (Abbildung 5-33). Jedoch sind eindeutige Unterschiede vor allem zwischen den verschiedenen Derivatisierungsgraden festzustellen. Während hier zwischen den Chargen schon kleine Änderungen in der Trennleistung festzustellen sind, ist die Trennleistung des Cyclodextrins mit dem geringeren Derivatisierungsgrads wesentlich höher. Bei der Verwendung unspezifisch derivatisierter Cyclodextrine für die Routineanalytik ist es deshalb zu empfehlen, eine größere Menge derselben Charge für den Dauerbetrieb einzusetzen und bei Chargenwechsel die Trennleistung noch einmal zu überprüfen. Da die Trennung bei hohnen CD-Konzentrationen auf unterschiedlichen Diastereomeren Komplexen beruht, ist es nicht verwunderlich, daß der Derivatisierungsgrad die Druchdringung und somit die Ladungsdichte stark beeinflußt.

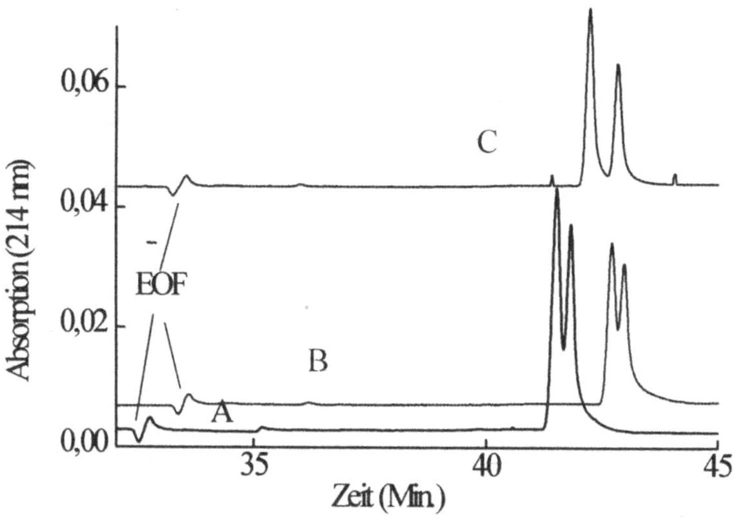

Abb. 5-33: Vergleich zweier Chargen und zweier Derivatisierungsgrade von Hydroxypropyl-β-CD bei hohen Konzentrationen im Puffer. Trennbedingungen: L=90/97 cm, 75µm Id., 260 V/cm, T=20°C, 100 mM TRIS/100 mM Borsäure pH 8.3
A) Alte Charge (Wacker Chemie), 15 % (w/v) Hydroxypropyl-β-CD (Dg. 0.9)
B) Neue Charge (Wacker Chemie), 15 % (w/v) Hydroxypropyl-β-CD (Dg. 0.9)
C) Neue Charge (Wacker Chemie), 15 % (w/v) Hydroxypropyl-β-CD (Dg. 0.6)

5.11. Detektionswellenlänge

Die Ausbildung unterschiedlich starker Komplexe von D- bzw. L-Analyt zum Cyclodextrin führt zu einer Veränderung der Extinktionskoeffizienten und somit der Absorptionsspektren der Analyten[24]. Dies ist vor allem bei der quantitativen Analyse zu berücksichtigen, da ein racemisches Gemisch auch nach Migrationszeitkorrektur der Peakflächen keine 1/1-Verhältnisse liefert. Das quantitative Arbeiten ist allerdings immer noch möglich indem man für jedes Enantiomer eine Eichkurve aufnimmt oder wenn man die prozentuale Veränderung des Extinktionskoeffizienten nach CD-Zusatz berücksichtigt[119].

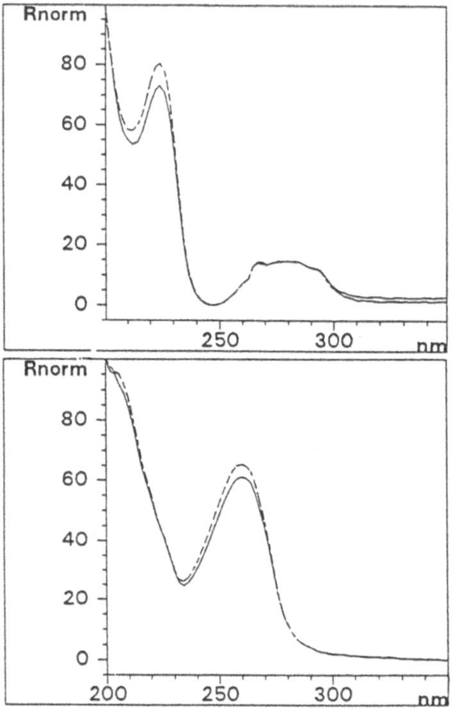

Abb. 5-34: Änderung der Absorptionsspektren durch Host-Guest-Wechselwirkungen mit Cyclodextrinen

Wie hier am Beispiel Tryptophan und Dimethinden zu erkennen ist, treten die größten Unterschiede beim Tryptophan zwischen 230 und 210 nm auf und beim Dimethinden zwischen 235 und 275 nm. Die Detektion kann in den meißten Fällen auch bei einer Wellenlänge erfolgen, bei der keine Veränderung der Extinktionskoeffizienten zu beobachten ist. Die empfindlichste UV-Detektion findet in der CE meistens bei sehr niedrigen Wellenlängen statt, da dort die Extinktionskoeffizienten vieler Substanzen sehr hoch sind. Muß bei diesen Wellenlängen detektiert werden und weichen die Spektren der Enantiomere stark voneinander ab, so kann die Methode der prozentualen Veränderung der Spektren angewendet werden oder es müssen getrennte Eichkurven für beide Enantiomere aufgenommen werden.

6. Einsatz derivatisierter Cyclodextrine als chirale Selektoren in der CE

Als eines der Hauptthemen dieser Arbeit ist die Suche nach neuen chiralen Selektoren für die Kapillarelektrophorese zu nennen. Da in diesem Bereich die Cyclodextrine sehr vielversprechende Ansätze zeigten, erstreckte sich die Suche überwiegend auf neue Cyclodextrinpräparate sowie der Ausarbeitung neuer Trenntechniken mit diesen Cyclodextrinderivaten.

Cyclodextrintyp (CD)	Derivatisierungsgrad (Moleküle pro CD-Ring)	Molekular-gewicht (g/mol)	Summen-formel
Reguläre Cyclodextrine			
α-CD	-	973	$C_{36}H_{60}O_{30}$
β-CD	-	1 135	$C_{42}H_{70}O_{35}$
γ-CD	-	1 297	$C_{48}H_{80}O_{40}$
Derivatisierte neutrale Cyclodextrine			
Hydroxypropyl α-CD	3.6	~1 182	$C_{47}H_{81}O_{34}$
Hydroxypropyl β-CD	6.3	~1 500	$C_{61}H_{108}O_{41}$
Hydroxypropyl γ-CD	4.8	~1 576	$C_{62}H_{109}O_{45}$
Methyl β-CD	12.6	~1 311	$C_{55}H_{95}O_{35}$
Heptakis (di-O-methyl) β-CD	14	1 331	$C_{56}H_{98}O_{35}$
Heptakis (tri-O-methyl) β-CD	21	1 429	$C_{63}H_{112}O_{35}$
Derivatisierte ionisierbare Cyclodextrine			
Carboxymethyl β-CD	3.6	~1 340	$C_{49}H_{77}O_{42}$
Carboxyethyl β-CD	~6	~1 570	$C_{60}H_{94}O_{47}$
Succinyl β-CD	3.5	~1 490	$C_{56}H_{84}O_{46}$
Carboxymethyl β-CD-Polymer		~8 700	
β-CD Phosphat	6-10	~1 943	$C_{42}H_{62}O_{59}P_8Na_8$
Sulfobutylether β-CD	4	~1 730	$C_{58}H_{98}O_{47}S_4Na_4$
Carboxymethylethyl β-CD	-	-	
6A-Methylamino β-CD	1	1 165	$C_{43}H_{73}O_{35}N$
6A, 6D-Dimethylamino β-CD	2	1 195	$C_{44}H_{76}O_{35}N_2$
2-O-carboxymethyl β-CD	1	1 193	$C_{43}H_{72}O_{37}$
6[(3-aminoethyl) amino]-6-deoxy β-CD	-	-	

Tab. 6-1: Übersicht der bisher in der CE verwendeten Cyclodextrine. Die Anwendung der unterlegten Cyclodextrinderivate sind in dieser Arbeit neu beschrieben.

Wie die Einteilung in Tabelle 6-1 bereits verdeutlicht, bestehen starke Unterschiede bei der Verwendung von underivatisierten zu derivatisierten Cyclodextrinen und unter diesen wieder zwischen ionisierbaren zu neutralen Cyclodextrinen. Da es sich hier überwiegend um derivatisierte Cyclodextrine handelt, werden in den folgenden Kapiteln ionisierbare und neutrale Cylodextrine getrennt besprochen. Dabei sind die hier aufgezeigten Abhängigkeiten zwischen Cylcodextrin und dem Analyt nicht allgemein anwendbar, sondern sind immer im Zusammenhang mit dem jeweiligen Trennproblem zu sehen.

6.1. Verwendung von nichtionischen Cylodextrinen

Der Begriff "nichtionisch" bezieht sich auf Cyclodextrine, die in den in der CE üblichen pH Bereichen nicht ionisiert vorliegen. Bei extremen pH-Werten unterhalb von zwei sowie oberhalb von elf ist diese Aussage jedoch nicht mehr gültig. Das Arbeiten bei diesen "extremen" pH-Werten zusammen mit Cyclodextrinen macht zudem keinen Sinn mehr, da sich viele Enantiomere zersetzen und sich auch die Cyclodextrine verändern. Cyclodextrine sind Vollacetale, die bei sehr sauren Bedingungen unter Ringöffnung der Zuckeinheit die gewünschten Eigenschaften zur Inklusion verlieren. Bei sehr hohen pH-Werten erfolgt eine Deprotonierung der Hydroxylgruppen, wodurch das CD ebenfalls in den geladenen Zustand gebracht werden kann. Dieser Einsatzbereich der Cyclodextrine ist in dieser Arbeit nicht untersucht worden.

6.1.1. α-Cyclodextrin und Hydroxypropyl α-Cyclodextrin

α-Cyclodextrin als das kleinste der CDs besitzt somit auch den kleinsten Innendurchmesser der Cavität, die für die Ausbildung eines "Gast-Wirt"-Komplexes (Host-Guest-Komplex) verantwortlich ist. Folglich können nur relativ kleine cyclische Analyten aufgrund ihrer Hydrophobie in das Innere des Cyclodextrins eindringen. Umso erstaunlicher ist die Tatsache, daß auch Enantiomere mit bicyclischen Systemen mit diesen Cyclodextrinen aufgetrennt werden können. In Abbildung 6-1A ist eine Trennung von Ephedrin, Propranolol, Trytophan und Phenylalanin mit α-Cyclodextrin gezeigt. Während Ephedrin und Propranolol nicht aufgetrennt werden können, ist für underivatisiertes Phenylalanin und Tryptophan eine gute Selektivität zu beobachten. Für das Propranolol wurde die Auftrennung wegen der großen Ringgröße nicht erwartet, daher ist es umso erstaunlicher, daß für Tryptophan eine sehr hohe Selektivität erhalten wurde. Die Derivatisierung eines Cyclodextrinringes und die damit verbundene Einführung neuer funktioneller Gruppen bewirkt nicht nur eine Veränderung der Stabilitätsmerkmale eines "Host-Guest"-Komplexes sondern verändert auch die räumlichen Charakteristika des Cyclodextrinringes[120]. Wie in

Abbildung 6-1 B für das Hydroxypropyl α-Cyclodextrin dargestellt, bestehen im Vergleich mit dem underivatisiertem CD schon sehr beträchtliche Unterschiede. Während sich die Auflösung für das Tryptophan nicht ändert, ist für das Phenylalanin bereits ein Rückgang derselben festzustellen und es konnte keine Basislinientrennung mehr erzielt werden (durch Einzelinjektion des Phenylalanins untersucht).

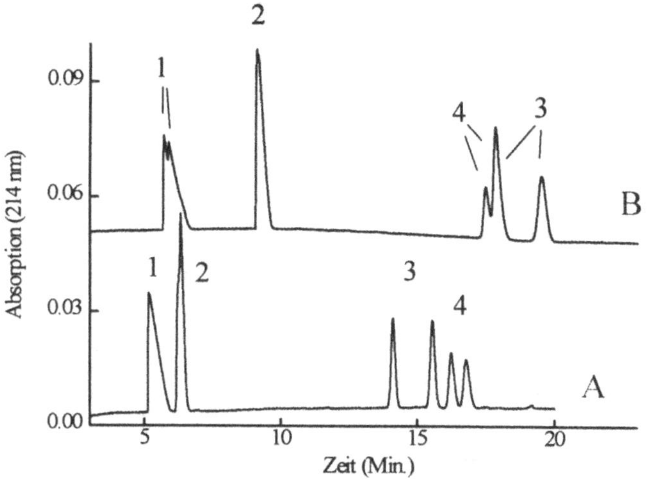

Abb. 6-1: Vergleich zwischen α- und Hydroxypropyl α-CD. Trennbedingungen: L=20/27 cm 75 µm Id. mit 4 % T LPA belegt, E=370 V/cm, 20 mM Zitronensäurepuffer pH 2.5, 20 °C, Proben: Racemate von Ephedrin (1), Propranolol (2), Tryptophan (3), Phenylalanin (4): A) α-CD, B) Hydroxypropyl α-CD

Erstaunlich ist auch die hinzukommende Selektivität für das Ephedrin. Durch die Einführung von Hydroxypropylgruppen an den Cyclodextrinring ist eine Verengung des freien Durchgangs für die Analyten in das Innere des Cyclodextrins zu erwarten und somit eine generelle Verschlechterung der Auflösung. Dies ist allerdings durch die Annahme begründet, daß zu einer Enantiomerentrennung mit Cyclodextrinen generell ein Host-Guest-Komplex vorliegen muß. Die Auftragungen in Abbildung 6-2 und 6-3 deuten auf zwei verschiedene Trennmechanismen für des Tryptophan und das Phenylalanin hin. Obwohl für beide Substanzen eine stärkere Abhängigkeit der Migrationszeit für das Hydroxypropyl-CD gefunden wird, kehren sich die Migrationsreihenfolgen bereits bei niedrigeren Hydroxypropyl-CD Konzentrationen um. Dies bedeutet, daß das Tryptophan stärker mit dem derivatisierten CD in Wechselwirkung treten kann als das Phenylalanin es im gleichen Maße tun kann. Eine mögliche Erklärung wäre hier ein Trennmechanismus, der beim Tryptophan weniger auf einer Host-Guest Komplexierung beruht sondern nur auf den Wechselwirkungen mit den chiralen Hydroxylgruppen am Rande des CD.

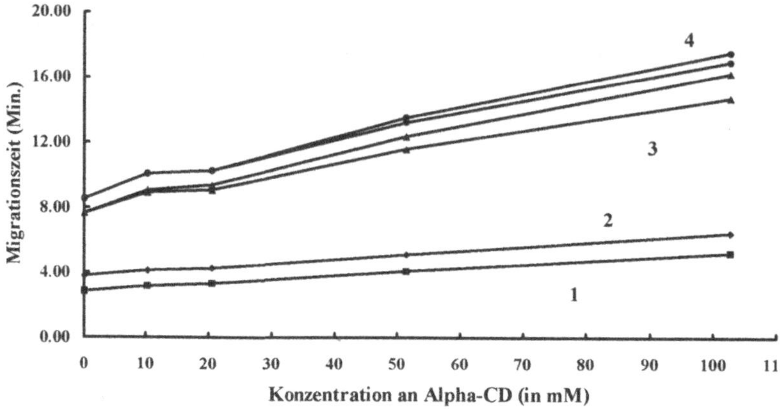

Abb. 6-2: Abhängigkeit der Migrationszeit von Ephedrin (1), Propranolol (2), Tryptophan (3), Phenylalanin (4) von der α-CD Konzentration. Trennbedingungen wie in Abb.6-1

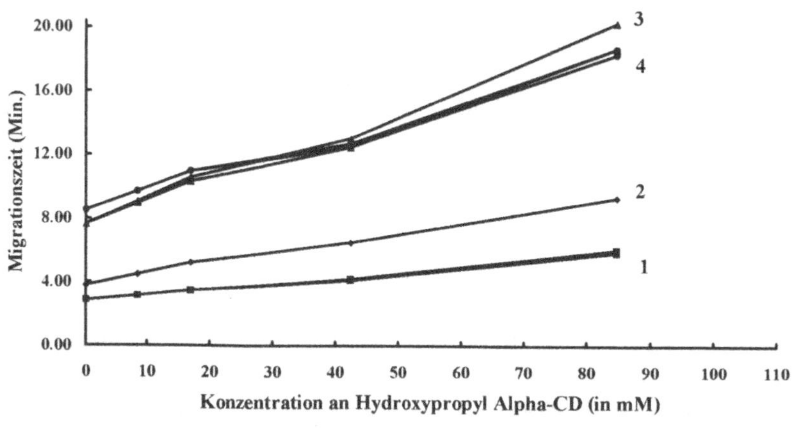

Abb. 6-3: Abhängigkeit der Migrationszeit von Ephedrin (1), Propranolol (2), Tryptophan (3), Phenylalanin (4) von der Hydroxypropyl α-CD Konzentration. Trennbedingungen wie in Abb.6-1

Dies könnte auch die viel stärkere Affinintät zum Hydroxypropyl-CD erkären, da durch die Hydroxylgruppen zusätzlich noch Bindungsstellen vorhanden sind. Beim

Phenylalanin nimmt die Auflösung ab, da hier hier anzunehmen ist, daß der Zugang zum Inneren des CD durch die Hydroxypropylgruppen erschwert ist.

6.1.2. β-CD, Hydroxypropyl β-CD und Methyl β-CD

In diesem Kapitel werden die Trenneigenschaften von β-CD, Hydroxypropyl β-CD und Methyl β-CD am Beispiel von Hexobarbital und der Maluronsäure qualitativ miteinander verglichen.

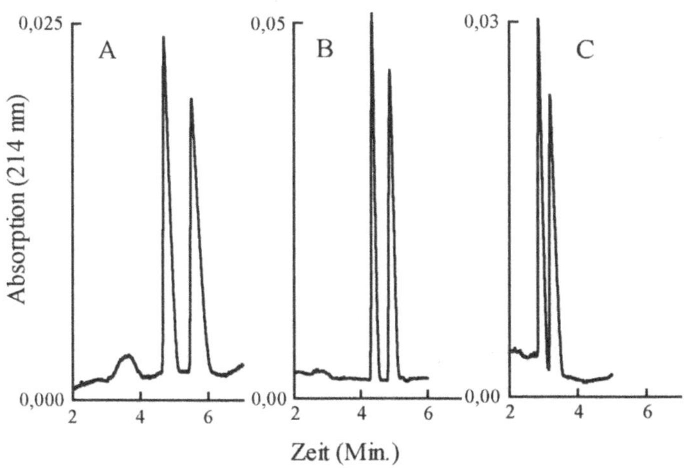

Abb. 6-4: Vergleich der Trennleistung von β-, Methyl-β-, und Hydroxypropyl-β-CD. Trennbedingungen: L=20/27 cm, 75µm Id. belegte Kapillare (4 %T LPA), E=740 V/cm, 100 mM TRIS/ 100 mM Borsäure pH 8.3, Detektion bei 214 nm auf der Anodenseite: A) 1 % (w/v) Hydroxypropyl-β-CD, B) 1,3 % (w/v) β-CD, C) 0,5 % (w/v) Methyl-β-CD

Wie in Abbildung 6-4 gezeigt, besitzen diese drei Cyclodextrine eine sehr hohe Selektivität für Hexobarbital und ermöglichen damit einen Vergleich untereinander. Die Trennungen in Abbildung 6-4 sind bereits das Resultat optimierter Versuche, die von einer unbehandelten Kapillare auf eine EOF unterdrückte beschichtete Kapillare übertragen wurden. Somit ist diese Abbildung als Weiterführung der Optimierung vom Abbildung 5-8 zu sehen. Alle Trennungen sind in weniger als 6 Minuten beendet mit einer Auflösung von über 1,5. Die verschiedenen eingesetzten Konzentrationen sind das Resultat unterschiedlicher Affinintäten des Analyten zu den Cyclodextrinen und den dabei beobachtbaren unterschiedlichen Auflösungen. In Abbildung 6-5 ist die relative Migration von Hexobarbital und Malonursäure für diese drei Cyclodextrine mit steigender CD-Konzentration aufgetragen. Daraus ergibt sich, daß Hexobarbital die größten Affinintäten zum β-CD und zum Methyl-β-CD besitzt, die durch die größte Abnahme der relativen Migration zum EOF gekennzeichnet ist. Bei der Malonursäure zeigt ebenfalls das β-CD die größten Wechselwirkungen zum Analyten. An zweiter Stelle steht das Methyl-β-CD. Hydroxypropyl-β-CD weist zu beiden Enantiomeren die geringsten Affinitäten auf. Wegen seiner geringen Löslichkeit kann das β-CD nur bis etwa 15 mM eingesetzt werden. Diesbezüglich bieten die beiden anderen Cyclodextrine wesentliche Vorteile, da hier Konzentrationen über 100 mM möglich sind.

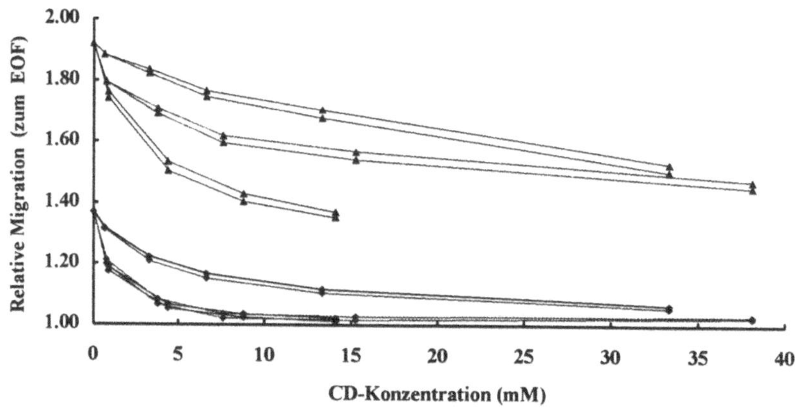

Abb. 6-5: Abhängigkeit der relativen Migration von Hexobarbital (Rauten) und dessen Hydrolyseprodukt vom Cyclodextrintyp und dessen Konzentration. Trennbedingungen: L=60/67 cm, 75µm Id., angelegte Spannung: 25 kV, T=25°C, Detektion bei 214 nm, 100 mM TRIS/Borsäure pH 8.2, verschiedene Konzentrationen der Cyclodextrine: Von oben nach unten: HP-β-CD, Me-β-CD, β-CD / Hp-β-CD, Me-β-CD, β-CD

Aus diesen Ergebnissen läßt sich jedoch kein direkter Zusammenhang zwischen Affinität und Auflösung ableiten. Wie in den nächsten drei Auftragungen in Abbildung 6-6 zu erkennen ist, liegen für die beiden Enantiomere die Maxima der Auflösung bei verschiedenen Konzentrationen der chiralen Selektoren. Hierbei finden sich für Malonursäure Auflösungsmaxima von R=2,9 (~10 mM β-CD), R=2,5 (~25 mM Methyl-β-CD) und R≥4 (≥30 mM Hydroxypropyl-β-CD). Beim Hexobarbital ergeben sich: R=1.9 (~10 mM β-CD), R=2.1 (~7 mM Methyl-β-CD) und R= 1,4 (~15 mM Hydroxypropy-β-CD).

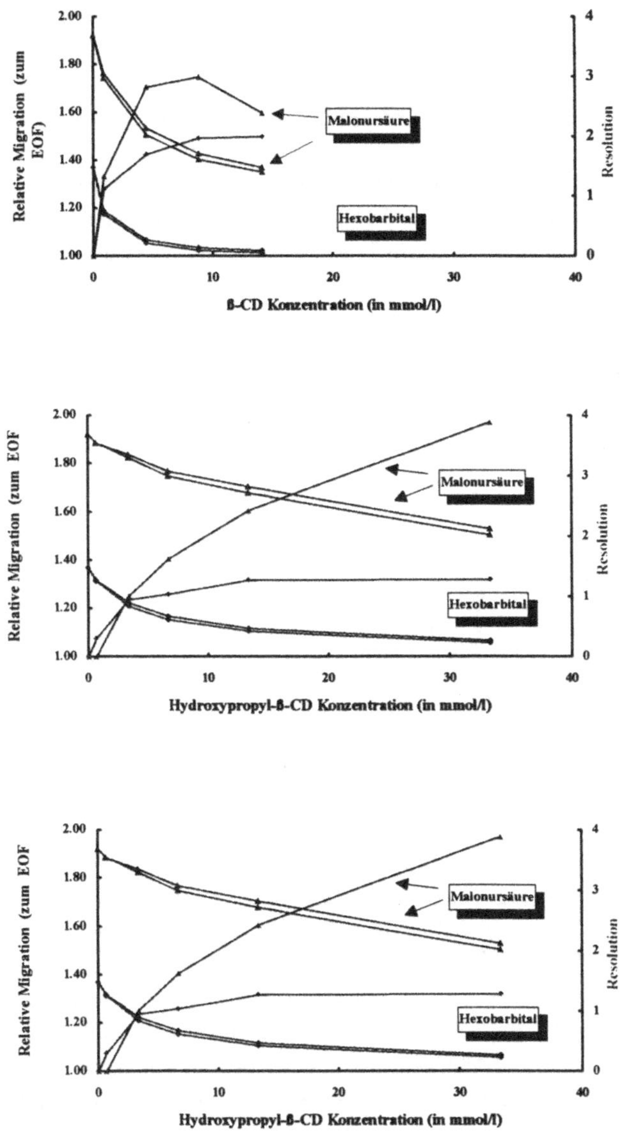

Abb. 6-6: Relative Migration und Auflösung von Hexobarbital (Rauten) und dessen Hydrolyseprodukt (Dreiecke) unter Verwendung unterschiedlicher β-Cyclodextrine. Trennbedingungen wie in Abbildung 6-5.

Diese Ergebnisse verdeutlichen noch einmal, daß für jeden Analyten das Auflösungsmaximum bei verschiedenen Konzentrationen der Cyclodextrine liegt. Desweiteren wurde auch der Einfluß von Methanol auf die Trennung untersucht. Hierbei wurde bei gleichen CD-Konzentrationen gemessen und nur der Prozentuale Anteil (v/v) an Methanol geändert. In Abbildung 6-7 ist die Wirkung dieses organischen Pufferzusatzes representativ am Beispiel der Trennung mit β-CD und Methanol gezeigt. Methanolzusätze im Puffer erniedrigen sehr stark die Mobilität des EOF, so daß sich bei anionischen Analyten die Analysenzeiten stark erhöhen.

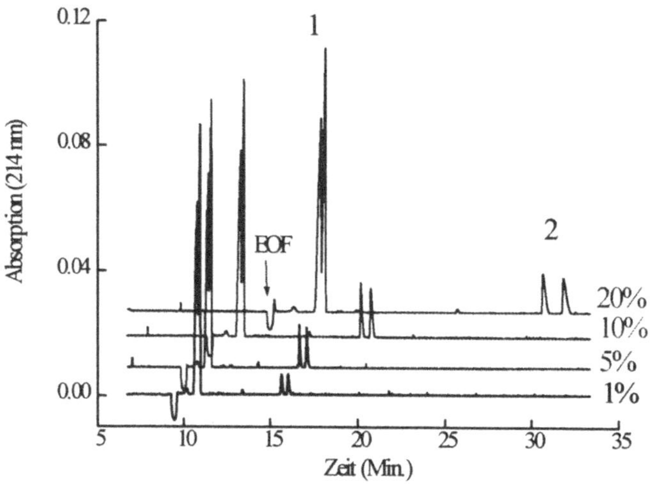

Abb. 6-7: Einfluß des Methanolgehalts im Puffer am Beispiel der Trennung von Hexobarbital mit β-CD. Trennbedingungen: L=60/67 cm, E=370 V/cm, Puffer: 100 mM TRIS/ 100 mM Borsäure pH 8.3 mit 6.7 mmol des CD, Probe: Hexobarbital (1), Malonursäure (2).

Auch bei kationischen Analyten erhöht sich die Analysenzeit, allerdings im geringeren Ausmaß. Trägt man die relative Migration von Hexobarbital gegen den Methanolgehalt auf, so erhält man außer beim β-CD einen stetigen Anstieg. Dies bedeutet, daß die Mobilität des Analyten weniger stark durch den Methanolgehalt herabgesetzt wird als der EOF. Dies kann durch eine Gleichgewichtverschiebung des Host-Guest-Komplexes hervorgerufen werden, die eine längere Aufenthaltszeit des Anaylten mit freier Mobilität außerhalb des Cyclodextrin liefert. Auffällig ist hier das Verhalten beim β-CD, wo ein Minimum in der relativen Migration zu beobachten ist. Dies bedeutet, daß das Hexobarbital zuerst näher zum EOF hin detektiert wird und sich ab 10 % wieder weiter von diesem entfernt. Da die Methanolabhängigkeit des EOF bei allen drei Cyclodextrinen gleich ist, kann dieses Minimum bei der Quotientenbildung nur aus einer starken Verlangsamung der Analytmobilität stammen. Dies weist darauf hin, daß beim Hexobarbital mit geringem Zusatz an Methanol ein stärkerer Host-Guest-Komplex ausgebildet wird.

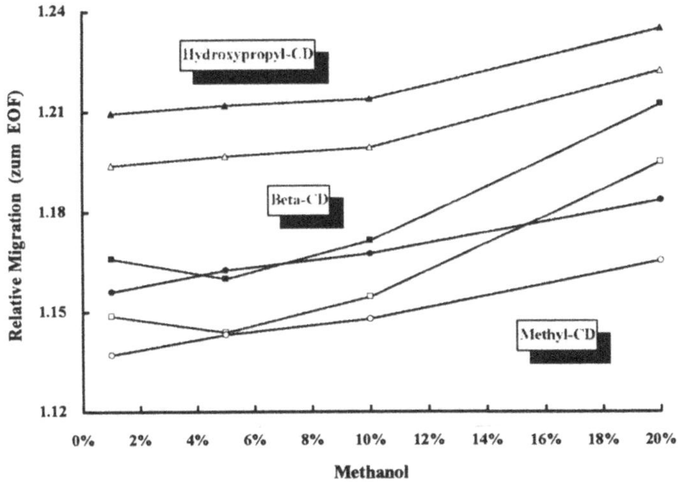

Abb. 6-8: Abhängigkeit der relativen Migration (zum EOF) vom Methanolgehalt bei der Trennung von Hexobarbital mit verschiedenen Cyclodextrinen. Trennbedingungen: L=60/67 cm, E=370 V/cm, Puffer: 100 mM TRIS/ 100 mM Borsäure pH 8.3 mit 6.7 mmol der Cyclodextrine

6.1.3 γ-CD und Hydroxypropyl γ-CD

γ-Cyclodextrine werden von den hier besprochenen Cyclodextrinen nicht sehr oft eingesetzt. Dies liegt weniger an den Kosten für diesen chiralen Selektoren sondern eher daran, daß für diese Substanzen ein breites Anwendungsspektrum noch nicht gefunden worden ist. γ-Cyclodextrine stellen die größten Cyclodextrine mit der größten Cavität dar und bilden nur mit wenigen Analyten starke Komplexe aus. Die hier vorgestellten Trennungen und Optimierungsverfahren stellen somit eine Erweiterung des Anwendungsspektrums für diese Cyclodextrine dar. Im folgenden werden zwei wichtige Applikationen für den Einsatz von γ-Cyclodextrinen besprochen. Zum einen wird die Optimierung des chiralen Selektors für die Trennung einer Dihydropyridincarbonsäure beschrieben, sowie einer Wirksubstanz, die sich im Augenblick noch in der Erprobungsphase befindet. Zum anderen werden einige Trennbeispiele für dansylierten Aminosäuren diskutiert. Es zeigte sich, daß für die Trennung des Dihydropyridinderivats von den beiden γ-Cyclodextrinen nur das Hydroxypropyl γ-CD eingesetzt werden konnte, während dieses wiederum bei der Trennung der dansylierten Aminosäuren keine Trennleistung zeigte.

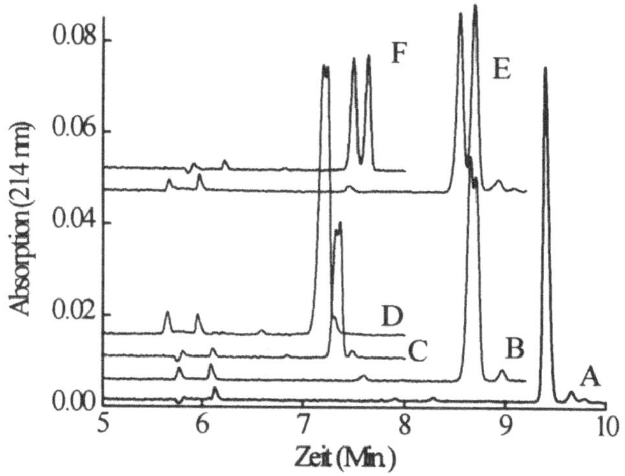

Abb. 6-9: Trennung einer Dihydropyridincarbonsäure mit verschiedenen Cyclodextrinen. Trennbedingungen: L=50/57 cm 75 µm Id., E=350 V/cm, 100 mM TRIS/ 100 mM Borsäure pH 8.3 mit jeweils 1 % (w/v) der Cyclodextrine: A) ohne CD, B) Hydroxypropyl α-CD, C) Hydroxypropyl β-CD , D) Methyl β-CD , E) α-CD, F) Hydroxypropyl γ-CD

In Abbildung 6-9 sind alle chiralen Selektoren aufgeführt, die eine Trennung der Dihydropyridincarbonsäure ermöglichten. Dabei zeigten gerade die kleinsten und die größten Vertreter der Cyclodextrine, das α-CD und das Hydroxypropyl γ-CD die höchsten Trennleistungen für dieses Enantiomer. Das γ-CD zeigte für diese Substanz keine Selektivität. Dies war ein unerwartetes Ergebnis, da Derivatisierungen des Cyclodextrinringes bei diesen makrocyclischen Substanzen viel weniger ins Gewicht fallen sollten. Zudem ist bekannt, daß die Ringgröße beim γ-CD genug Raum für 2 Analytmoleküle bietet. Umgekehrt besitzt das α-CD ähnlich hohe Trennleistung wie das Hydroxypropyl γ-CD. Eine mögliche Erklärung läge im Analytmolekül selbst, weil es zwei Zentren zur Ausbildung von Inkalationskomplexen besitzt. Auch hier stellt sich wieder die Frage, ob es einen Zusammenhang zwischen der Affinität eines Anaylten zum Cyclodextrin und der eventuell beobachteten Auflösung gibt. In Abbildung 6-10 sind deshalb für jedes hier eingesetzte Cyclodextrin die Mobilitätsänderungen des Analyten bezogen auf 1 mM (=Delta Mobilität) des CD dargestellt und mit den beobachteten Auflösungen verglichen. Die Änderung der Mobilität des Analyten (Delta Mobilität) pro zugesetzte Cyclodextrinmenge ist ein Maß für die Stärke der Wechselwirkungen der Moleküle zueinander. Bei Hydroxypropyl γ-CD wird die größte Wechselwirkung und auch die höchste Auflösung beobachtet. Vergleichbare Affinitäts-Werte sind auch beim γ-, Hydroxypropyl β-, und Methyl β-CD vorhanden, jedoch sind die Auflösungen für diese Cyclodextrine sehr gering.

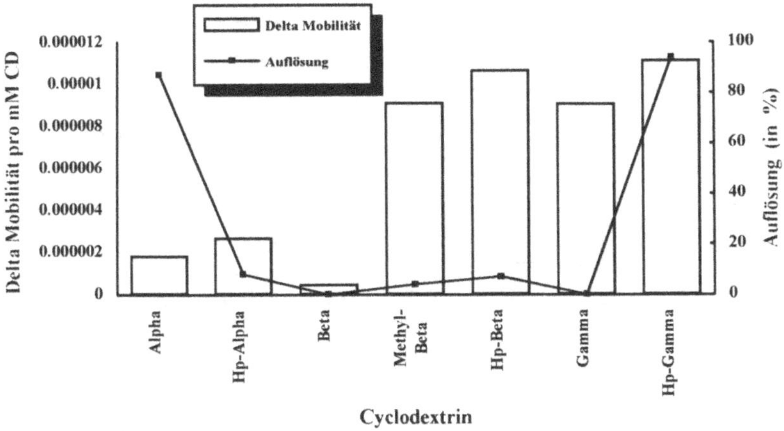

Abb. 6-10: Änderung der Mobilität (pro mM Cyclodextrin) der Dihydropyridin-Carbonsäure bei verschiedenen Cyclodextrinen sowie die beobachtbare Auflösung. Trennbedingungen wie in Abb. 6-9.

Umso erstaunlicher ist das Verhalten beim α-CD, da trotz sehr geringer Affinitäten hohe Auflösungen erhalten werden. Eine direkte Korrelation zwischen Auflösung und Affinitätsstärke ist somit generell nicht möglich. Eine hohe Affinität des Analyten zum Cyclodextrin bedeutet somit noch keine Enantiomerentrennung. Allerdings konnte in dieser Arbeit auch kein Beispiel gefunden werden, in dem ohne starke Abnahme der Mobilität des Analyten eine Auftrennung erfolgt wäre. Jede Mobilitätsabnahme eines Enantiomers nach Zusatz von Cylodextrinen zum Puffer ist somit eine Ausgangsbasis für weitere Optimierungen falls noch keine Auftrennung erreicht worden war.

Zur Untersuchung des Einflusses der Ladung des Analytmoleküls auf dessen Trennung durch Cyclodextrine sind dansylierte Aminosäuren eine geeignete

Probesubstanz. Sie stellen leicht detektierbare zwitterionische Substanzen dar, die je nach pH-Wert eine positive oder negative Gesamtladung aufweisen. Zudem sind solche Aminosäuren durch den aromatischen Charakter der Dansylgruppe gute Zielmoleküle für Cyclodextrine[1]. Für die hier ausgesuchten Aminiosäuren (Valin, Leucin, Isoleucin, Phenylalanin, Methionin, Serin, Threonin: alle im Dreibuchstabencode)) zeigten sich zum Teil sehr starke Abhängigkeiten von der vorgegebenen Molekülladung und dadurch auch von dem pH Wert, der die Analytladung definiert. Der unerwünschte Einfluß des EOF sowie eventuelle Wandadsorptionsphänomene wurden hier durch den Einsatz einer Kapillarbeschichtung (lineares Polyacrylamid) vermieden.

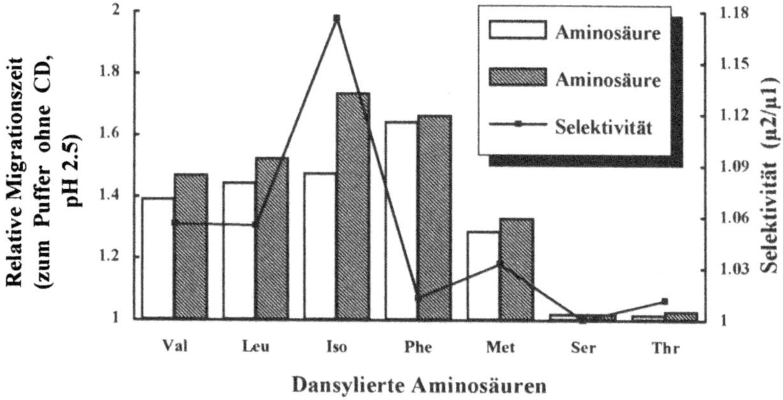

Abb. 6-11: Relative Migration (zur Mobilität in freier Lösung) und Selektivität von einigen Dansyl-D,L-Aminosäureanionen unter Verwendung von γ-CD. Trennbedingungen: L=20/27 cm 75 µm Id. belegt mit 4%T LPA, E=370 V/cm, T=25°C, 20 mM Zitronensäurepuffer pH 2.5 mit 1 % (w/v) γ-CD, Detektion bei 214 nm

In Abbildung 6-11 sind die relative Migration und die erhaltenen Selektivitäten für die verschiedenen Aminosäuren bei pH 2.5 dargestellt. Als relative Migration ist hier auf die Migrationszeit der Aminosäure im cylodextrinfreien Puffer normiert, da kein elektroosmotischer Fluß vorhanden ist. Für die Selektivität wurde der Quotient aus den Mobilitäten der Enantiomerenpaare verwendet. Im sauren Medium ist ein starker Unterschied in der relativen Migrationszeit zwischen den hydrophilen Aminosäuren (Met, Thr, Ser) und den hydrophoben Aminosäuren zu erkennen. Im Neutralen sind diese Unterschiede nicht mehr vorhanden, da hier die derivatisierten Aminosäuren sich bereits als Anionen verhalten. Die relative Migration sowie die Selektivität bei pH 6.0 sind in Abbildung 6-12 dargestellt.

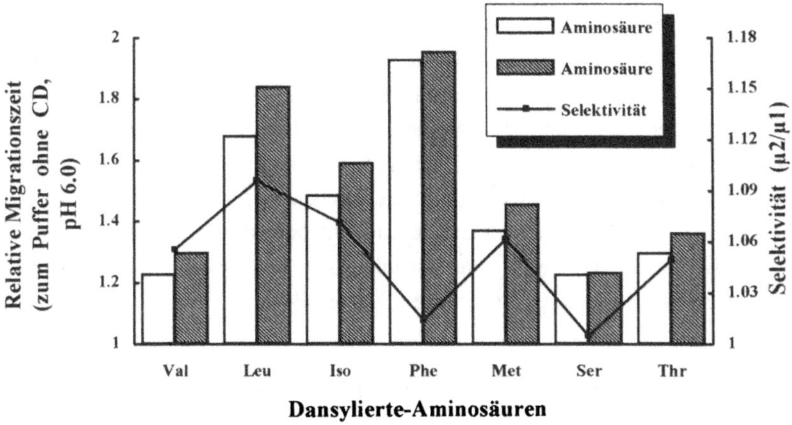

Abb. 6-12: Relative Migration (zur Mobilität in freier Lösung) Selektivität von einigen Dansyl-D,L-Aminosäureanionen unter Verwendung von γ-CD. Trennbedingungen: L=20/27 cm 75 µm Id. belegt mit 4%T LPA, E=370 V/cm, T=25°C, 20 mM Phosphatpuffer pH 6.0 mit 1 % (w/v) γ-CD, Detektion bei 214 nm

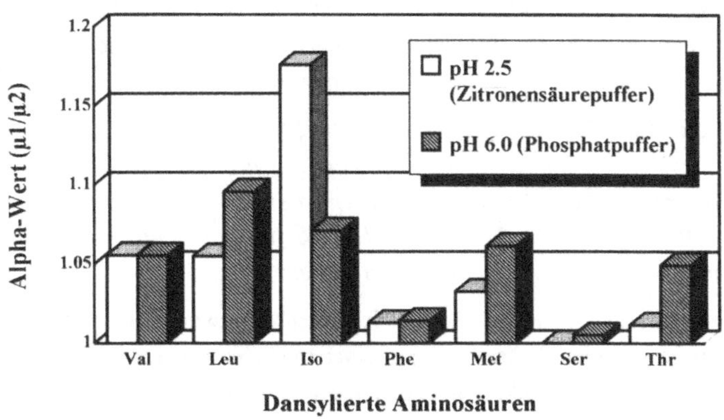

Abb. 6-13: Vergleich der α-Werte einiger Dansyl-D,L-Aminosäuren im Sauren und im Neutralen. Trennbedingungen: L=20/27 cm 75 µm Id. belegt mit 4%T LPA, E=370 V/cm, T=25°C, 20 mM Phosphatpuffer bzw. 20 mM Zitronenesäurepuffer mit je 1 % (w/v) γ-CD, Detektion bei 214 nm

Auch die Verlangsamung der Mobilität ist von Aminosäure zu Aminosäure wie auch für die beiden pH Werte stark unterschiedlich. Dies zeigt, daß trotz der Vereinheitlichung der Moleküle durch die Dansylgruppe, die als einzige die Fähigkeit zur Komplexbildung mit dem CD besitzt, die sterischen Gegebenheiten am chiralen Zentrum sehr stark an der Mobilität beteiligt sind. Dieser Einfluß auf die Mobilität ist überwiegend durch die Komplexstabilitätskonstante des Analyt-CD-Komplexes gegeben, wobei ein stärker komplexiertes Molekül langsamer durch ein elektrophoretisches System wandert. Die Änderungen der Selektivitäten mit dem pH Wert sind noch einmal in Abbildung 6-13 gegenübergestellt. Während beim Übergang von pH 2.5 zu 6.0 für Leucin, Methionin und Threonin die Selektivitäten zunehmen, wird für Isoleucin eine verringerte Trennleistung beobachtet. Bei den restlichen Aminosäuren sind nur geringe Änderungen festzustellen.

6.1.4. Untersuchung der Trenneigenschaften ungeladener Cyclodextrine zu verschiedenen Enantiomeren

In diesem Kapitel sind die Konzentrationsabhängigkeiten der relativen Migration sowie der Mobilitäten von Ibuprofen, Mandelsäure, einer Dihydropyrindincarbonsäure, Ephedrin, Propranolol, Doxylamin und Dimethinden für alle zur Verfügung stehenden neutralen Cyclodextrine zusammengestellt. Hierbei sind α-, Hydroxypropyl α-, β-, Methyl β-, Hydroxypropyl β-, γ- und Hydroxypropyl γ-CD unter Standardbedingungen eingesetzt worden. Diese Standardbedingungen wurden über alle Messungen konstant gehalten und lauten wie folgt:

L= 80/87 cm 75 µm Id. unbelegte Kapillare, E=270 V/cm, T=20°C, Detektion bei 200 nm, 20 mM Natriumhydrogenphosphat-Puffer pH 7.0 mit unterschiedlichen Konzentrationen an Cyclodextrin. Die Konzentration der Cyclodextriene variierte von 0,1 / 0,2 / 0,5 / 1,0 / 2,0 / 5,0 / 10,0 / 18,0 % (w/v und wurde zur Auswertung in millimolare Konzentrationseinheiten umgerechnet.

Bei Konzentrationen oberhalb der Löslichkeitsgrenze wurden keine Meßdaten mehr erfaßt. Dies ist vor allem beim β-CD mit einer Löslichkeit von 1,6 % der Fall. Da bei der Konzentrationsabhängigkeit des Analyten beim β-CD noch kein Plateau erreicht wird, kann bei diesem Cyclodextrin die Mobilität des Analyt-CD-Komplexes nicht bestimmt werden und somit ist die Berechnung von Gleichgewichtskonstanten nicht aussagekräftig.

Aus den Konzentrationsabhängigkeiten sind charakteristische Bindungseigenschaften zwischen Analyt und Cyclodextrin ableitbar. Es treten bei jeder Substanz starke Änderungen der relative Migration mit verschiedenen Cyclodextrinen auf. Die Steigung im Anfangsbereich sowie die Differenz zwischen der Mobilität in freier Lösung zur Mobilität bei hoher CD-Konzentration sind ein Maß für die Affinität des Analyten zum CD. Je nachdem wie stark die Mobilität des Analyten "abgebremst" wird, können unterschiedliche Komplexstabilitätskonstanten errechnet werden. Diese Konstanten können nach Einsetzen der elektrophoretischen Größen mit Gleichung 3.25 aus Kapitel 3.5 bestimmt werden. Anstelle der Mobilitäten sind für diese Gleichungen die relative Migration verwendet worden. Der Einfluß der Viskosität auf die Mobilitäten erlaubt keine Bestimmung der realen Mobilitäten der Analyt-CD-Komplexe. Representativ sind für Propranolol diese Konstanten in Tabelle 6-2 zusammengefaßt. Die hier errechneten Gleichgewichtskonstanten machen deutlich, daß die Kapillarelektrophorese nicht nur eine hervorragende Trennmethode darstellt, sondern auch zur Bestimmung von Konstanten in wässrigen Lösungen eingesetzt werden kann.

CD-Konzentration	Gleichgewichtskonstanten von Propranolol zu verschiedenen Cyclodextrinen (1/mM)					
(mM)	α	α-HP	β-Me	β-HP	γ	γ-HP
0,1	0,026		0,17	0,38	0,097	0,37
0,2		0,055	0,20	0,32	0,074	0,43
0,5		0,091	0,25	0,25	0,056	0,24
1,0	0,027	0,085	0,25	0,21	0,066	0,17
2,0	0,028	0,086		0,37	0,061	0,13

Tab. 6-2: Gleichgewichtskonstanten der verschiedener Enantiomere zu verschiedenen Cyclodextrinen.

Die diesen Gleichgewichtskonstanten zugrunde liegenden Kurvenverläufe sind im folgenden für verschiedene Proben und Cyclodextrine dargestellt. Es ist klar zu erkennen, daß jeder Analyt einen charakteristischen Kurvenverlauf bei einem bestimmten Cyclodextrin aufweist. Aus dieser Tatsache resultieren auch die unterschiedlichen Komplexstabilitätskonstanten. Um möglichst genaue Konstanten bestimmen zu können, sollten viele Meßpunkte im linearen Anfangsbereich der Kurve bei niedrigen CD-Konzentrationen aufgezeichnet werden. Dabei ist darauf zu achten, daß die Kapillare nach Pufferwechsel (zu einer höheren CD-Konzentration) reproduzierbare Ergebnisse liefert, d.h. die Kapillare sich im äquilibrierten Zustand befindet und einen konstanten EOF zeigt.

Die Daten zu Abbildung 6-14 B bis 6-20 sind im Tabellenanhang unter Tab. 10-10 zusammengefaßt.

Desweiteren wurde die Trenneigenschaft des Heptakis-(2,6-di-O-methyl)-β-CD für die Trennung von sechs basischen Enantiomeren ausgelotet. Dieses spezifisch derivatisierte Cylcodextrin wurde bereits zur Trennung von Ephedrin in der Literatur beschrieben. Abbildung 6-14 zeigt, daß auch weitere basische Amine mit diesem chiralen Selektor getrennt werden können. Propranolol sowie Dimethinden werden unter den hier herrschenden Analysenbedingungen nicht aufgetrennt.

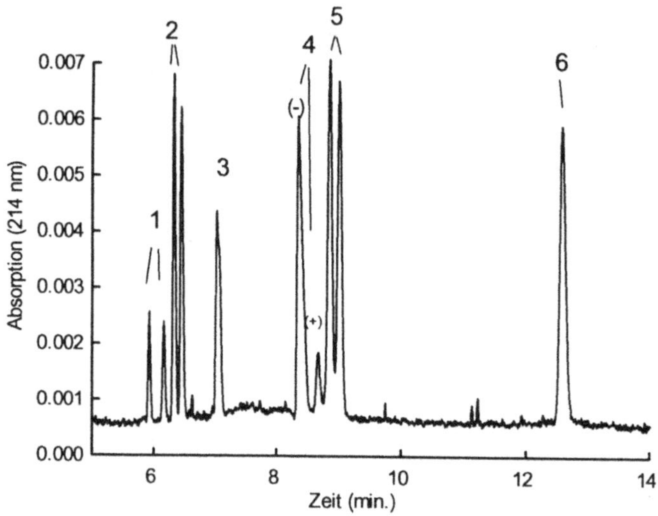

Abb. 6-14: Trennung von basischen Aminen mit Heptakis-(2,6-di-O-methyl)-β-CD. Trennbedingungen: L=20/27 cm, 75 µm Id. belegte Kapillare (4%T LPA), E=370 V/cm, 20 mM Phosphatpuffer pH 2,2 (mit HCl und TRIS eingestellt), 30 mM des Cyclodextrins, Instrument: P/ACE 2000 (Beckman), Proben: Arterenol (1), Doxylamin (2), Dimethinden (3), Ephedrin (4)(mit der (-)-Form aufgestockt), Pindolol (5), Propranolol (6).

Dieses Elektropherogramm wird als Vergleichsbasis für die in Kapitel 6.2 erhaltenen Trennungen mit ionisierbaren Cyclodextrinen herangezogen. Die Nummerierung der Substanzen wird dort zum besseren Vergleich beibehalten.

Abhängigkeit der relativen Migration von Ephedrin vom Cyclodextrintyp (Abb. 6-14 B)

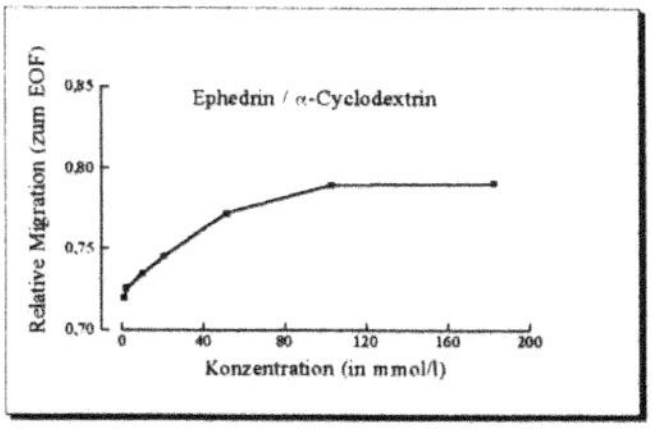

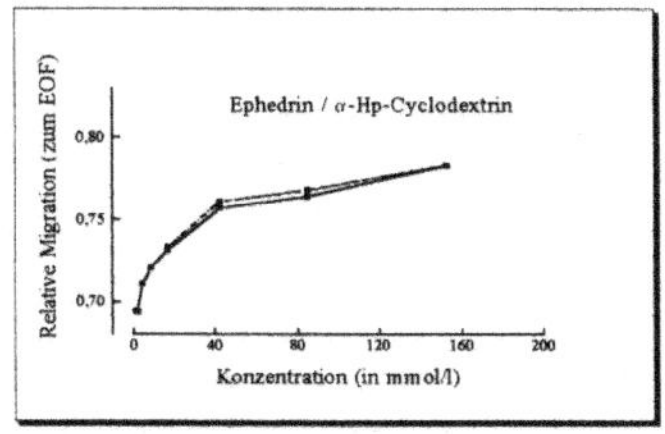

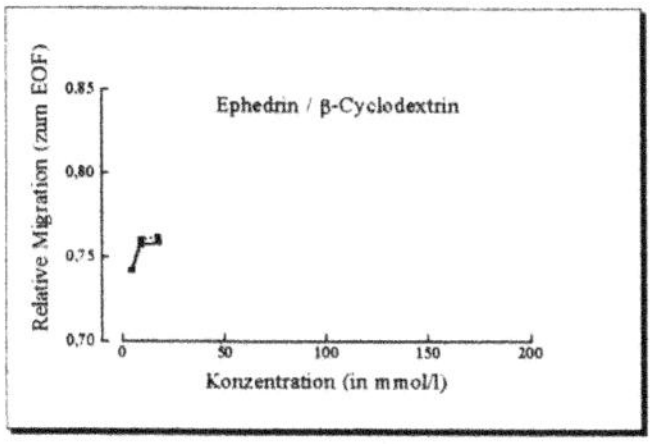

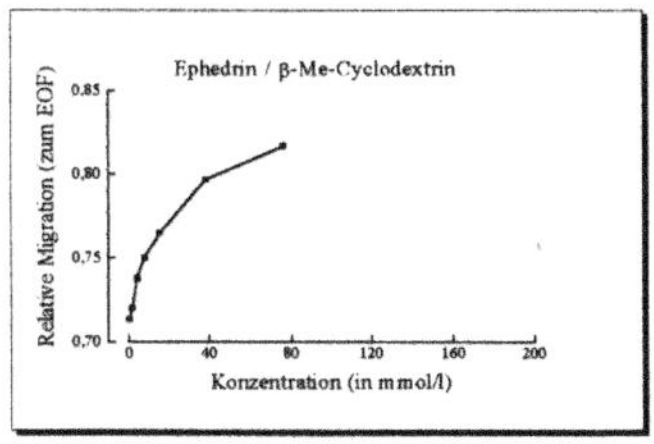

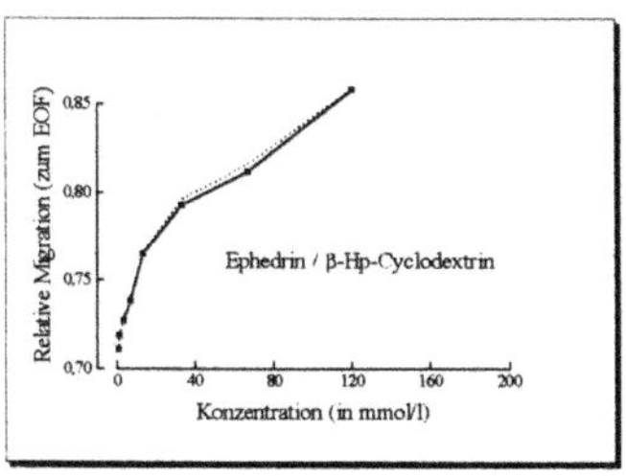

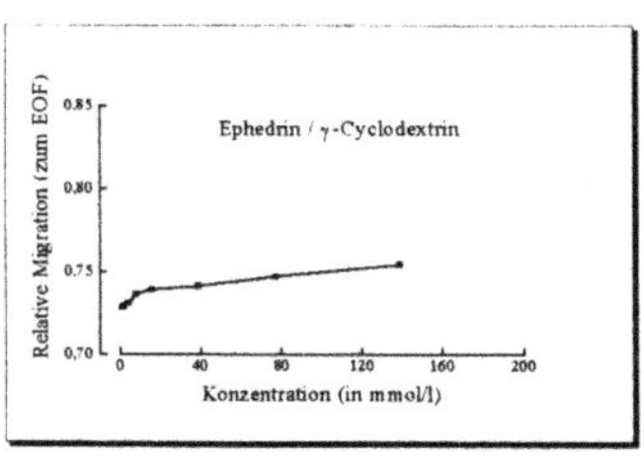

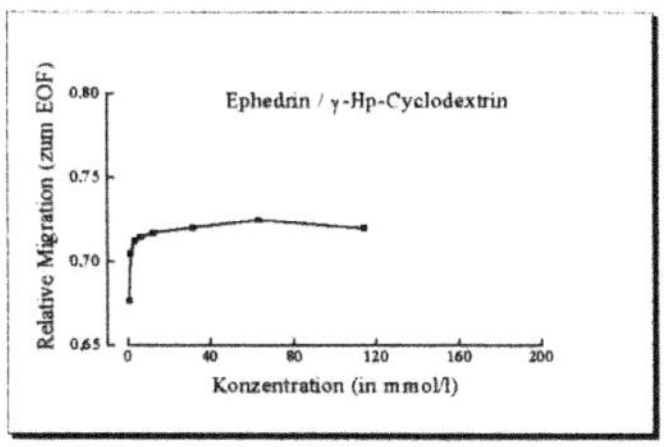

Abhängigkeit der relativen Migration von Doxylamin vom Cyclodextrintyp (Abb. 6-15)

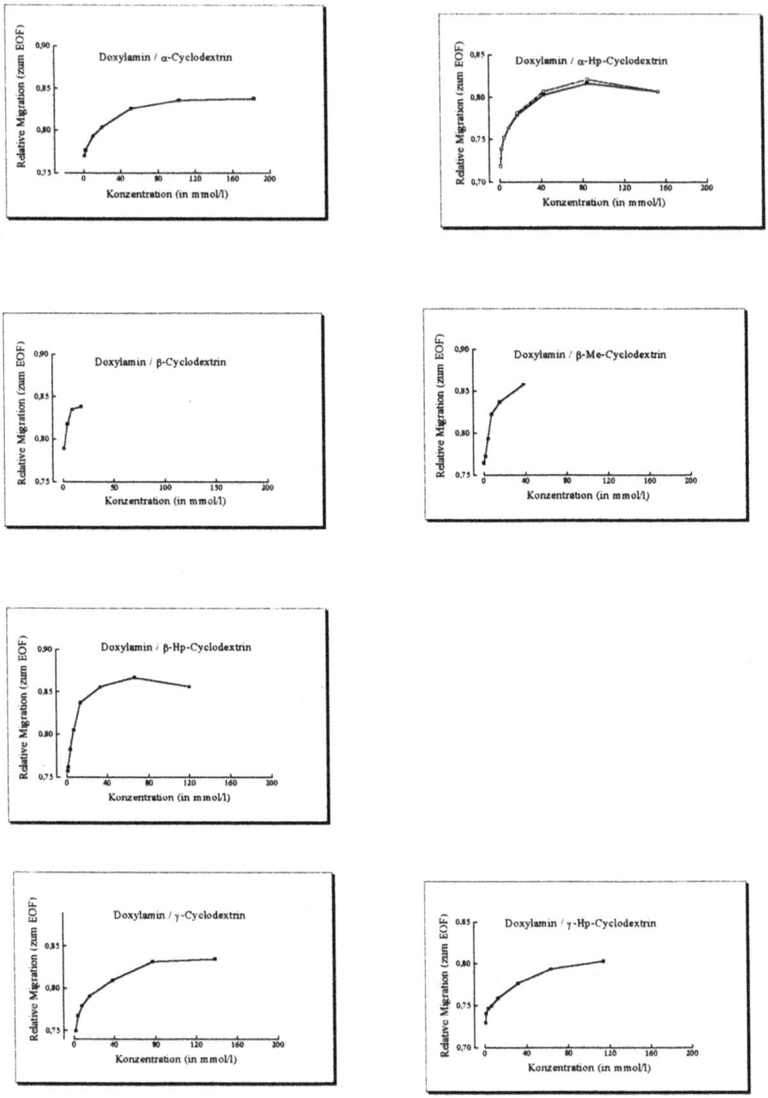

Abhängigkeit der relativen Migration von Dimethinden vom Cyclodextrintyp (Abb. 6-16)

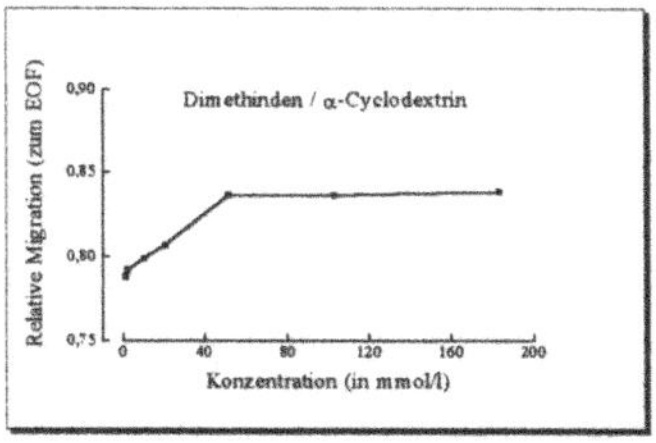

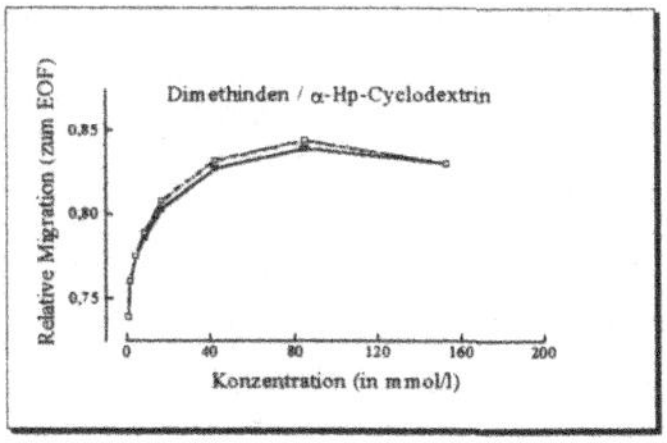

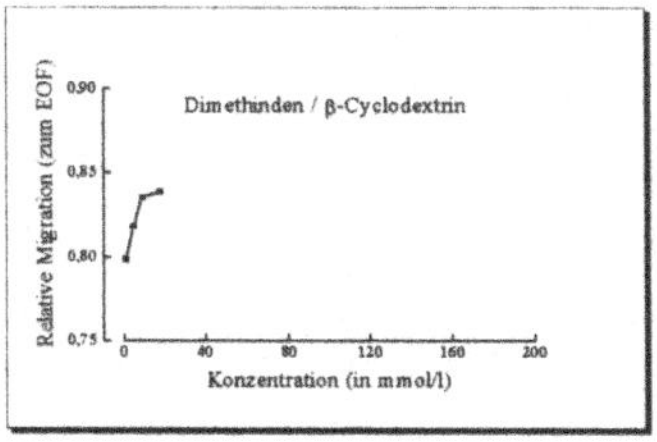

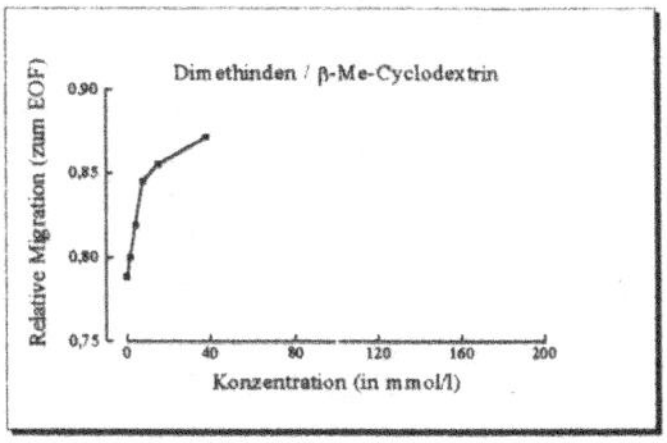

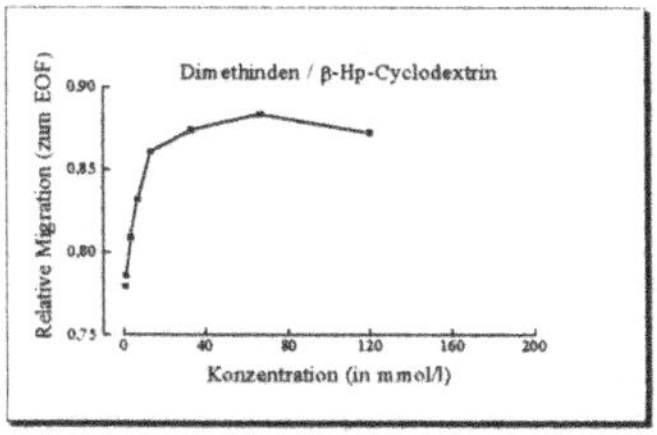

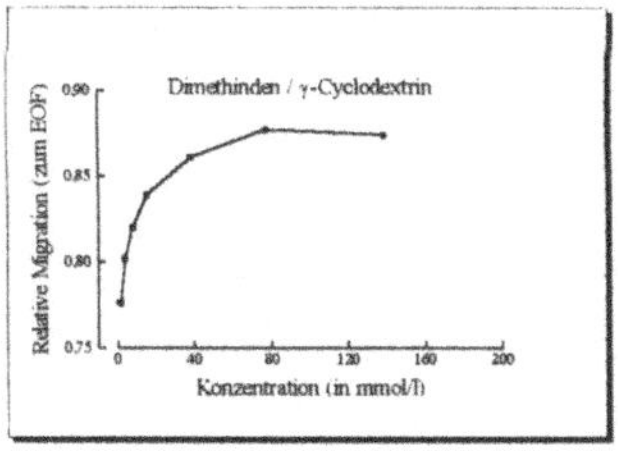

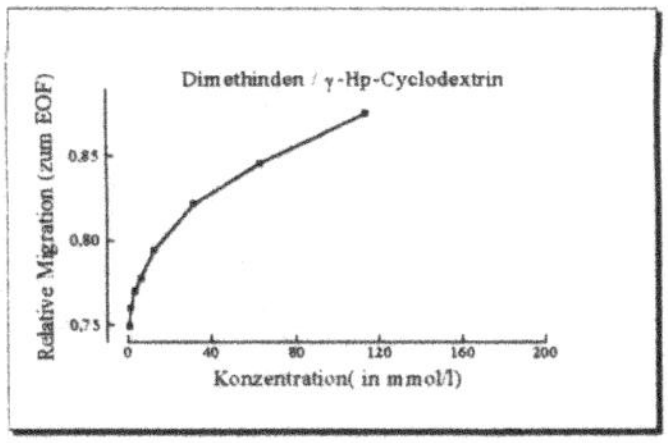

Abhängigkeit der relativen Migration von Propranolol vom Cyclodextrintyp (Abb. 6-17)

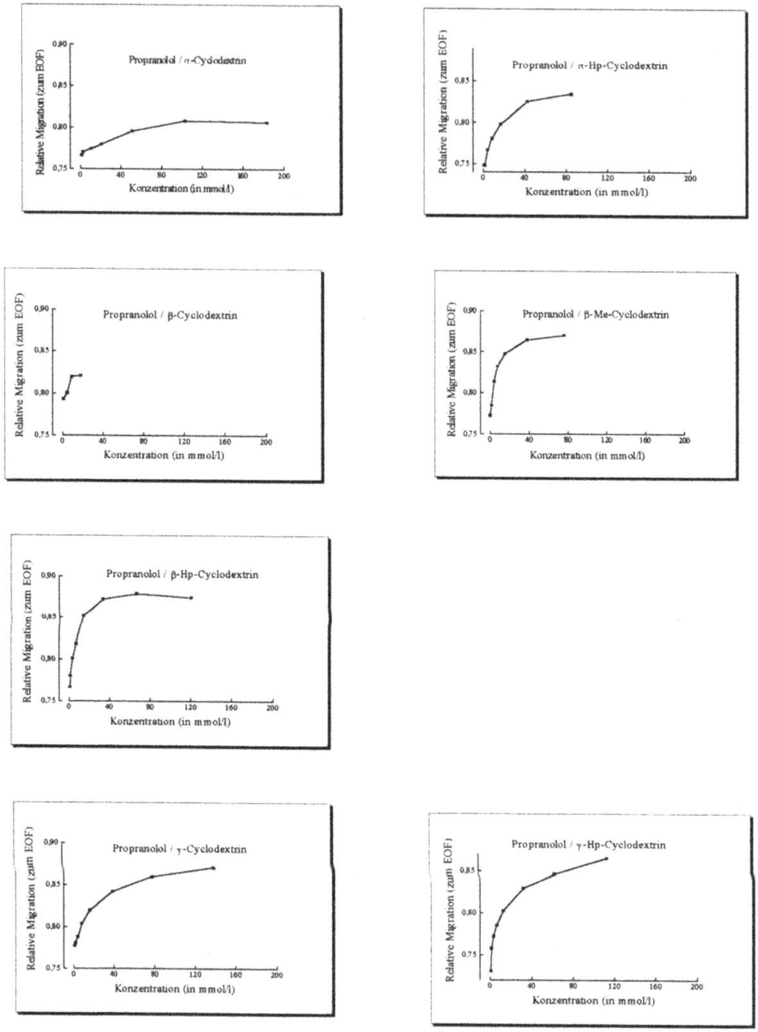

Abhängigkeit der relativen Migration von Mandelsäure vom Cyclodextrintyp (Abb. 6-18)

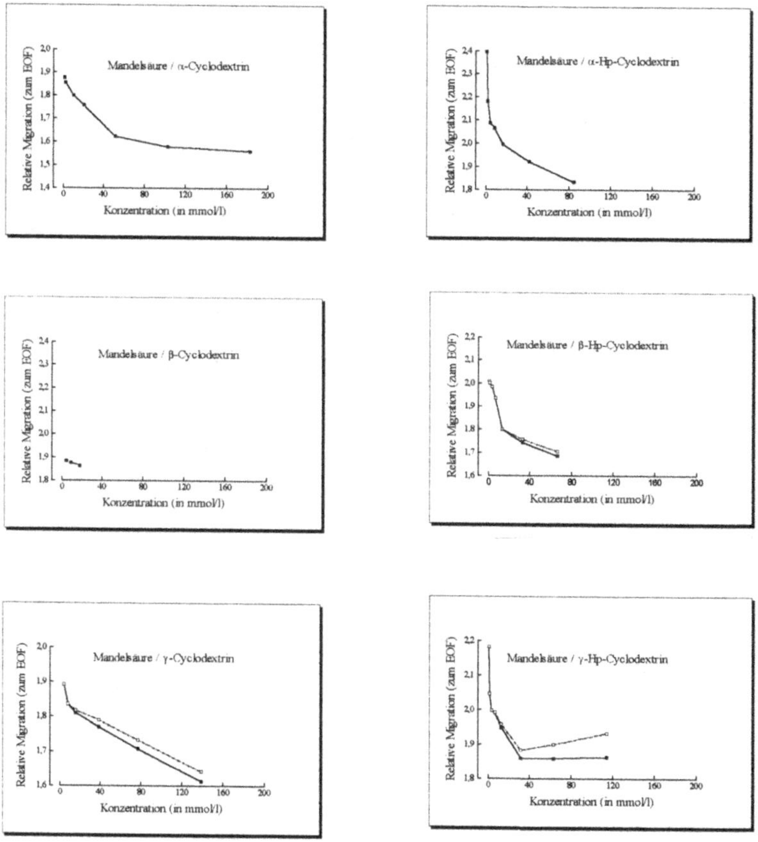

<u>Abhängigkeit der relativen Migration von Ibuprofen vom Cyclodextrintyp (Abb. 6-19)</u>

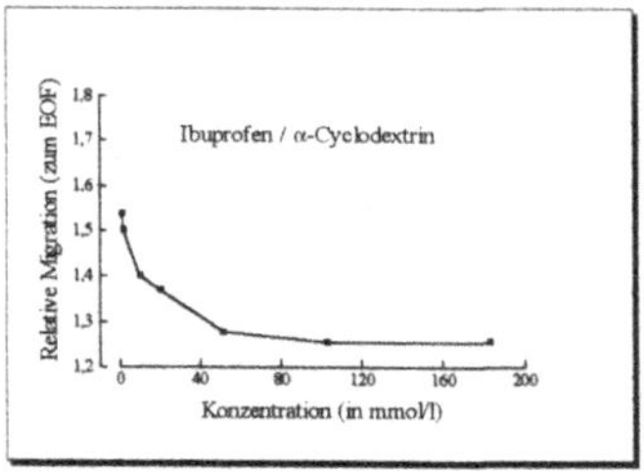

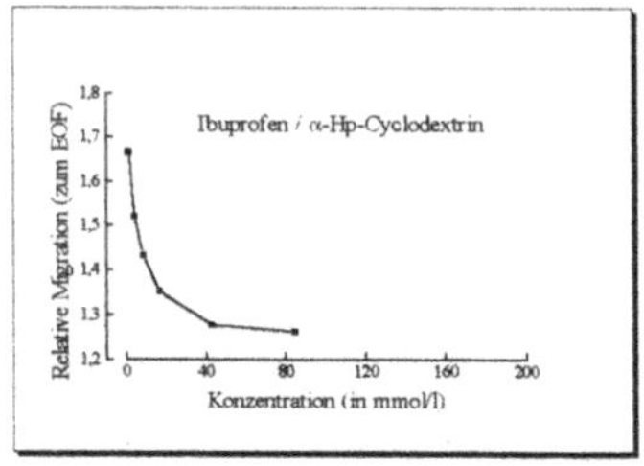

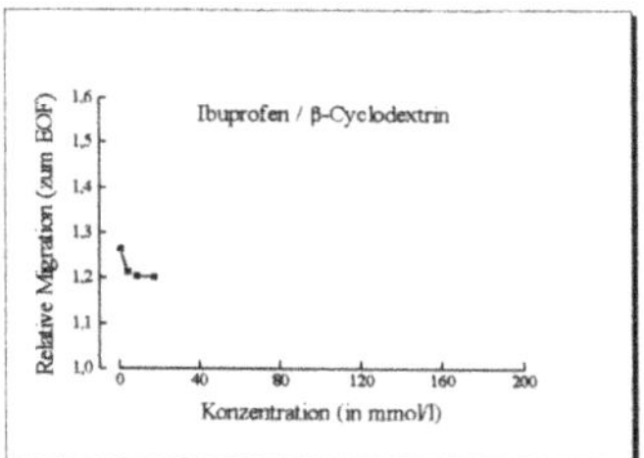

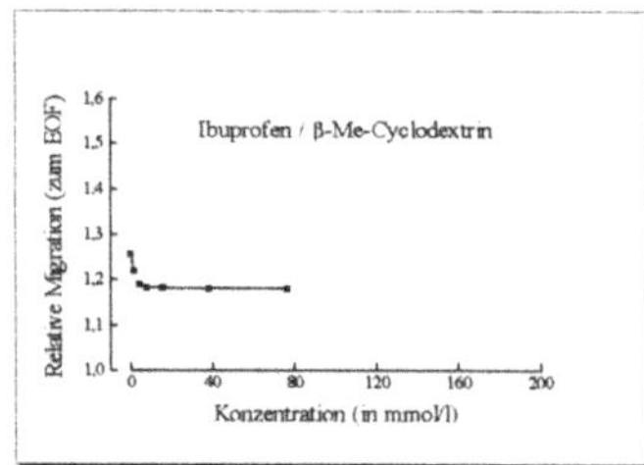

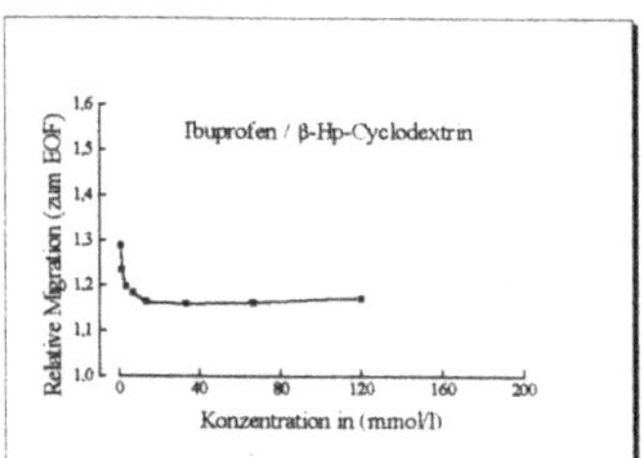

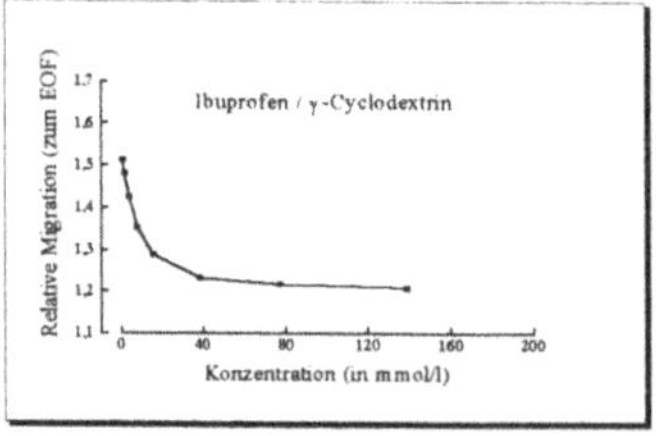

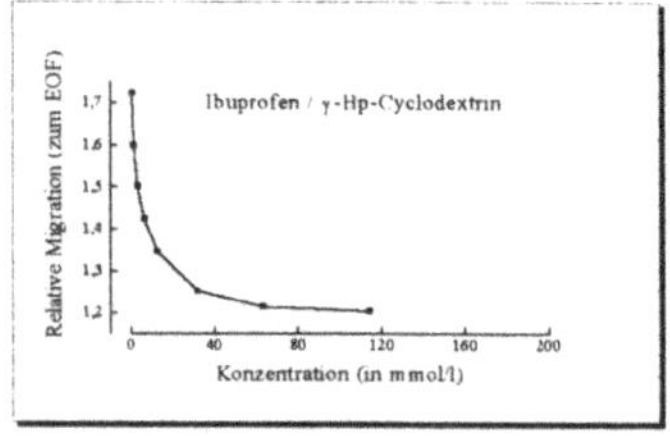

Abhängigkeit der relativen Migration von DHP vom Cyclodextrintyp (Abb. 6-20)

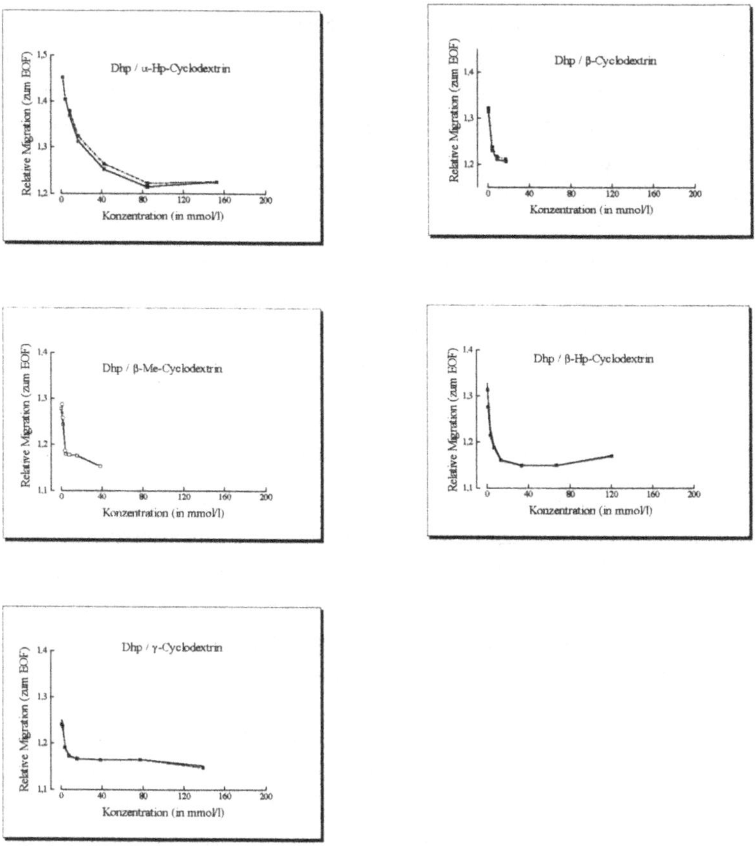

6.2. Verwendung von ionisierbaren Cyclodextrinen

Die im folgenden vorgestellten Cyclodextrine besitzen durch ihre funktionellen Gruppen die Möglichkeit der Deprotonierung und der Überführung in den ionisierten Zustand. Als funktionelle Gruppen kommen dabei überwiegend Carboxylgruppen zum Einsatz, die bei pH Werten unterhalb von drei protoniert vorliegen während sie über pH 5 als Carboxylate ionischen Charakter haben. Auch kam ein Cyclodextrinphosphat (Monoester der Phosphorsäure) zum Einsatz, welches wegen der stärker sauren Phosphorsäuregruppen auch bei sehr niedrigen pH Werten noch als Anion vorliegt und somit in üblichen pH-Bereichen immer ionisch vorliegt. Die carboxylierten Cyclodextrine bestehen aus dem Carboxymethyl-, Carboxyethyl-, Succinyl-Cyclodextrin und einem sogenannten Carboxymethyl Cyclodextrinpolymer. Diese Cyclodextrine werden im folgenden getrennt diskutiert und die Bereiche ihrer Anwendbarkeit herausgestellt. Die genauen Charakteristika der hier vorgestellten Cyclodextrine sind im Kapitel 10.3 genau beschrieben.

6.2.1. Verwendung von Carboxymethyl β-CD zur Enantiomerentrennung

Carboxymethyl β-CD (CAM) besitzt im Vergleich zu underivatisiertem β-CD eine wesentlich bessere Löslichkeit in wässrigen Lösungen. Damit ermöglicht auch hier die Derivatisierung einen wesentlich erweiterten Einsatzbereich in Bezug auf die Konzentration dieses chiralen Selektors im Puffer. Obwohl die Löslichkeit dieses Cyclodextrins mehr als 100 g pro 100 ml Wasser beträgt ist eine Anwendung über 8 % (w/v) nicht mehr praktikabel. Dies beruht darauf, daß es sich bei diesen Substanzen um Polycarbonsäuren handelt und höhere Konzentrationen zu einer hohen Leitfähigkeit im Puffer und zu hohen Strömen im elektrophoretischen System (>150 μA) führt. Die Beschränkung des Stromflusses auf etwa 200 μA bei den meisten kommerziellen Geräten (aus Sicherheitsgründen) limitiert daher den von der Löslichkeit möglichen Einsatzbereich auf Konzentrationen unterhalb 60 mM. Ein günstiger Arbeitsbereich wurde anhand von Konzentrationsmeßreihen zwischen 15 und 20 mM gefunden. Dabei bewegten sich die Ströme unterhalb 100 μA. In Abbildung 6-21 ist die Trennung von sechs basischen Aminen mit diesem Cyclodextrin bezeigt. Alle hier eingesetzten Enantiomere konnten bis zur Basislinie getrennt werden. Die Peaknummerierung orientiert sich an der im vorhergenden Kapitel 6.1 durchgeführten Trennung der gleichen Enantiomere mit Heptakis-(di-O-methyl) β-CD. Bei diesem ungeladenen Cyclodextrin konnte keine Auflösung für Peak 3 (Dimethinden) und Peak 6 (Propranolol) unter den gegebenen Trennbedingungen beobachtet werden. Gerade für diese beiden Substanzen ändert sich die Migrationszeit mit steigender Carboxymethyl-CD-Konzentration sehr stark.

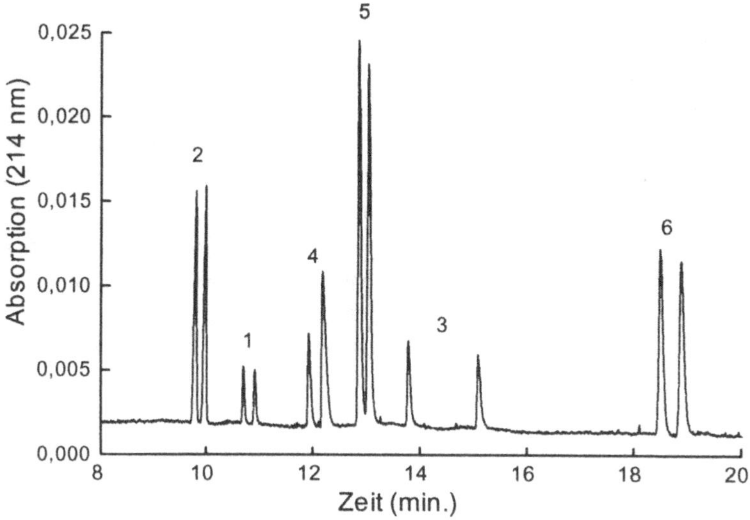

Abb. 6-21: Trennung von basischen Aminen mit Carboxymethyl-β-CD Trennbedingungen: L=60/67 cm, E=340 V/cm, T=20°C, 20 mM Zitronensäure pH 2.5 mit 2 % (w/v) des Carboxymethyl-β-CD, Instrument: P/ACE 2000 (Beckman), racemische Gemische von: Doxylamin (2), Arterenol (1), Ephedrin (4) aufgestockt mit der (-)-Form, Pindolol (5), Dimethinden (3) und Propranolol (6)

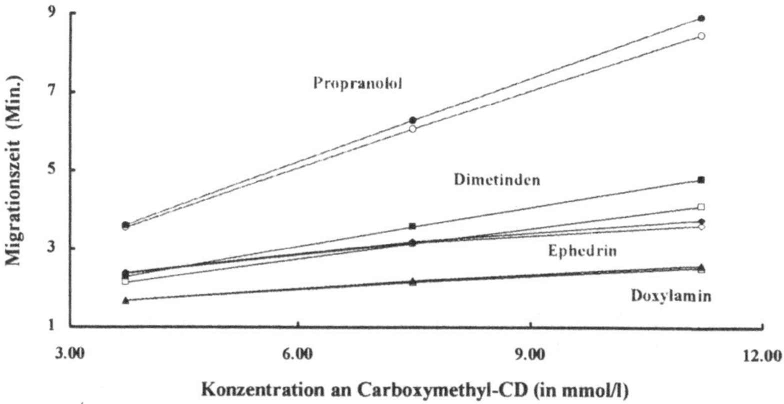

Abb. 6-22: Abhängigkeit der Migrationszeit von basischen Enantiomeren von der Carboxymethyl β-CD Konzentration: L=20/27 cm 75µm Id. mit 4 % T LPA belegt, E=550 V/cm, T=20°C, 20 mM Zitronensäurepuffer pH 2.5

Wie in Abbildung 6-22 zu erkennen ist, migriert Dimethinden bei niedrigen Carboxymethylkonzentrationen (unter 4 mM) sogar noch vor dem Ephedrin. Je stärker die Wechselwirkungen zwischen CD und Analyt ausgeprägt sind, umso geringer wird die Mobilität des Analyten mit steigender CD-Konzentration. Die Kurvenverläufe zeigen somit auch, daß Dimetinden und Propranolol wesentlich stärkere Affinitäten zu diesem Cyclodextrin besitzen als Ephedrin und Doxylamin. Aus dieser Tatsache erklären sich auch die unterschiedlichen Migrationsfolgen der Analyte im Vergleich von Heptakis (di-O-methyl) β-CD und Carboxymethyl β-CD. Einer der Gründe für die Ausbildung dieser starker Wechselwirkungen zum CD sind die guten Möglichkeiten zur Ausbildung von Wasserstoffbrückenbindungen der Carboxymethyl-Funktion. In Abbildung 5-23 ist zum Vergleich eine Trennung mit hydroxypropyliertem β-CD gezeigt.

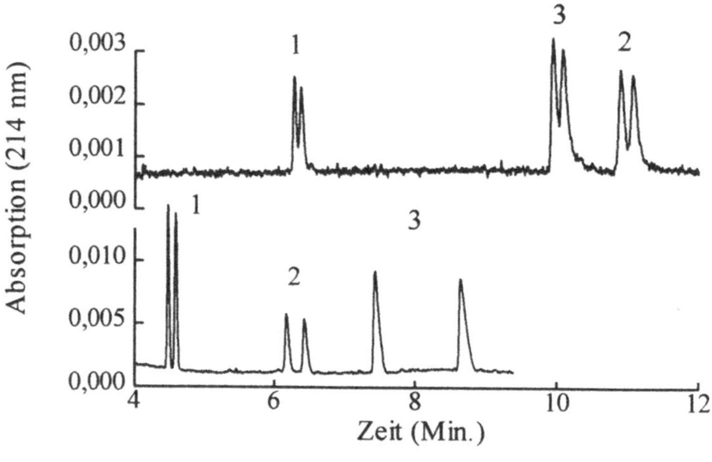

Abb. 6-23: Vergleich von HP-β-CD und CAM-β-CD für basische Enantiomere. Trennbedingungen: L=20/27 cm 75µm Id. belegte Kapillare (4 % T LPA), E=350 V/cm: Oben: 20 mM Phosphatpuffer pH 6.0 mit 4 % (w/v) Hydroxypropyl-β-CD, Detektion bei 214 nm (negative Polung), Probe: Doxylamin (1), Ephedrin (2), Dimethinden (3): Unten: 20 mM Zitronensäurepuffer pH 2.5 mit 2 % (w/v) Carboxymethyl-β-CD, Detektion bei 214 nm (positive Polung), Probe: Doxylamin (3), Ephedrin (1), Dimethinden (2)

Die Hydroxypropylgruppe hat etwa die gleiche räumliche Ausdehnung wie die Carboxylfunktion, besitzt allerdings wegen der Hydroxylgruppe nur eine geringe Tendenz zur Ausbildung von H-Brücken. Aus diesem Vergleich ist der Schluß möglich, daß bei Trennungen mit CAM die Wasserstoffbrückenbindungstendenz eine wenn nicht sogar die dominante Rolle bei der Auftrennung von basischen

Enantiomeren darstellt. Zudem besitzt die außenstehende Carboxylgruppe genügend Rotationsfreiheitsgrade, um sich dem Analyten sterisch anzupassen und im Komplex zu stabilisieren.

Desweiteren wurde die Stabilität der Trennung unter Zusatz von Methanol studiert. Neben der Verringerung der Mobilität des EOF und dadurch längeren Analysenzeiten wird Methanol oft zur Beeinflussung von Gleichgewichten (wie bei der MEKC) eingesetzt. Wie in Abbildung 6-24 gezeigt, findet mit steigender Methanolkonzentration im Puffer eine Zunahme der Migrationszeit statt. Dies kann allerdings nur in geringem Ausmaß auf den verringerten EOF zurückzuführen sein, da dieser bei den hier verwendeten niedrigen pH Werten bereits sehr klein ist. Daraus ist zu schließen, daß der Zusatz von Methanol die gleiche Wirkung auf die Mobilität des EOF ausübt wie auf die Mobilität des Analyten selbst. In diesem Beispiel konnte nur eine geringe Abnahme der Enantiomerentrennung beobachtet werden.

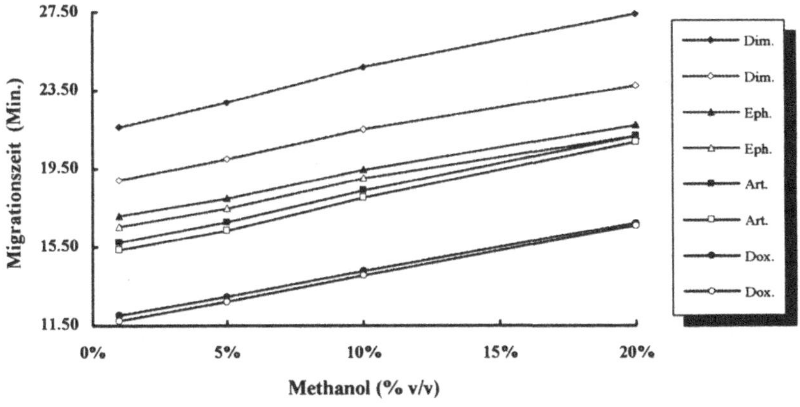

Abb. 6-24: Einfluß von Methanol auf die Trennleistung und Migrationszeiten von basischen Enantiomeren: Trennbedingungen: L=60/67 cm 75 µm Id. unbelegte Kapillare, E=370 V/cm, T=20°C, 20 mM Zitronensäurepuffer pH 2.5 mit 1.5 % (w/v) Carboxymethyl β-CD und unterschiedlichem Methanolgehalt (%(v/v))

Die bisher diskutierten Experimente wurden bei pH Werten unter 3 durchgeführt, wobei die Carboxylgruppen am Cyclodextrin protoniert und damit ungeladen waren. Dieser Zustand wird als ungeladener Modus des Cyclodextrin bezeichnet. Erhöht man den pH Wert, so werden diese Gruppen deprotoniert und die erhaltenen Cyclodextrincarboxylate entfalten wegen ihrer negativen Ladungen eine eigene elektrophoretische Mobilität. Im folgenden wird dieser Zustand als der geladene Modus der Cyclodextrine bezeichnet. Die Veränderungen der elektrostatischen

Verhältnisse durch den pH Wert bringen sehr drastische Änderungen im Verhalten als chiraler Selektor mit sich. Abbildung 6-25 zeigt diese Veränderungen anhand von vier basischen Enantiomeren. Im ungeladenen Modus des CD wandern die hier getrennten kationischen Enantiomere in einer Kapillare ohne EOF ganz regulär zur Kathode und können dort detektiert werden.

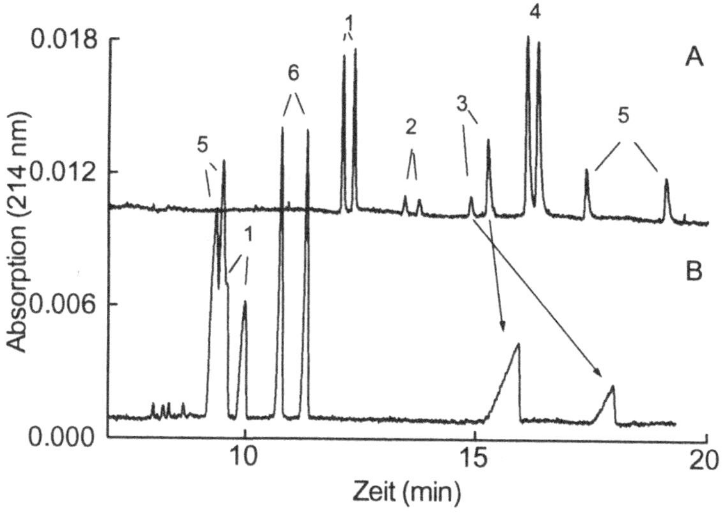

Abb. 6-25: Trennung von basischen Enantiomeren mit Carboxymethyl-β-CD im "geladenen" und "ungeladenen" Modus. Trennbedingungen: L=30/37cm, E=400 V/cm, T=20°C, 75µm Id. belegte Kapillare (mit 4%T LPA), Probe: Racemate von: Doxylamin (1), Arterenol (2), Ephedrin (3), Pindolol (4), Dimethinden (5), Propranolol (6)

A) 20 mM Zitronensäurepuffer pH 2.5 mit 2 % (w/v) Carboxymethyl-β-CD

B) 1.5 % (w/v) Carboxymethyl-β-CD mit TRIS auf pH 5.5 eingestellt

Liegt ein anionisches Cyclodextrin mit einer eigenen Mobilität zur Anode vor, so hängt die Migrationsrichtung derselben kationischen Enantiomere nicht mehr nur von der eigenen Ladung ab, sondern überwiegend von der Stärke der Affinität zum Cylodextrin. Wie in Abbildung 6-25 zu sehen, ändert sich beim Wechsel vom geladenen in den ungeladenen Modus des CD nicht nur die Migrationsreihenfolge der Analyten, sondern die kationischen Enantiomere werden als Quasi-Anionen in Richtung der Anode transportiert. Dies bedeutet, daß die Cyclodextrinanionen die Migrationsrichtung der kationischen Analyten bestimmen. Da die hier verwendeten Cyclodextrine mehr als 3 negative Ladungen am Cyclodextrinring besitzen, können sie im geladenen Modus die Ladung des Analyten überkompensieren und die Migrationsrichtung der Analytkationen umkehren. Dies gilt allerdings nur dann, wenn die Wechselwirkungen zwischen CD und Kationen stark genug ausgeprägt sind. Somit ist die Wanderungsrichtung kationischer Enantiomere von der Lage des Komplexgleichgewichtes abhängig. Die Verhältnisse bei der Umkehr der Migrationsrichtung von kationischen Analyten mit anionischen Cyclodextrinen ist noch einmal in Abbildung 6-26 schematisch dargestellt. Bei hohen Affinitäten des Analyten zum CD bestimmt das Cyclodextrinanion die Migrationsrichtung, während bei niedrigen Affinitäten der Analyt mehr oder weniger frei in Richtung Kathode wandern kann.

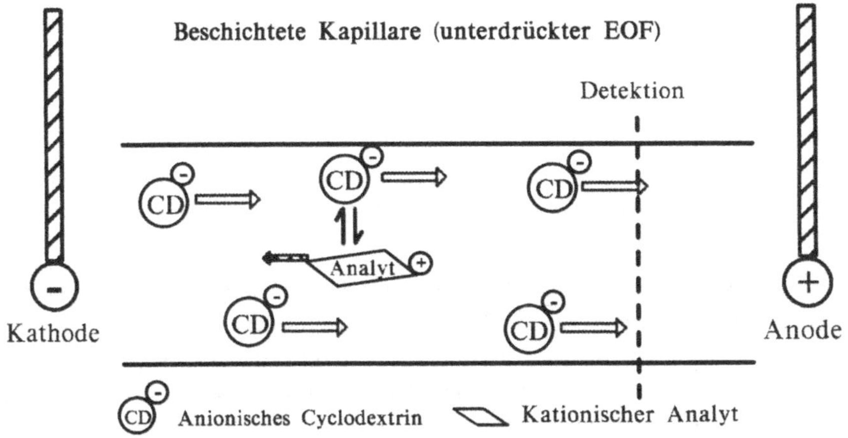

Abb. 6-26: Schematische Darstellung der Migrationsrichtung kationischer Analyten mit anionischen Cyclodextrinen.

Da die positive Ladung des Analyten durch die negativen Ladungen am Cyclodextrin überkompensiert werden können und zudem die Affinintäten zwischen CD und Analyt stark elektrostatischer Natur sind, kann hier auch die Ausbildung von Ionenpaaren diskutiert werden. Ein Hinweis dafür ist die sehr geringe Änderung der Migrationszeiten bei sehr geringen Konzentrationen des Carboxymethyl β-CD im Puffer. Schon bei einer Konzentration von weniger als 0.3 % (w/v) des CD werden die Analyten zur Kathode transportiert, allerdings ist an der Peakform in Abbildung 6-27 die Überladung des Systems deutlich zu erkennen.

Aus Abbildung 6-25 ist weiterhin ersichtlich, daß sich für Ephedrin beim Übergang vom ungeladenen Modus zum geladenen Modus des Carboxymethyl β-CD die Migrationsreihenfolge der Enantiomere umkehrt.

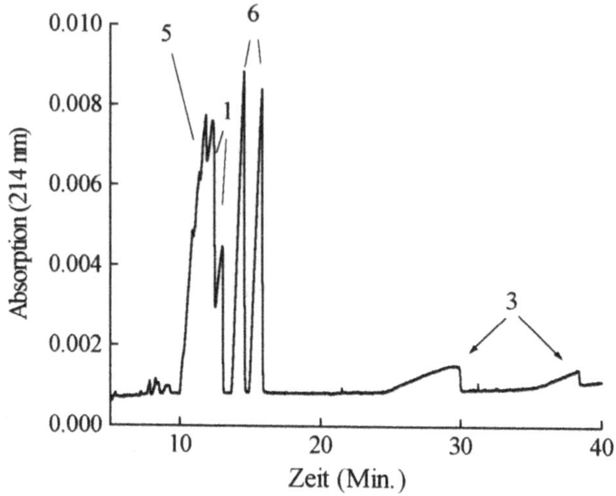

Abbildung 6-27: Migrationsrichtung basischer Amine bei geringer Carboxymethyl β-CD-Konzentration. Trennbedingungen wie in Abb. 6-25 B, außer 0.2 % (w/v) des CD, pH=7.2

Wurde bei pH 2.5 noch das (+)-Ephedrin zuerst detektiert, gelangt jetzt bei pH 5.5 die (-)-Form zuerst zum Detektor. Dieses Verhalten, das aus der Überführung eines neutralen CDs in den ionischen Zustand resultiert, ist in Abbildung 6-28 schematisch dargestellt. In einem Cyclodextrinsystem im ungeladenen Modus besitzt derjenige Analyt die höchere Mobilität, der am freiesten durch den Puffer hindurchwandern kann, also die geringsten Wechselwirkungen mit dem Cylcodextrin besitzt. Ist dieses der L-Analyt wie in diesem Schaubild dargestellt, so wird er als erster am Detektor erscheinen. Bestimmt nun im geladenen Modus das Cyclodextrin die Migrationsrichtung, so wird derjenige Analyt zuerst am Detektor erscheinen, der die stärksten Affinitäten zum Cyclodextrin besitzt. Ändern sich bei dem Übergang zwischen ungeladenem und geladenem Modus die Affinitäten des Analyten nur geringfügig, so kommt es zu einer Umkehr der Migrationsreihenfolge, weil nun der L-Analyt wegen geringerer Wechselwirkungen zum CD langsamer transportiert wird. Das hier beschriebene Verfahren ermöglicht somit, unter Beibehalt des gleichen chiralen Selektors sowie der gleichen Kapillare, durch einfache Änderung des pH Wertes im Puffer eine Umkehr der Migrationsordnung zwischen Enantiomeren. Diese Möglichkeit der Umkehr der Migrationsordnung über den pH ist allerdings an das spezielle Trennproblem gekoppelt und kann nicht generell auf jedes Trennproblem angewendet werden.

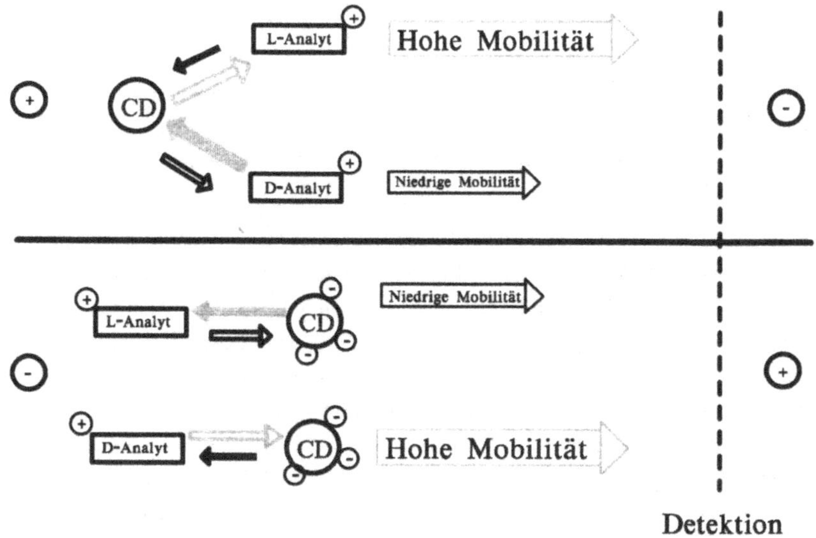

Abb. 6-28: Schematische Darstellung der Umkehr der Migrationsreihenfolge eines kationischen Enantiomers beim Übergang vom neutralen zum geladenen CD

Carboxymethy-β-CD				
pH-Wert:	pH 2.5		pH 5.8	
Probe:	Selektivität	Auflösung	Selektivität	Auflösung
Doxylamin	1.024	2.3	1.040	1.8
Ephedrin	1.032	1.9	1.128	3.5
Dimetinden	1.176	9.6	1.016	0.9
Propranolol	1.054	3.0	1.052	3.6

Tab. 6-3: Selektivität (α-Werte) und Auflösung (R) für Carboxymethl-β-CD im ionischen und neutralen Zustand. Selectivity (α-value) = (μ_1/μ_2), Resolution = $2*(t_2-t_1)/(w_1+w_2)$, $\mu_{1,2}$= Mobilitäten der Enantiomere 1,2; $t_{1,2}$=Migrationszeit der Enantiomere 1,2; $w_{1,2}$=Peakbreite in Halber Höhe der Enantiomere 1,2

Die hier diskutierten Anwendungen beziehen sich überwiegend auf kationische Enantiomere, da über elektrostatische Anziehung der entgegengesetzt geladenen Moleküle stärkere Wechselwirkungen resultieren. Umgekehrt wurde bei anionischen Analyten keine Auflösung und nur sehr geringe Wechselwirkungen mit den anionischen CD beobachtet, was auf elektrostatische Abstoßung zwischen Analyt und chiralem Selektor hindeutet.

In Tabelle 6-3 sind für den geladenen und ungeladenen Modus des CD die beobachteten Selektivitäten und Auflösungen der hier eingesetzten Enantiomere noch einmal gegenübergestellt. Dabei wurden die Messungen in einer EOF unterdrückten Kapillare durchgeführt.

Das Vorhandensein einer eigenen Mobilität des chiralen Selektors eröffnet noch weitere Anwendungsmöglichkeiten für die Trennung ungeladener Enantiomere ohne eigene elektrophoretische Mobilität. Wie in Abbildung 6-29 schematisch dargestellt, sollten auch neutrale Analyten mit geladenen Cyclodextrinen analysiert werden können. Dies setzt allerdings voraus, daß ungeladene Analyten mit dem geladenen Cyclodextrin in Wechselwirkung treten können und somit über die Aufenthaltszeit im Cyclodextrin eine scheinbare Mobilität erhalten. Damit wäre dieses System mit der micellaren elektrokinetischen Chromatographie (MEKC) zu vergleichen, bei der der Transport der Analyten durch die geladenen Micellen erfolgt und die Trennung auf einer unterschiedlichen Verteilung der Probe zwischen Micelle und Puffer beruht.

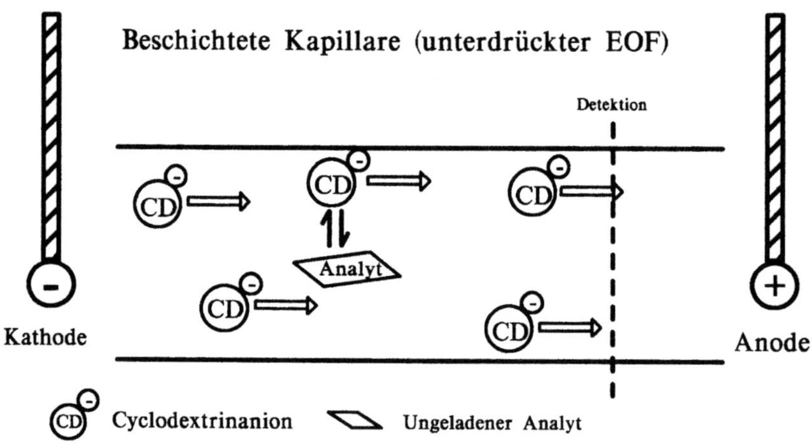

Abb. 6-29: Schematische Darstellung des Trenn- und Transportmechanismus von ungeladenen Enantiomeren mit geladenen Cyclodextrinen

Wie in Abbildung 6-30 demonstriert, konnte unter Einsatz von Carboxymethyl-β-CD im geladenen Zustand nicht nur die Trennung von einigen neutralen Analyten erzielt werden, sondern zudem noch die Auftrennung in ihre Enantiomere.

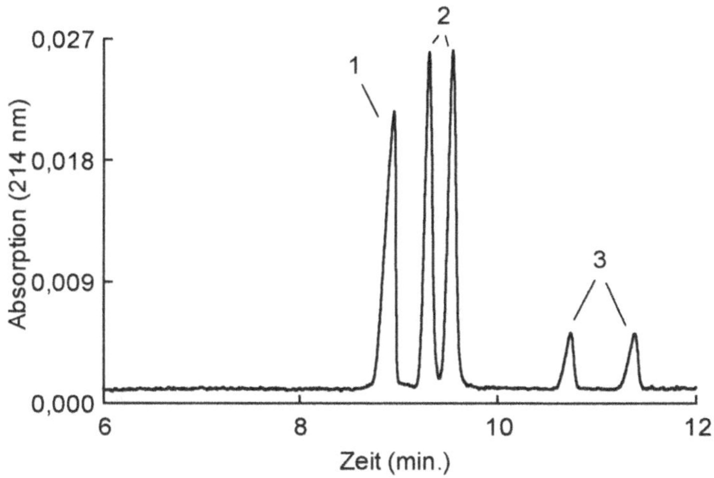

Abb. 6-30: Trennung von ungeladenen Enantiomeren mit anionischem Carboxymethyl-β-CD. Trennbedingungen: L=30/37 cm, E=400 V/cm, T=20°C, 20 mM Phosphatpuffer mit 1.5 % (w/v) Carboxymethyl-β-CD mit TRIS auf pH 5.8 eingestellt, Probe: Racemate von Hexobarbital (1), Binaphthol (2) und eines Oxazolidinonderivates (2).

Als Testsubstanzen dienten hier Hexobarbital, 2,2'-Binaphthol und ein Oxazolidinonderivat. Mit der hier gezeigten Methode bietet sich somit auch die Möglichkeit, Enantiomere ohne eigene elektrophoretische Mobilität in einem elektrophoretischen System zu trennen. Da viele neutrale Enantiomere nur eine geringe Wasserlöslichkeit besitzt, bietet sich an, die Löslichkeit durch Zusatz von CD zum Probegefäß zu verbessern. In Abbildung 6-31 wurde die Probe in einer Cyclodextrinlösung angesetzt, allerdings mit einer höheren Konzentration als der Puffer. Daher führten nach der Injektion Massenüberladungseffekte durch teilweises Ausfallen der Probe in der Kapillare zu einem totalen Verlust der Trennleistung (Abb. 6-31 A). Durch Verdünnen der Probe mit destilliertem Wasser konnte dieses Problem verhindert werden (Abb. 6-31 B). Eine elektrokinetische Injektion führte wieder zu einer guten Auftrennung mit symmetrischen Peaks weil bei dieser Injektionsmethode nur die im Cyclodextrin gelösten Analyten aus der Probe injiziert werden.

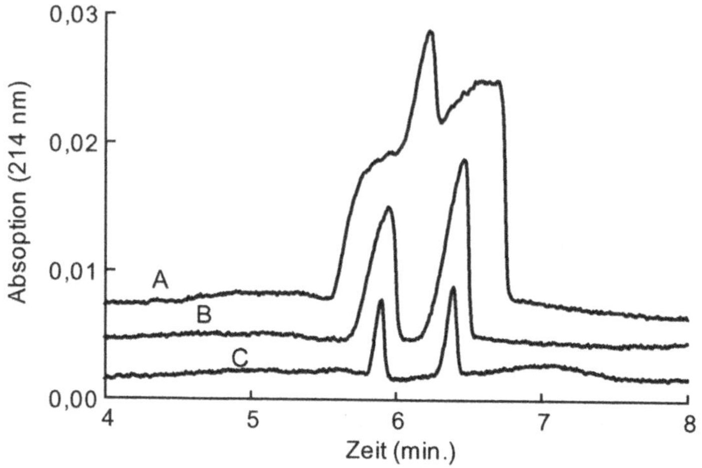

Abb. 6-31: Bandenverbreiterung durch Massenüberladung eines geladenen Cyclodextrins mit einem ungeladenen Analyten. Trennbedingungen: L = 20/27 cm, E = 370 V/cm, 1 % (w/v) Carboxymethyl-β-CD (CAM), T = 20°C, 75µm Id. belegte Kapillare (4 % T LPA), Probe: A) Oxazolidinonderivat in CAM-Lösung (1%CAM) solubilisiert, B) Probe A 1:10 verdünnt, C) Elektrokinetische Injektion

6.2.2. Verwendung von Carboxyethyl β-CD zur Enantiomerentrennung

Prinzipiell verhält sich das Carboxyethyl β-CD sehr ähnlich wie das Carboxymethyl β-CD in bezug auf die auftretenden Migrationsmodelle und Einsatzmöglichkeiten. Jedoch sind im Vergleich zum Carboxymethyl-CD bereits drastische Änderungen in der Auflösung derselben Enantiomere zu beobachten. Dies ist umso erstaunlicher da sich dieses Cyclodextrin nur geringfügig im Derivatisierungsgrad und nur durch einen zusätzlichen Methylen-Spacer zur Carboxylgruppe vom Carboxymethyl β-CD unterscheidet. Dieses unterschiedliche Verhalten scheint daher auf die Verlängerung der räumlichen Reichweite der Carboxylgruppe am CD Ring zurückzuführen zu sein. Der einsetzbare Konzentrationsbereich ist wie beim Carboxymethyl β-CD durch die auftretenden hohen Ströme eingeschränkt. Zuerst wurde das Carboxyethyl-CD im ungeladenen Modus eingesetzt. In Abbildung 6-32 ist die Trennung der sechs basischen Amine gezeigt. Ephedrin konnte auch mit höheren Konzentrationen des CD im ungeladenen Modus nicht getrennt werden. Alle anderen Enantiomere sind getrennt, jedoch erfolgt die Basislinientrennung nur beim Doxylamin und beim Dimethinden. Abbildung 6-33 zeigt die CD-Konzentrationsabhängigkeit der Trennung, die mit einer belegten Kapillare vermessen wurde.

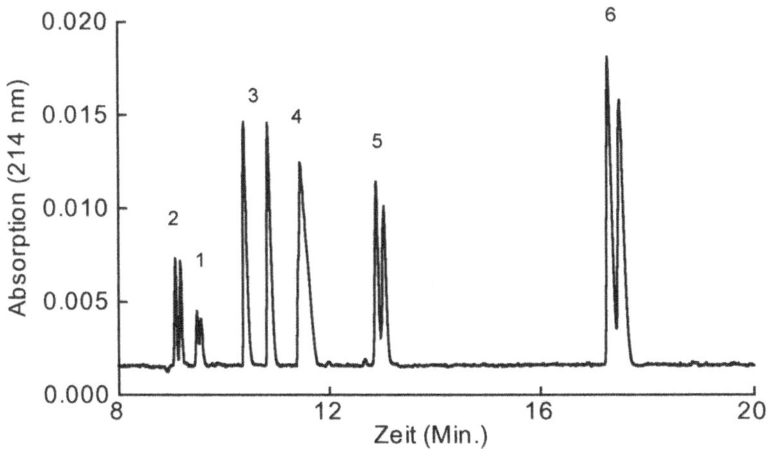

Abb. 6-32: Trennung von basischen Enantiomeren mit Carboxyethyl-β-CD. Trennbedingungen: L = 40/47 cm, 57 µm Id. belegte Kapillare (Vinylsilica-Kapillare), E = 310 V/cm, T = 20°C, 20 mM Zitronensäure pH 2.2, 15 mM Carboxyethyl-β-CD, Probe: Doxylamin (2), Arterenol (1), Dimethinden (3), Ephedrin (4), Pindolol (5), Propranolol (6)

Die Kurven beim Carboxyethyl-CD verlaufen mit einer geringeren Steigung als beim Carboxymethyl-CD, so daß sich hier bei allen Analyten eine geringere Affinität zum CD ergibt. Die Skalierungen in Abbildung 6-33 ist im Vergleich zu Carboxymethyl-CD im vorhergehenden Abschnitt die gleiche. Die Auflösung der Enantiomere scheint in diesem Beispiel direkt mit der Stärke der Wechselwirkung, d.h. der Mobilitätsverminderung mit steigender CD-Konzentration zu korrelieren. Beim Carboxymethyl-CD sind alle Analyten bis zur Basislinie getrennt, während diese hohen Selektivitäten beim Carboxyethyl-CD nicht erhalten werden. Für Ephedrin konnte unter den hiesigen Bedingungen keine Auftrennung beobachtet werden. Es stellte sich allerdings heraus, daß bei sehr hohen CD-Konzentrationen über 50 mM eine Trennung erreichbar ist.

Am Beispiel des Ephedrins sind unter gleichen Bedingungen die Abhängigkeiten der Migrationszeit von der Konzentration für verschiedener Cyclodextrine aufgetragen. Es wurden diejenigen Cyclodextrine berücksichtigt, die zu einer Trennung in die Ephedrin-Enantiomere führten. Die Auftragung der Migrationszeiten gegen die Cyclodextrinkonzentration sind in Abbildung 6-34 aufgetragen. Man erkennt auch hier im direkten Vergleich die stärkere Verlangsamung der Migration des Ephedrin mit steigender CD-Konzentration für alle hier verwendeten Cyclodextrine.

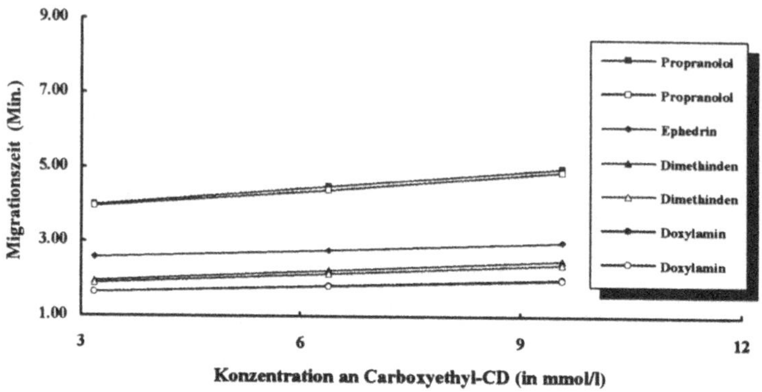

Abb. 6-33: Abhängigkeit der Migrationszeit von basischen Enantiomeren von der Carboxyethyl β-CD Konzentration: L=20/27 cm 75µm Id. mit 4 % T LPA belegt, E=550 V/cm, T=20°C, 20 mM Zitronensäurepuffer pH 2.5

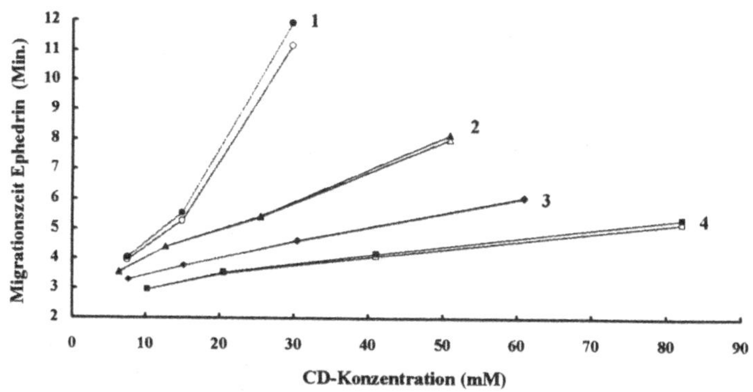

Abb. 6-34: Abhängigkeit der Migrationszeit von Ephedrin von der Konzentration verschiedener Cyclodextrine im Puffer. Trennbedingungen: L=20/27 cm 75 µm Id. belegte Kapillare (4 % T LPA), E=370 V/cm, T=20°C, 20 mM Zitronensäurepuffer pH 2.5, Detektion bei 214 nm, verschiedene Konzentrationen der Cyclodextrine: Carboxymethyl β-CD (1), Carboxyethyl β-CD (2), Methyl β-CD (3), Hydroxypropyl α-CD (4).

Zudem ist hier auch erkennbar, daß die carboxylierten CDs wesentlich stärkere Affinitäten zum Ephedrin besitzen, als die hydroxypropylierten und methylierten CDs. Dies weist auf den Einfluß der Polarität der Gruppen am Cyclodextrinring hin, welche bei den carboxylierten Derivaten einen wesentlich höheren ionischen Charakter und zudem eine große Tendenz zur Ausbildung von Wasserstoffbrückenbindungen besitzt.

Carboxyethyl β-CD kann auf gleiche Weise wie das Carboxymethyl β-CD im geladenen Modus eingesetzt werden. Dabei zeigt es sich, daß auch hier das Cyclodextrinanion als Carrier fungiert und die Analyten in Wanderungsrichtung des CD mitreißt. In Abbildung 6-35 ist die Trennung im geladenen Modus gezeigt. Dimethinden und Doxylamin comigrieren unter diesen Bedingungen und werden nur angetrennt. Propranolol (3) ist angetrennt und Ephedrin (4) kann gut aufgetrennt werden. Im Vergleich zum Carboxymethyl-CD ergibt sich für Ephedrin eine ähnliche Trennung, während die übrigen Enantiomere eine schlechtere Trennung zeigen. An diesem Beispiel ist die sich ändernde Selektivität zwischen geladenem und ungeladenen Modus sehr gut sichtbar. Während im ungeladenen Modus des Carboxyethyl β-CD Ephedrin nicht aufgetrennt werden konnte, ist im geladenen Modus eine hohe Selektivität zu beobachten. Die ungleichen Peakflächen rühren daher, daß das Racemat mit der reinen (-)-Form aufgestockt wurde, um die Migrationsreihenfolge für diese Substanz bei allen getesteten Cyclodextrinen zu untersuchen (siehe Kapitel 6-3 über die Umkehr der Migrationsreihenfolge bei Enantiomeren). Die hier beobachtbaren dreieckigen Peaks rühren von Elektrodispersionphänomenen durch unterschiedliche Leitfähigkeiten des Hintergrund-elektrolyten zum Ephedrin (siehe auch Kapitel 2.2.2.: "Bandenverbreiterung durch Elektrodispersion").

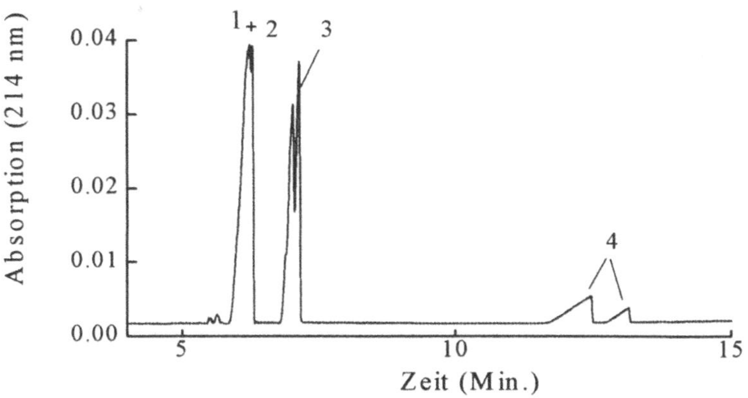

Abb. 6-35: Trennung von vier basischen Enantiomeren mit Carboxyethyl-β-CD. Trennbedingungen: L=20/27 cm, E=370 V/cm, T=20°C, 1 % (w/v) Carboxyethyl-β-CD mit TRIS auf pH 6.2 eingestellt, Dimethinden (1), Doxylamin (2), Propranolol (3), Ephedrin (4)

Wie beim Carboxymethyl β-CD kann auch das Carboxyethyl β-CD im geladenen Zustand zur Trennung von ungeladenen Enantiomeren eingesetzt werden. Dies ist für die gleiche Testmischung bestehend aus Hexobarbital, 2,2'-Binaphthol und einem Oxazolidinon in Abbildung 6-36 gezeigt.

CD-Typ:	Methyl-Spacer (-CH_2-CO_2H)		Ethyl-Spacer (-CH_2-CH_2-CO_2H)	
Probe:	Selektivität	Resolution	Selektivität	Resolution
Hexobarbital:	1	0	1.017	0.8
Binaphthol:	1.025	1.5	1.040	3.6
Oxazolidinon:	1.060	3.6	1.039	1.8

Tab. 6-4: Selektivität (α-Werte) und Auflösung (R) für Carboxymethyl-β-CD und Carboxyethyl-β-CD für neutrale Analyten. Selectivity (α-value) = (μ_1/μ_2), Resolution = $2*(t_2-t_1) / (w_1+w_2)$, $\mu_{1,2}$= Mobilitäten der Enantiomere 1,2; $t_{1,2}$=Migrationszeit der Enantiomere 1,2; $w_{1,2}$=Basispeakbreite der Enantiomere 1,2

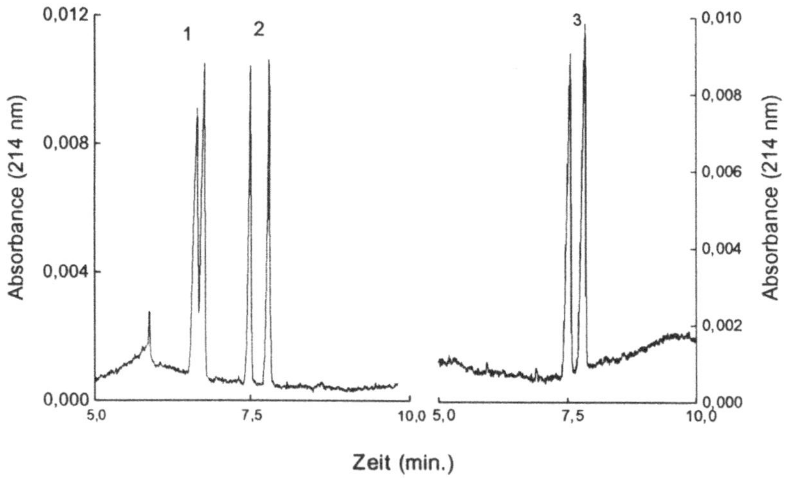

Abb. 6-36: Trennung von ungeladenen Enantiomeren mit anionischem Carboxyethyl-β-CD. Trennbedingungen: L=20/27 cm, 75 µm Id. belegte Kapillare (4%T LPA), T=20°C, E=400 V/cm, 0.66 % (w/v) Carboxyethyl-b-CD in 20 mM Phosphatpuffer pH 5.5 (mit TRIS eingestellt), Probe: Racemate von Hexobarbital (1), einem Oxazolidinonderivat (2), Binaphthol (3)

Auch hier haben sich beim Übergang zum Carboxyethyl β-CD die Selektivitäten und die Trennleistung stark verändert. In Tabelle 6-4 sind die Auflösungen und Selektivitäten der beiden CD-Trennsystem gegenübergestellt. Während die Trennleistung für das Oxazolidinon beim Carboxyethyl β-CD sinkt (jedoch immer noch Basislinientrennung) kann für das Binaphthol eine höhere Auflösung als Folge von höheren Effizienzen beobachtet werden.

Eine starke Verbesserung der Trennleistung konnte für das Hexobarbital beobachtet werden. Während beim Carboxymethyl β-CD keine Auflösung erreicht werden konnte, wird beim Carboxyethyl β-CD eine Selektivität festgestellt. Weiterhin stellte sich heraus, daß unter den hier herrschenden Bedingungen das Oxazolidinon und das 2,2'-Binaphthol comigrieren, so daß sie in der obigen Abbildung getrennt dargestellt sind. Die Einführung einer Methylengruppe zwischen CD-Ring und Carboxylgruppe kann, wie in diesen Beispielen gezeigt, starke Veränderungen der Trennleistung bei diesen Cyclodextrinen hervorrufen.

6.2.3. Verwendung von Succinyl β-CD zur Enantiomerentrennung

Als weiterer Vertreter dieser Klasse carboxylierter CDs wurde das Succinyl-β-CD eingesetzt. Dieses Cyclodextrin zeigte ein sehr unterschiedliches Verhalten im Vergleich zu den vorher eingesetzten Carboxymethyl-β-CD und Carboxyethyl-β-CD. Zum einen wurden viel geringere Ströme im Vergleich zu äquimolaren Mengen der anderen beiden CD erhalten, wodurch sich in erster Hinsicht eine Erweiterung des einsetzbaren Konzentrationsbereich ergeben sollte. Allerdings stellten sich schon bei einer Konzentration von weniger als 2 % (w/v) des Succinyl β-CD starke Probleme mit der Reproduzierbarkeit der Basislinie ein. Dies ist in Abbildung 5-36 mit steigender Konzentration des CD im Puffer gezeigt.

Obwohl im niedrigen Konzentrationsbereich mit steigender CD-Konzentration eine steigende Auftrennung und längere Analysenzeiten verbunden sind, kann bei 2 % keine sinnvolle Analyse mehr durchgeführt werden. Die Gründe dafür konnten nicht geklärt werden, jedoch besaß der hier eingesetzte Puffer bereits eine starke Hintergrundabsorption. Die Eigenabsorption des Puffers sollte daher immer vor dessen Einsatz getestet werden. Der Test kann durch einfaches Ersetzen von destilliertem Wasser in der Kapillare mit dem Trennpuffer geschehen, wobei das Signal am Detektor beobachtet werden muß. Werden Puffer mit hoher Eigenadsorption eingesetzt, sinkt die Nachweisempfindlichket der zu detektierenden UV-aktiven Analyten und man kommt in den Bereich der indirekten UV-Detektion. Die beim Succinyl β-CD beobachtete Basislinie mit negativen Signalen läßt auf diesen Sachverhalt schließen. Propranolol durchläuft mit steigender CD-Konzentration ein

Auflösungsmaximum, kann aber bei keiner Konzentration bis zur Basislinie getrennt werden. Dimethinden zeigt nur eine Schulter in diesem Konzentrationsbereich, jedoch kann Doxylamin bei 1 % (w/v) bis zur Basislinie aufgetrennt werden. Da diese Probleme den nutzbaren Konzentrationsbereich sehr eingeschränken (2 % (w/v) entspricht einer Konzentration von 13 mM) und die hier eingesetzten Testsubstanzen erst im Ansatz Trennungen aufweisen, kann Succinyl β-CD nur in wenigen Fällen einen brauchbaren chiralen Selektor im ungeladenen Modus darstellen.

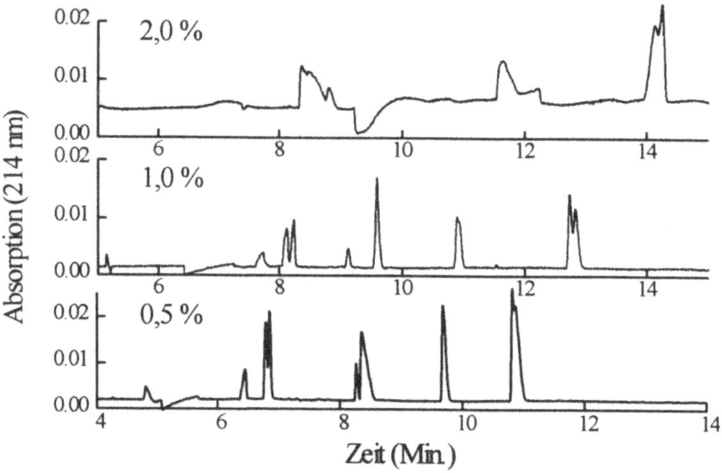

Abb. 6-37: Trennung von basischen Enantiomeren mit Succinyl β-CD im ungeladenen Modus. Trennbedingungen: L=20/27 cm, 75 µm 4 % T LPA belegte Kapillare, E=370 V/cm, T=20°C, 20 mM Zitronenesäurepuffer pH 2.5 mit steigendem Gehalt (in % (w/v)) des Cyclodextrins.

Im geladenen Modus wurden die gleichen Probleme der Basislinienstabilität erhalten. Allerdings änderten sich hier die Selektivitäten und Migrationsreihenfolgen sehr stark. War die Migrationsreihenfolge im ungeladenen Modus noch Doxylamin vor Ephedrin, Dimethinden und Propranolol, konnte im geladenen Modus Ephedrin zuerst, dann Propranolol, Dimethinden und Doxylamin detektiert werden.

In Abbildung 6-38 A wird zudem deutlich, daß Succinyl β-CD keine stark ausgeprägten Tendenzen zur Ionenpaarbildung zeigt. Alle Analyten migrieren im geladenen Modus des CD immer noch als Kationen vor dem elektroosmotischen Fluß.

Die zusätzliche elektrostatische Anziehung zwischen den Analytkationen und CD-Anionen machen sich jedoch im Vergleich zum ungeladenen Modus sehr stark in der Migrationsreihenfolge bemerkbar. Bemerkenswert ist auch der Verlauf der Migration der Analyten mit steigender Konzentration des anionischen Succinyl β-CD.

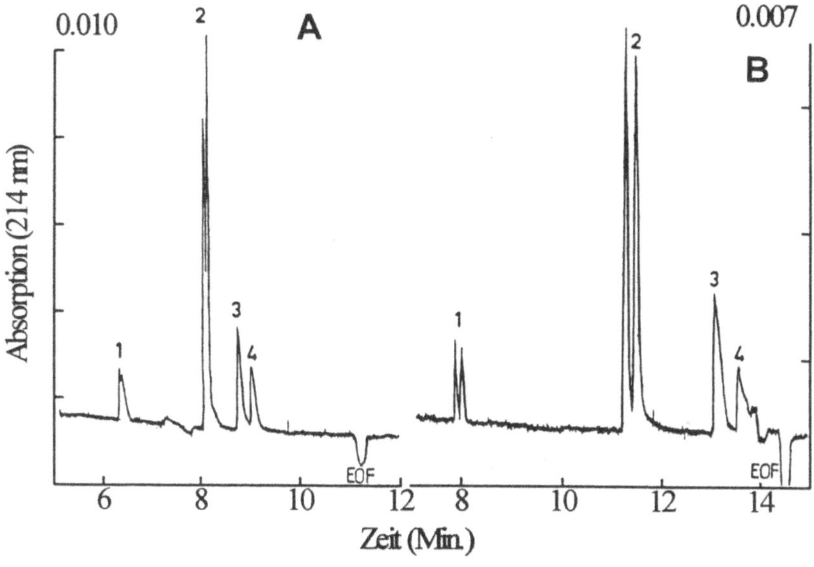

Abb. 6-38: Einfluß der Succinyl-β-CD Konzentration auf die Migrationsrichtung von kationischen Enantiomeren. Trennbedingungen: L=68.5/80 cm, 75µm Id., E=370 V/cm, Detektion: 214 nm (Diode Array (Kontron Instruments)), Racemate von: Ephedrin (1), Propranolol (2), Dimethinden (3), Doxylamin (4)
A) Puffer: 0.1 % (w/v) Succinyl-β-CD (mit Diaminopropan auf pH 5.9 eingestellt)
B) Puffer: 0.2 % (w/v) Succinyl-β-CD (mit Diaminopropan auf pH 6.9 eingestellt)

Wie in Abbildung 6-38 und 6-39 A bis D dargestellt, rücken die Analyten mit steigender CD-Konzentration immer näher zum EOF. Dies ist auf die geringer werdende Mobilität der Analyten mit steigender Cyclodextrinkonzentration zurückzuführen, so daß sich folglich diese Substanzen durch eigene Migration nur noch wenig vom EOF entfernen können. Diejenigen Analyte, die jedoch eine starke Affinintät zu diesem CD besitzen werden durch die höheren CD-Konzentrationen immer weiter verlangsamt und immer mehr in den Komplex zum CD gedrängt. Da dieses CD anionisch ist und entgegen dem EOF migriert (Contramigration) erscheinen die kationischen Anlyten plötzlich als Anionen hinter dem EOF. Ein ähnliches

Verhalten wurde bereits bei den ungeladenen Cyclodextrinen in Kapitel 4 gefunden. Durch Vorgabe sehr hoher CD-Konzentrationen befindet sich der Analyt quasi nur noch im CD-Komplex und wandert somit nur noch als solcher. Ist dieser Komplex anionisch, wird er hinter dem EOF detekiert werden. In dem hier gezeigten Beispiel kann dieses Verhalten sehr gut mit steigender CD-Konzentration verfolgt werden. In Abbildung 6-40 ist dieser Wechsel der Migrationsrichtung mit der CD-Konzentration noch einmal anhand der relativen Migration zum EOF aufgetragen.

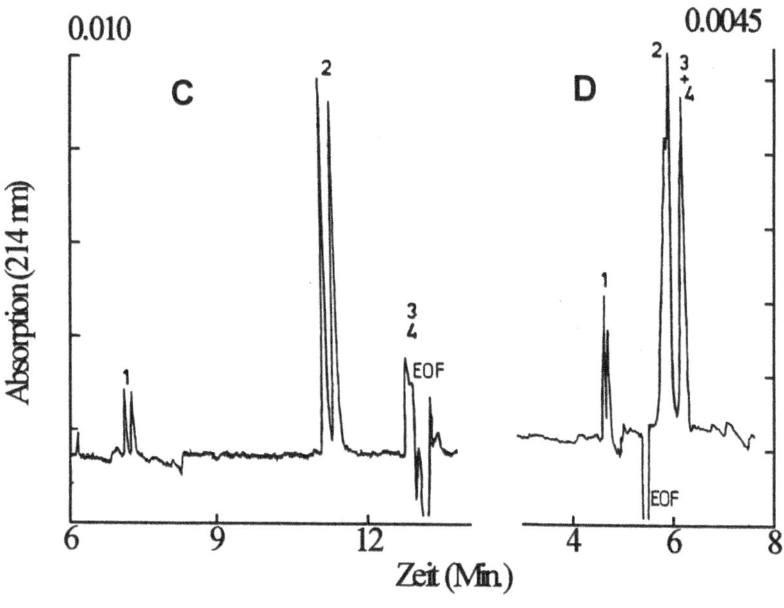

Abb. 6-39: Einfluß der Succinyl-β-CD Konzentration auf die Migrationsrichtung von kationischen Enantiomeren. Trennbedingungen: L=68.5/80 cm, 75µm Id., E=370 V/cm, Detektion: 214 nm (Diode Array (Kontron Instruments)), Racemate von: Ephedrin (1), Propranolol (2), Dimethinden (3), Doxylamin (4)

C) Puffer: 1,0 % (w/v) Succinyl-β-CD (mit Diaminopropan auf pH 5.9 eingestellt)

D) Puffer: 2,0 % (w/v) Succinyl-β-CD (mit TRIS auf pH 6.1 eingestellt)

Ein Einsatz höherer CD-Konzentrationen scheitert nicht nur wie in diesem Beispiel an der unstetigen Basislinie, sondern auch an den auftretenden hohen Strömen die durch die ionischen Cyclodextrine verursacht werden. Aus diesen Gründen ist trotz guter Wasserlöslichkeit deren Einsatz im geladenen Modus eingeschränkt.

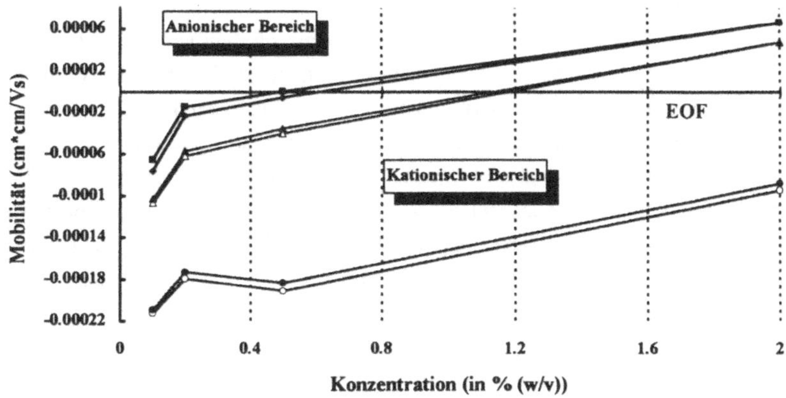

Abb. 6-40: Abhängigkeit der Analytmobilität von der Succinyl-CD-Konzentration. Trennbedingungen wie in Abb. 6-38 und 6-39.

6.2.4. Verwendung von Carboxymethyl-β-CD-Polymer zur Enantiomerentrennung

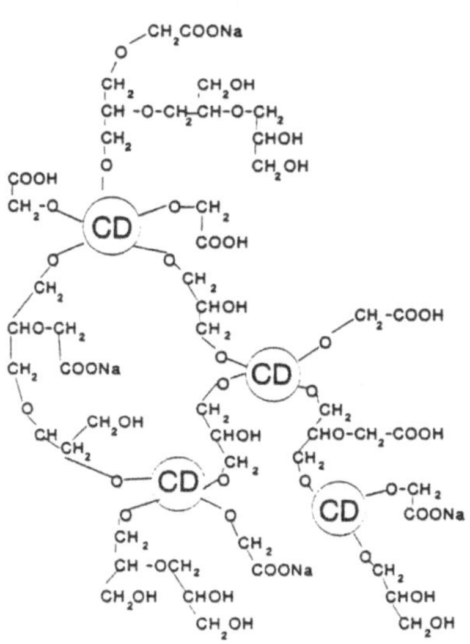

Carboxymethyl β-CD-Polymer wird wie das Carboxymethyl β-CD hergestellt, wonach es mit Epichlorhydrin bei höheren Temperaturen polykondensiert wird. Bei dieser unspezifisch geführten "Ein-Topf-Reaktion" entstehen Moleküle mit einem mittleren Molekulargewicht von etwa 8000 Dalton und einem CD-Anteil von etwa 50 %. Eine vereinfachte Struktur dieses komplexen Moleküls ist in Abbildung 6-41 dargestellt.

Abb. 6-41: Mögliche Struktur des Carboxymethyl β-CD-Polymers

Die Einsetzbarkeit dieses Polymers war wie beim Succinyl-CD nicht über den gesamten Löslichkeitsbereich möglich. Ab einer Konzentration von über 10 mM nahm die Detektionsempfindlichkeit des Systems wegen zu starker Eigenabsorption des Polymers ab. Da pro Polymermolekül vier carboxymethylierte Cyclodextrine eingebunden sind, beträgt die effektive Konzentration an Cylcodextrin immer das Vierfache der Konzentration des Polymers. Obwohl hier der gleiche chirale Selektor in Form des Carboxymethyl-CD zum Einsatz kommt, ist die Trennleistung beim freien CD, das nicht in ein Polymer eingebunden ist, wesentlich höher. Dies ist aus Abbildung 6-42 zu ersehen. Von den sechs basischen Enantiomere konnten Ephedrin und Doxylamin über den zur Verfügung stehenden Konzentrationsbereich nicht aufgetrennt werden. Dabei überlappte die Enantiomerentrennung des Arterenol mit dem Ephedrin. Die Konzentrationsabhängigkeit der Mobilität der Analyten ist in Abbildung 6-43 aufgetragen. Auffällig ist hier die starke Abhängigkeit der Mobilität des Propranolol von der CD-Konzentration, was eine starke Abtrennung des Propranolol von den restlichen Enantiomeren in Richtung EOF bewirkt.

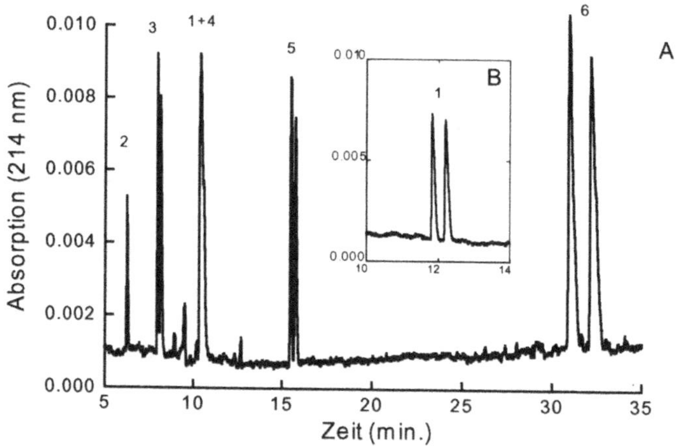

Abb. 6-42: Trennung von basischen Enantiomeren mit Carboxymethyl-β-CD-Polymer. Trennbedingungen: L=40/47 cm, belegte Kapillare (Vinylamin-Belegung), angelegte Spannung: 15 kV, T=20°C, 20 mM Zitronensäurepuffer pH 2.2, Probe: Doxylamin (2), Dimethinden (3), Arterenol (1), Ephedrin (4), Pindolol (5), Propranolol (6)
A) Puffer enthält 3.25 % (w/v) Carboxymethyl-β-CD-Polymer
B) Puffer enthält 4.5 % (w/v) Carboxymethyl-β-CD-Polymer

Die hier verwendete Vinyl-Kapillare zeigte bei pH 2.5 einen niedrigen, kathodengerichteten EOF, der jedoch eine sehr geringe Mobilität im Vergleich zuden anderen Analyten besitzt und somit eine relative Betrachtungsweise (relative Migration zum EOF) nicht mehr sinnvoll erscheinen läßt.

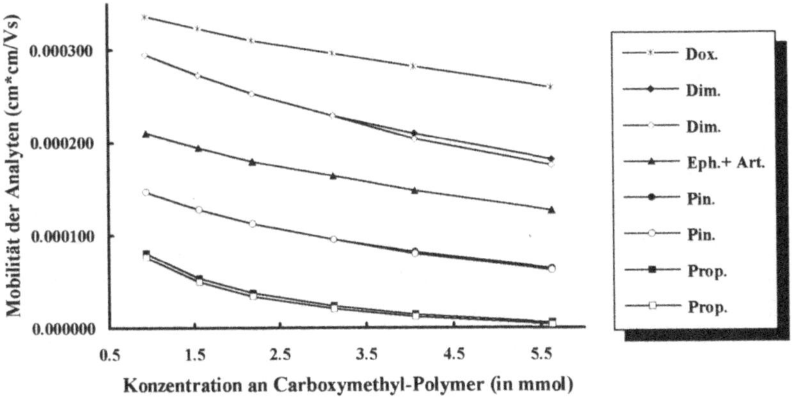

Abb. 6-43: Abhängigkeit der Mobilität basischer Enantiomere von der Carboxymethyl-β-CD-Polymer Konzentration im ungeladenen Modus. Trennbedingungen wie in Abb. 6-42.

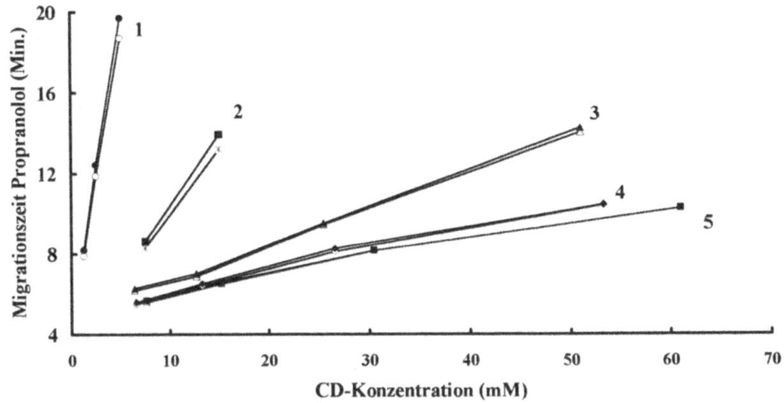

Abb. 6-44: Abhängigkeit der Migrationszeit von Propranolol von der Konzentration verschiedener Cyclodextrine im Puffer. Trennbedingungen: L= 20/27 cm 75 µm Id. belegte Kapillare (4 % T LPA), E=370 V/cm, T= 20°C, 20 mM Zitronensäurepuffer pH 2.5, Detektion bei 214 nm, verschiedene Konzentrationen an: Carboxymethyl β-CD Polymer (1), Carboxymethyl β-CD (2), Carboxyethyl β-CD (3), Methyl β-CD (4), Hydroxypropyl β-CD (5).

Propranolol zeigt eine sehr starke Abhängigkeit der Mobilität von der Carboxymethyl-β-CD-Polymer Konzentration. In Abbildung 6-44 sind die Migrationszeiten von Propranolol bei verschiedenen Cyclodextrinen aufgetragen. Dabei sind nur diejenigen Kurvenverläufe bei den verschiedenen Cyclodextrinen aufgetragen, bei denen eine Trennung für diese Enantiomere beobachtet worden ist. Beim Propranolol sind die höchsten Änderungen der Migrationszeit beim Carboxymethyl-β-CD-Polymer zu beobachten, gefolgt von Carboxymethyl-, Methyl- und Hydroxypropyl β-CD bei denen ebenfalls eine Auftrennung erfolgt. Deutlich zu sehen ist auch hier wieder der starke Einfluß der Derviatisierung. Die carboxylierten Cyclodextrine verursachen eine viel stärkere Abhängigkeit der Migrationszeit im Vergleich zu den nichtionisierbaren Methyl- und Hydroxypropyl CDs. Dies ist ein weiteres Indiz für eine starke Wasserstoffbrückenbindungskapazität der carboxylierten Cyclodextrine, sowie die dadurch hervorgerufenen Affinintäten. Auch bei pH Werten von 2,5 ist ein geringer Prozentsatz der Cyclodextrine noch im geladenen Zustand, was hier auch eine Rolle spielen könnte.

6.2.5. Verwendung von β-CD-Phosphat zur Enantiomerentrennung

β-CD-Phosphat gehört zu den Cyclodextrinen, die im regulär einsetzbaren pH Bereich als Polyanionen vorliegen. Daher sind sie nur im geladenen Modus einsetzbar. Zudem besitzen diese Cyclodextrine eine sehr hohe Mobilität wegen des polyanionischen Charakters. Ein Derivatisierungsgrad von 6-10 Phosphatgruppen erzeugt im Mittel etwa 16 negative Ladungen am Cyclodextrin, was sich auch bei der Analyse bemerkbar machen sollte. Dieser polyanionische Charakter zeigt sich schon in den elektrischen Strömen im System und limitiert den einsetzbaren Konzentrationsbereich noch stärker im Vergleich zu den vorhergehenden Beispielen. Da diese Cyclodextrine auch im sauren geladen vorliegen, wurden chirale Carbonsäuren als elektrisch neutrale Analyten (Mandelsäure, Iboprofen) bei pH 3 getestet. Unter diesen Bedingungen konnte jedoch keine Trennung erreicht werden.

Für ein Testgemisch bestehend aus Doxylamin, Ephedrin, Dimethinden und Propranolol konnte eine Auftrennung in die Enantiomere ohne Probleme erreicht werden. Die Elektropherogramme in Abbildung 6-45 zeigen auch, daß das Cyclodextrinanion für die Migrationsrichtung des Analyten verantwortlich ist. Alle Substanzen werden im anionischen Bereich des Elektropherogramms detektiert, womit ähnliche Eigenschaften wie bei den carboxymethylierten und carboxyethylierten Cyclodextrinen im geladenen Modus vorliegen.

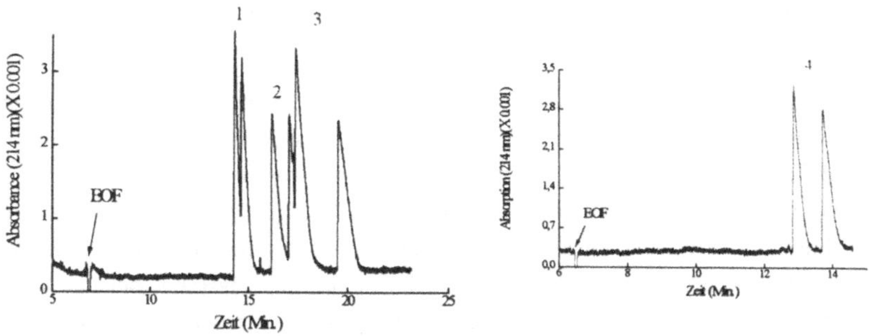

Abb. 6-45: Trennung von basischen Aminen mit β-CD-Phosphat. L=50/58 cm, E=460 V/cm 10 mM Phosphatpuffer pH 8.0 mit 1 % des Cyclodextrins versetzt, Probe: Doxylamin (1), Propranolol (2), Ephedrin (3), Dimethinden (4), CE-Gerät: HP^{3D}-Instrument

Auch die Trennung von Hexobarbital als neutraler Analyt konnte unter identischen Trennbedingungen erreicht werden (Abbildung 6-46). Somit bietet dieses Trennsystem eine sehr gute Alternative zu den oben vorgestellten carboxylierten Selektoren, wobei hier allerdings ein erweiterer pH-Bereich für die Optimierung zur Verfügung steht.

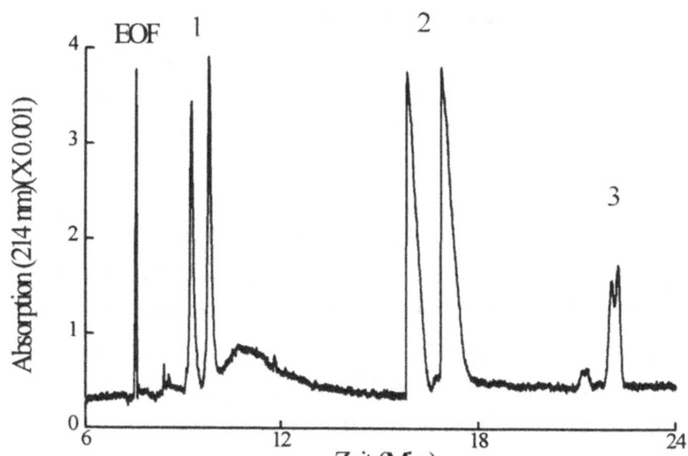

Abb. 6-46 Trennung von Hexobarbital mit β-CD-Phosphat. Trennbedingungen: L=50/58cm, E=460 V/cm, 10 mM Phosphatpuffer pH 8.0 mit 1 % des Cyclodextrins versetzt, Probe: Verunreinigungen(1), Hexobarbital (2), Malonursäure (3).

6.3. Umkehr der Migrationsreihenfolge von Enantiomeren in der Kapillarelektrophorese

Die Umkehr der Migrationsreihenfolge bei Enantiomeren ist vor allem dann interessant, wenn Verunreinigungen des einen Enantiomers neben der Hauptkomponente bestimmt werden müssen (EE-Bestimmung). Dies wird vor allem dann kritisch, wenn die Hauptkomponente vor der Verunreinigung detektiert wird und durch Peaktailing die Bestimmung der Verunreinigung stört. Auch können Überladungseffekte hier einen negativen Einfluß auf die Analyse haben, so daß eine Möglichkeit der Umkehr der Migrationsreihenfolge wünschenswert ist. Bei den etablierten Methoden wie HPLC, GC, SFC ist diese Umkehr der Migrationsreihenfolge nur durch den Wechsel der stationären Phase unter Verwendung der entgegengesetzten chiralen Umgebung möglich. Diese Vorgehensweise ist meist zeit- und kostenaufwendig, da chirale Trennsäulen zu den teuersten Phasenmaterialien zählen.

In der Kapillarelektrophorese stellt die Optimierung der Migrationsreihenfolge von Enantiomeren ein wichtiges Teilgebiet dar. In diesem Kapitel sind verschiedene Möglichkeiten aufgeführt, wie man eine Umkehr der Migrationsreihenfolge für Kationen und Anionen erhalten kann. Prinzipiell lassen sich drei voneinander unabhängige Vorgehensweisen herausstellen.

1) Die Umkehr der Migrationsreihenfolge von Anionen und Kationen geht mit der Umkehr des elektroosmotischen Flusses einher. Letzteres erfolgt normalerweise durch Pufferzusätze, die den effektiven Ladungszustand an der Kapillarwand umkehren.

2) Unter Verwendung verschiedener chiraler Selektoren kann die Umkehr der Migrationsreihenfolge aufgrund unterschiedlicher Trennmechanismen erfolgen. Speziell Cyclodextrine besitzen in dieser Hinsicht ein großes Potential, weil sich über deren Derivatisierung die Selektivitäten bei der Trennung stark verändern.

3) Ionisierbare Cyclodextrine ermöglichen in einigen Fällen über ihren Ionisierungszustand eine Umkehr der Migrationsreihenfolge von Enantiomeren. Der Ionisierungszustand ist dabei über den pH-Wert leicht steuerbar.

In der Kapillarelektrophorese sind asymmetrische Peaks nicht allein ein Resultat langsam ablaufender Adsorption-Desorptionsvorgänge mit der Kapillarwand, sondern sie können auch auf Überladungseffekten des Puffers oder fehlerhafter Auswahl der Pufferionen beruhen. Dieses Phänomen der "Elektrodispersion" erzeugt dreieckige Peaks und ist die Konsequenz von unterschiedlichen Feldstärken zwischen Probezone und der diese umgebenden Puffer. Die Feldstärkeunterschiede können nun auf einer zu hohen Probekonzentration des Analyten oder auf unterschiedlichen Ionenbeweglichkeiten der Probeionen und Pufferionen beruhen. Bandenverbreiterungseffekte durch Peaküberladung werden hier an gegebener Stelle diskutiert. Die Auswahl eines geeigneten Hintergrundelektrolyten mit adäquater Mobilität zum Probeion wurde bereits in Kapitel 5.5 ausführlich diskutiert.

6.3.1 Änderung der Migrationsreihenfolge von Enantiomeren durch Umkehr des elektroosmotischen Flusses

Eine elegante Methode der Umkehr der Migrationsreihenfolge ist in der CE durch die Umkehr des EOF möglich. Bisher wurden bereits viele verschiedene Möglichkeiten der Beeinflussung des EOF in der Literatur beschrieben. Huang et al.[122], Jones und Jandik[123] sowie Regnier et al.[124] benutzten langkettige, kationische Detergenzien, um den EOF umzukehren. Dies geschieht über die Ausbildung einer Doppelschicht an der Kapillarwand, wobei die hydrophoben Teile dieser Detergenzien einander zugekehrt sind und die positiven Gruppen zur Kapillarwand bzw. zum Puffer weisen. Dadurch erhält die Kapillarwand einen positiven Ladungscharakter (im Vergleich zu unbehandelten Quarzkapillaren mit negativen Silanolgruppen), und somit kehrt sich auch der EOF um. Generell wird bei einem Überschuß an positiven Ladungen an der Kapillarwand der EOF nicht mehr kathodisch, sondern anodisch verlaufen. Daher vermögen auch adsorbierte kationische Amine[125,126] oder auch immobilisierte SAX oder WAX-Beschichtungen[127,128] den EOF umzukehren. Eine andere Methode zur EOF-Umkehr wurde durch Lee et al. beschrieben, die ein zweites externes elektrisches Feld außerhalb der Kapillare anlegten[129,130]. Die Anwendung der beiden letzten Verfahren ist jedoch mit vielen Schwierigkeiten verbunden. Ionische Belegungen der Kapillarwand erwiesen sich bisher im Dauerbetrieb unter Einwirken eines elektrischen Feldes als nicht stabil, was sich in einer Unreproduzierbarkeit der Migrationszeiten bemerkbar macht. Zudem ist die Stabilität dieser Belegungen bei hohen pH-Werten ebenfalls kritisch. Auch die Methode des Sekundärfeldes außerhalb der Kapillare führte nur bei niedrigen pH-Werten und bei geringer Ionenstärke des Puffers zu einer EOF-Umkehr. Zudem verlangt dieses Verfahren einen hohen apparativen Aufwand und ist bisher auch noch in keinem kommerziellen kapillarelektrophoretischen Gerät vorhanden. Wegen dieser Probleme wurde im folgenden die Einsetzbarkeit von Spermin, Spermidin und Hexadecyltrimethylammoniumbromid in Cyclodextrin-Systemen untersucht.

Die Möglichkeit, in einem elektrophoretischen Lauf sowohl Kationen als auch

Anionen zu detektieren, ist auf die Anwesenheit eines starken elektroosmotischen Flusses in unbehandelten Quarzkapillaren zurückzuführen. Da dieser EOF kathodengerichtet ist, werden die Kationen vor dem EOF und die Anionen hinter dem EOF durch den Detektor migrieren. Dabei werden die schnellsten Kationen zuerst (Comigration mit dem EOF) und die schnellsten Anionen zuletzt (Contramigration) detektiert.

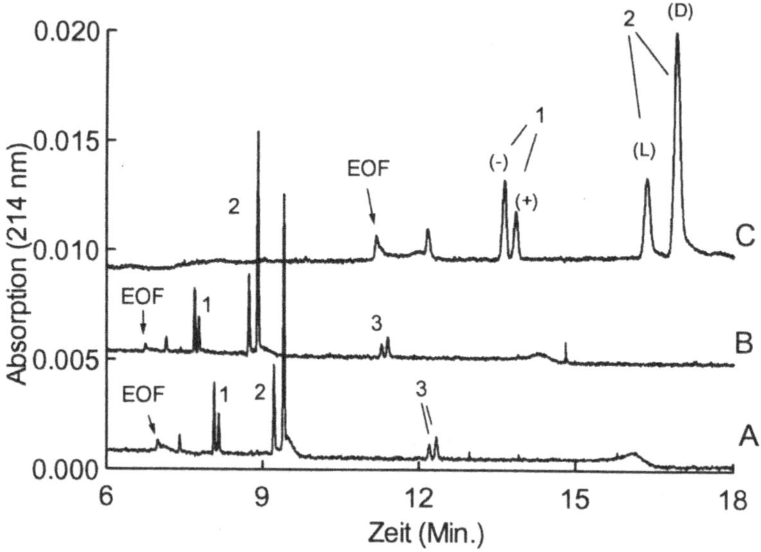

Abb. 6-47: Einfluß von CTAB als EOF-Flußmodifier auf die Migrationsrichtung Cyclodextrinenthaltender Puffer. Trennbedingungen: L=60/67 cm, 75 Id. unbelegte Kapillare, E=370 V/cm, 100 mM TRIS/Borsäurepuffer pH 8.35, Probe: Hexobarbital mit der (-) Form aufgestockt (1), Dansyl-Phenylalanin mit der (D)-Form aufgestockt (2), Hydrolyseproduct von Hexobarbital (3), Detektion an der Kathodenseite (Kathodischer EOF in allen Beispielen), CE-Instrument: P/ACE 2000 (Beckman)

Dies bedeutet, daß durch Umkehr des EOF mit gleichzeitigem Wechsel der Polarität der Elektroden nun die schnellsten Anionen zuerst am Detektor erscheinen und die schnellsten Kationen zuletzt, so daß sich hier genau die umgekehrten Verhältnisse wie in unbehandelten Kapillaren einstellen. Zur Umkehr des EOF sind heute überwiegend langkettige Tetraalkylammonium-Verbindungen im Einsatz, mit einer Kettenlänge zwischen C_{10} und C_{20}, die bei einer Konzentration unterhalb der kritischen micellaren Konzentration (CMC) eingesetzt werden. Daher wurde zuerst CTAB als gängigster Flußmodifier zusammen mit β- und Hydroxypropyl β-CD auf seine Anwendbarkeit getestet. Wie in Abbildung 6-47 zu sehen ist, konnte hier erstaunlicherweise keine Umkehr der Migrationsreihenfolge bei üblichen CTAB-Konzentrationen beobachtet werden. Ähnliches wurde auch von Quang und Khaledi[131] für basische Enantiomere bei niedrigen pH Werten zusammen mit β-CD gefunden. In den hier beschriebenen Beispielen wurden anionische Enantiomere bei pH Werten größer acht getrennt. In Abbildung 6-47 A ist die Trennung ohne Zusatz von CTAB gezeigt. Alle Anionen migrieren hinter dem EOF und sind durch die Anwesenheit von Hydroxypropyl β-CD als chiralem Selektor in die Enantiomere aufgetrennt. Wird das gleiche Puffersystem unter identischen Trennbedingungen mit einer CTAB-Konzentration von 0,5 mM eingesetzt, so kann erstaunlicherweise keine EOF-Umkehr beobachtet werden. Unter normalen Bedingungen - ohne CD im Puffer - verursacht diese CTAB-Konzentration bereits einen starken anodischen EOF, und die hier verwendeten Analyten migrieren in umgekehrter Reihenfolge, jedoch ohne Auftrennung in die Enantiomere.

Eine Erhöhung der CTAB-Konzentration auf 1 und 3 mM hatte zusammen mit β-Cyclodextrinen im Puffer keinen Einfluß auf die Wanderungsrichtung des EOF. Allerdings wird die Mobilität des EOF mit steigender CTAB-Konzentration stark verringert. Obwohl diese CTAB-Konzentrationen in regulären Puffern oberhalb der CMC liegen, konnte keine Migrationsänderung wegen Micellenbildung beobachtet werden. Abbildung 6-47 B und C zeigen die Verlangsamung des EOF sowie die dadurch verursachte Verlängerung der Analysenzeiten. Dies führt dazu, daß die Anionen mit der höchsten Mobilität in der hier vorgegebenen Zeit nicht mehr analysiert werden können. Dieses Verhalten β-CD-haltiger Puffer zeigt eindeutig, daß hier ein Mechanismus vorliegen muß, der die Ausbildung der CTAB-Doppelschicht an der Kapillarwand verhindert. Dies kann nur damit erklärt werden, daß langkettige Detergenzien auch Inklusionskomplexe mit den hier verwendeten CDs ausbilden kann, wodurch sich die effektiv wirksame Konzentration verringert. Daher ist auch erklärbar, daß auch bei Konzentrationen, die normalerweise oberhalb der CMC liegen, keine Micellenbildung beobachtet wird. Durch diese Komplexierung wird das CTAB quasi wieder von der Kapillarwand heruntergelöst, und es kommt somit zu keiner EOF-Umkehr. Wie bereits in der Literatur beschrieben, führt die Verwendung von γ-CD und CTAB zu einer Umkehr des EOF und zu einer Migrationsumkehr der Analyten[132].

Erwähnenswert ist das Auftreten eines Abbauprodukts von Hexobarbital (Peak 3 in Abbildung 6-47 A und B), welches aus alkalischer Hydrolyse des Harnstoffderivates Hexobarbital entsteht (siehe auch Kapitel 7.1.1). Während der

Hydrolyse von (-)-Hexobarbital ändert sich die Drehung des polarisierten Lichts von der (-)-Form zur (+)-Malonursäure[133]. Bei diesem Vorgang bleibt allerdings die absolute Konfiguration am asymmetrischen C-Atom erhalten. Umso erstaunlicher ist daher, daß nach der Enantiomerentrennung unter identischen Bedingungen beim Hexobarbital die (-)-Form zuerst, die (+) Malonursäure jedoch zuletzt detektiert wird. Dieses Beispiel zeigt sehr eindrucksvoll, daß auch die Gruppierungen, die weiter vom chiralen Zentrum entfernt liegen, sehr stark die Stabilität der Cyclodextrin-Analyt-Komplexe beeinflussen. Die durch die Ringhydrolyse entstehende Carboxylgruppe und Amidgruppe können sehr leicht mit den Hydroxylgruppen am Cyclodextrin Wasserstoffbrückenbindungen eingehen. Damit dies geschehen kann, müssen die betreffenden Gruppen viele Rotationsfreiheitsgrade besitzen, um sich gut an die chirale Matrix (hier Cyclodextrin) anpassen zu können. Von diesem Gesichtpunkt gesehen stellt eine zyklische Verbindung eine starke Einschränkung dieser Anpassungsfähigkeit dar. Bemerkenswert bleibt trotzdem, daß diese sterischen Einflüsse die Stabilität der Komplexe von Ausgangssubstanz und Hydrolyseprodukt so stark invertieren, daß wiederum eine Auftrennung erfolgen kann, jedoch in umgekehrter Reihenfolge.

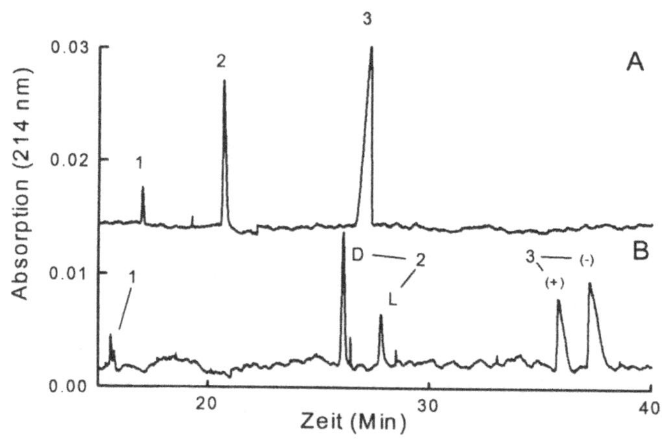

*Abb. 6-48: Einfluß von Spermidin auf die Migrationsrichtung cyclodextrinhaltiger Puffer. Trennbedingungen: L=60/67 cm, 75 µm Id., T=25 °C, Puffer: 100 mM TRIS, 100 mM Borsäure pH 8.3 mit 5 mM Spermidin*hydrochlorid, Probe: Hydrolyseprodukt von Hexobarbital (1) (aus alkalischer Hydrolyse des Hexobarbitals), Dansyl-Phenylalanin mit der (D)-Form aufgestockt (2), Hexobarbital mit der (-) Form aufgestockt (3), Instrument: P/ACE 2000 (Beckman): A) Angelegte Spannung: 20 kV, ohne Cyclodextrin im Puffersystem, Detektion am anodischen Kapillarende (anodischer EOF). B) Angelegte Spannung: 25 kV, 0.7 % (w/v) Hydroxypropyl-β-CD im Puffer enthalten, Detektion am anodischen Kapillarende (anodischer EOF).*

Bei der Verwendung von Polyamin-Lösungen sind die beim CTAB beobachteten Schwierigkeiten nicht mehr zu erwarten. Abbildung 6-49A zeigt eine Trennung aller Anionen mit umgekehrter Migrationsreihenfolge unter Einsatz von Spermidin bei anodischem EOF (vergleiche Abbildung 6-47 A). Auch nach Zugabe von Hydroxypropyl ß-CD bleibt die Umkehr des EOF und somit die Umkehr der Migrationsreihenfolge der Analyten erhalten. Auch stören diese Polyamine nicht bei der Enantiomerentrennung nach Zusatz des Cyclodextrins. Bei allen hier verwendeten Enantiomeren konnte so eine Auftrennung und die Migrationsumkehr der Enantiomere erzielt werden (vgl. Abb. 6-47 A). Obwohl alle Puffer vor dem Einsatz in der CE gefiltert worden waren, und alle verwendeten Chemikalien "Analytical Grade" besaßen, wurde mit zunehmender Analysenzeit ein zunehmendes Rauschen der Basislinie beobachtet.

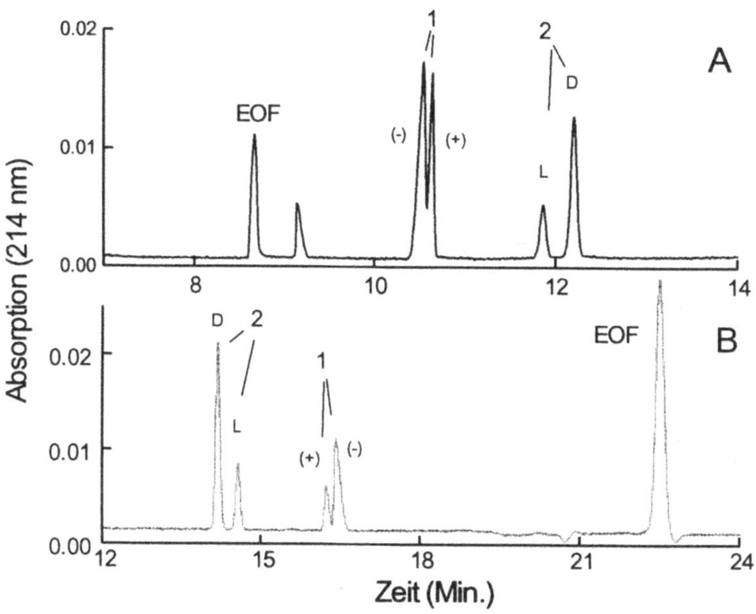

*Abb. 6-49: Einfluß von Spermin auf die Migrationsrichtung cyclodextrinenthaltender Puffer. Trennbedingungen: L=60/67 cm, 75 µm Id., T=25°C, angelegte Spannung: 20 kV, Puffer: 100 mM TRIS, 100 mM Borsäure pH 8.3 mit 5 mM Spermin*Hydrochlorid und 0.7 % (w/v) Hydroxypropyl-β-CD im Puffer, Probe: (±)-Hexobarbital mit der (-) Form aufgestockt (1), D,L-Dansyl-Phenylalanin mit der (D)-Form aufgestockt (2), Instrument: P/ACE 2000 (Beckman): A) Detektion am kathodischen Kapillarende (kathodischer EOF), Puffer ohne EOF-Flußmodifier. B) Puffer enthält 5 mM Spermin*Hydrochlorid, Detektion am anodischen Kapillarende (anodischer EOF)*

Die Gründe für dieses Verhalten des Spermidins konnten nicht geklärt werden. Bei Verwendung von Spermin als EOF-Flußmodifier wurden diese Probleme nicht mehr beobachtet. In Abbildung 6-49 A und B sind die Ergebnisse mit und ohne Spermin im Puffer gegenübergestellt. Abbildung 6-49 A zeigt die Enantiomerentrennung im Normalmodus ohne Zusatz des Spermins und einem kathodisch gerichteten EOF. In Abbildung 6-49 B ist der EOF nach Zusatz des Polyamins zur Anode gerichtet (Polaritätswechsel an den Elektroden erforderlich!), die Enantiomerentrennung wird auch hier in allen Fällen erzielt. Die Migrationsreihenfolge ist im Vergleich zu Abbildung 6-49 A umgekehrt. Schließt man das Erscheinen des EOF mit in die Analysenzeit ein, hat sich diese jedoch nach Einsatz des Spermins mehr als verdoppelt. Dies ist durch die geringe Mobilität des EOF bei der Verwendung von Polyaminen begründet.

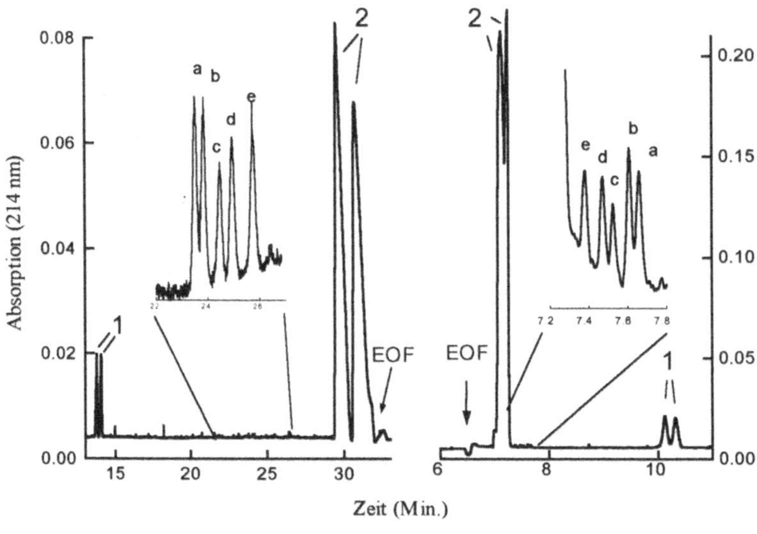

Abb. 6-50: Detektion von Verunreinigungen von Hexobarbital mit kathodisch und anodisch gerichtetem EOF. Trennbedingungen: L=50/57 cm, 75 µm Id. unbelegte Kapillare, Probe: (±)-Hydrolyseprodukt (1), (±)-Hexobarbital (2), (a,b,c,d,e) = Verunreinigungen, Instrument: P/ACE 2000 (Beckman): A) E=430 V/cm, Puffer: 0.1M TBE pH 8.3, 1.56 % (w/v) β-Cyclodextrin, kathodischer EOF. B) E=170 V/cm, Puffer: 0.1 M TBE pH 8.3, 1,56 % (w/v) β-Cyclodextrin, 5 mM Spermin∗HCl, umgekehrte elektrische Polarität, anodischer EOF

Die Vorteile der Umkehr des EOF sind aus Abbildung 6-50 ersichtlich. Sie zeigt die Trennung von Verunreinigungen von Hexobarbital mit und ohne Flußumkehr. Neben dem bereits bekannten Hydrolyseprodukt (Malonursäure) konnten noch 5 weitere Nebenprodukte (mit a, b, c, d und e bezeichnet), die wahrscheinlich Verunreinigungen aus dem Syntheseprozeß darstellen, detektiert werden. Dabei liegen die Peakflächen der Verunreinigungen im Promille-Bereich der Hauptkomponenten. Ohne Flußumkehr migrieren diese Verunreinigungen sehr nahe am überladenen Hexobarbitalpeak, während der Peakabstand bei EOF-Umkehr wesentlich günstiger zur Bestimmung von Verunreinigungen ist. Versucht man durch Erhöhung der Injektionszeit eine höhere Empfindlichkeit bei der Analyse zu erzielen, so stößt man ohne EOF-Umkehr schnell an die Grenzen der Beladbarkeit.

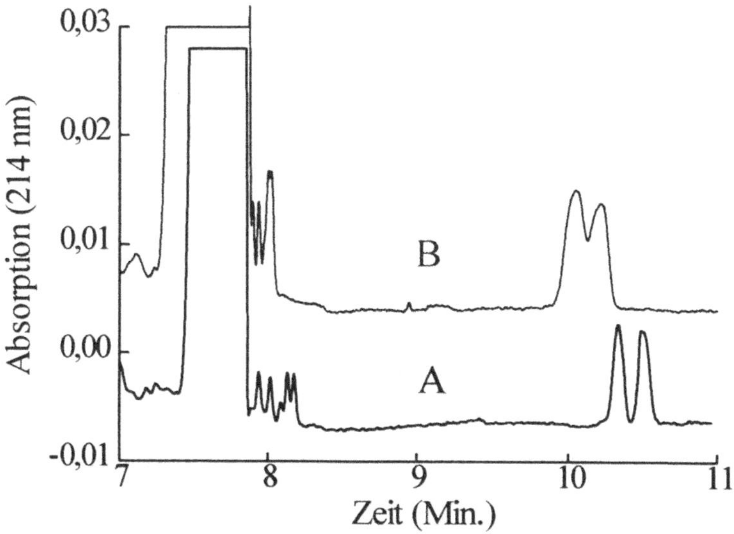

Abb. 6-51: Überladungseffekte in der Kapillarelektrophorese am Beispiel der Analyse von Verunreinigungen in Hexobarbital. Trennbedingungen: L=50/57 cm, E=350 V/cm, 100 mM TRIS, 100 mM Borsäure pH 8.3 mit 1.56 % (w/v) β-CD versetzt, Injektionsbedingungen: A) 5 s, 10 kV, B) 10 s, 10 kV

Dies ist in Abbildung 6-51 gezeigt. Durch Verlängerung der Injektionszeit überlagert die Hauptkomponente die Signale der Verunreinigungen und entzieht diese somit der Analyse. Auch sinkt bei den anderen ebenfalls abgetrennten Analyten wegen Volumenüberladung die Auflösung, was in diesem Fall gut am Beispiel der Malonursäure zu sehen ist.

6.3.2. Umkehr der Migrationsreihenfolge von Enantiomeren durch die Auswahl verschiedener chiraler Selektoren

Die Analyse von kationischen Enantiomeren ist mit den hier vorgestellten Polyaminen nicht ohne weiteres möglich. Die anodengerichtete Mobilität des EOF ist nicht groß genug, um die meist schnellen kationischen Enantiomere mitzureißen und somit ihre Migrationsreihenfolge umzukehren. Daher ist in diesen Fällen nach anderen Möglichkeiten für die Migrationsumkehr zu suchen. Bei den etablierten Methoden ist eine Umkehr der Migrationsreihenfolge durch Wechsel der chiralen Umgebung schon seit langem im Einsatz. Auch in der Kapillarelektrophorese kann dies durch den Einsatz der Mizellaren Elektrokinetischen Chromatographie (MEKC) sehr einfach durchgeführt werden. Die zum Einsatz kommenden chiralen Mizellenbildner (siehe Kapitel 3.3.1.) können sowohl in der reinen R-Konfiguration sowie in der S-Konfiguration verwendet werden. Durch die Veränderung des chiralen Ambientes an der Oberfläche der Mizelle wird die Migrationsreihenfolge der Enantiomere umgekehrt.

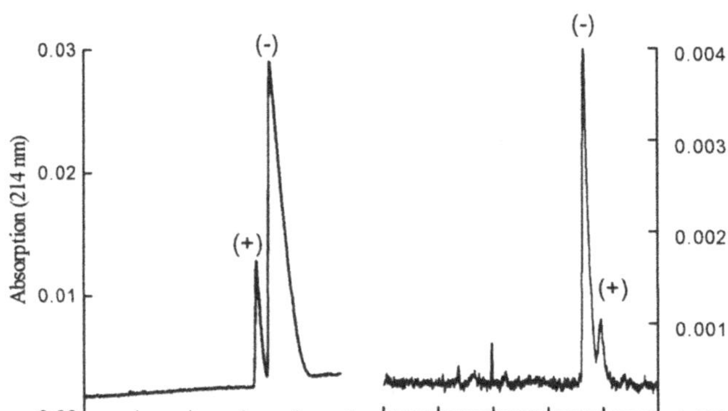

Abb. 6-52: Umkehr der Migrationsreihenfolge von Ephedrin unter Verwendung von Carboxymethyl-β-CD und Heptakis-(di-O-methyl)-β-CD. Trennbedingungen: L=20/27 cm, 75 µm Id. belegte Kapillare (4%T LPA), E=370 V/cm: A) 20 mM Zitronensäurepuffer pH 2.8 mit 2 % (w/v) Carboxymethyl-β-CD versetzt. B) 20 mM Phosphatpuffer pH 2.2 (mit HCl und TRIS eingestellt) mit 2 % (w/v) Heptakis-(di-O-methyl)-β-CD versetzt.

Da wie bei der Malonursäure kleine Änderungen in der Struktur des Analyten bereits eine Umkehr der Migrationsreihenfolge bewirken, ist umgekehrt auch zu erwarten, daß Änderungen am Cyclodextrinring durch Derivatisierung auch zu einer Umkehrung der Selektivität zum Analyten führen kann.

Das Migrationsverhalten von Ephedrin als ein wichtiger Vertreter kationischer Enantiomere wurde unter Verwendung verschiedener Cyclodextrine untersucht. Dabei konnte (±)-Ephedrin mit Heptakis-(2,6-di-O-methyl)-ß-CD getrennt werden, wobei das (-)-Enantiomer vor dem (+)-Enantiomer migriert[134]. Carboxymethyl β-CD zeigte ebenfalls eine sehr gute Selektivität zu Ephedrin, allerdings konnte hier das (+)-Ephedrin zuerst detektiert werden. Diese beiden Beispiele sind in Abb. 6-52 zusammengefaßt.

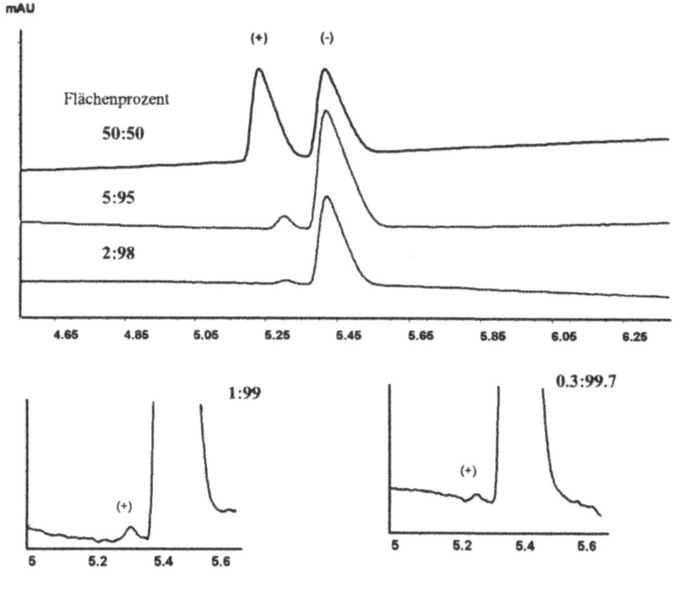

Abb. 6-53: Bestimmung des Enantiomerenüberschusses von (-)-Ephedrin Trennbedingungen: L=23.5/32 cm, E=470 V/cm, belegte Kapillare (4 % T LPA), 75 µm Id., Kapillare mit dreifach aufgeweitetem Detektionsfenster, Druckinjektion mit 10 mbar über 3 s., 20 mM Zitronensäurepuffer pH 2.5 mit 2 % (w/v) Carboxymethyl-β-CD, Instrument: HP^{3D}-System (Hewlett-Packard)

Wie hier gezeigt, ist es also möglich, durch unterschiedlich derivatisierte Cyclodextrine die Affinitäten des gleichen Analyten zum Cyclodextrin so stark zu verändern, daß eine Umkehr der Migrationsreihenfolge auftritt. Es ist demnach nicht erforderlich, Cyclodextrine einzusetzen, die anstelle von D-(+)-Glucoseeinheiten aus D-(-)-Glucoseeinheiten aufgebaut sind.

Aus Abbildung 6-52 ist auch ersichtlich, daß im Falle des Carboxymethyl-β-CD eine viel höhere Probenmenge injiziert wurde als beim Heptakis-(2,6-di-O-methyl)-ß-CD. Da zur Bestimmung von Verunreinigungen immer größere Probenmengen injiziert werden müssen und die Effizienzen in der CE sehr stark von der aufgegebenen Probemenge abhängig sind, ist unter den hier aufgeführten Trennbedingungen der Einsatz des Heptakis-(2,6-di-O-methyl)-ß-CD schlecht möglich. Wie bereits oben diskutiert, sollte der Nachweis von Verunreinigungen vor der Elution des Hauptpeaks erfolgen, was beim Carboxymethyl-ß-CD gewährleistet ist. Aus diesen Gründen wurde für Ephedrin das Detektionslimit für (+)-Ephedrin im Überschuß der (-)-Form untersucht sowie die Beladbarkeit des Systems getestet. Dabei wurde eine kurze belegte Kapillare (4 % T LPA) eingesetzt, um eventuell auftretende Wandadsorptionseffekte zu verhindern[135] sowie den EOF zu unterdrücken. Außerdem zeigten diese Kapillaren auch eine wesentlich verbesserte Migrationszeitkonstanz im Vergleich zu unbelegten Quarzkapillaren (vgl. auch Kapitel 5.8).

Migrationszeitstatistik	(+) Ephedrin	(-) Ephedrin	
Mittelwert (11 Analysen)	5,28±0,06	5,40±0,07	
% RSD (11 Analysen)	1,1 %	1,2 %	
Flächenprozent (Migrationszeit korrigiert)			**ee (%)**
Vorgelegt	Gefunden		
50-50	49,23	50,77	3,0
10-90	9,62	90,38	81,0
5-90	4,98	95,02	90,0
2-98	2,27	97,73	96,0
1-99	0,72	99,28	98,7
0,1-99,9	0,30	99,70	99,3

Tab.6-5: Migrationszeitstatistik und Flächenprozent für (±)-Ephedrin

In Abbildung 6-53 ist das Detektionslimit von (+)-Ephedrin im Überschuß an (-)-Ephedrin gezeigt. Dabei ergab sich ein Detektionslimit von 0,3% der (+)-Form bei den hier herrschenden Trennbedingungen. Die Ergebnisse sind noch einmal in Tabelle 6-5 zusammengefaßt.

Es zeigte sich eine sehr gute Reproduzierbarkeit der Migrationszeit, die über alle durchgeführten Trennungen ermittelt wurden. Da hier eine sehr kurze Kapillare eingesetzt wurde, kann durch Verlängerung der Trennkapillare eine größere Auflösung erzielt werden, was wiederum eine Überladung des Systems zulassen und höhere Signale für beide Komponenten liefern sollte. Damit dies durchgeführt werden kann, muß die Pufferkapazität erhöht werden, um diejenigen Beiträge zur Bandenverbreiterung zu vermeiden, die auf einer hohen Leitfähigkeit der Probenzone beruhen (Elektrodispersion).

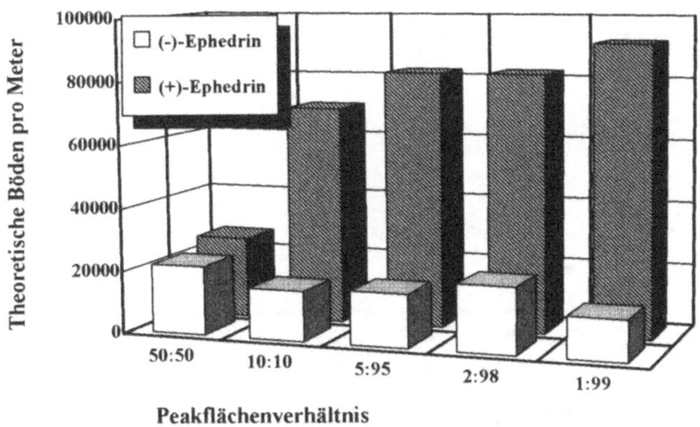

Abb. 6-54: Effizienzen für (±)-Ephedrin mit steigendem Überschuß an (-)-Ephedrin. Trennbedingungen wie in Abb.6-52.

Diese Überladungseffekte sind auch schon in Abbildung 6-54 erkennbar. Stellt man die Effizienzen der beiden Enantiomere gegenüber, so ergeben sich mit zunehmender Verdünnung des (+)-Enantiomers wesentlich höhere Effizienzen als Folge höherer Peaksymmetrie. Die Effizienzen des überladenen (-)-Ephedrin bleiben auf einem niedrigen Niveau. Die dort auftretenden Schwankungen beruhen auf Änderungen in der absolut aufgegebenen Probenmenge. Da hier eine sehr kurze Injektionszeit gewählt wurde, sind die auftretenden Injektionsfehler hoch. Der Erhöhung der Injektionszeit bei konstantem Druck sind allerdings auch Grenzen gesetzt. Am Beispiel einer 23 ppm Propranolollösung ist in Abbildung 6-55 gezeigt, daß ab einer Injektionszeit von über 5 Sekunden die Auswertung nach der Peakhöhenmethode keine zuverlässigen Ergebnisse mehr liefert. Dies ist ein Hinweis auf Volumenüberladung des Systems und niedrigere Injektionszeiten sollten gewählt werden. Wird eine Eichkurve aufgenommen, so muß in der CE die Injektionsdauer konstant gehalten werden. Es ist jedoch wichtig, die optimale

Injektionsdauer vorher zu ermitteln. Dies kann, wie hier gezeigt, durch den Vergleich der Peakflächen- mit der Peakhöhenmethode erfolgen. Es wird hier auch deutlich, daß die Peakflächenmethode robuster auf Überladungsphänomene reagiert. Deshalb werden in der CE auch überwiegend die Peakflächen zur Quantifizierung eingesetzt. Sehr kurze Injektionszeiten verursachen einen größeren Fehler bei der Injektion, weil die Druck-Zeit-Profile im Injektionssystem nicht reproduzierbar wiederholt werden können. Wie in Abbildung 6-55 (oben) gezeigt, können auch bei einer Injektion von 1 Sekunde noch akzeptable Regressionen erhalten werden.

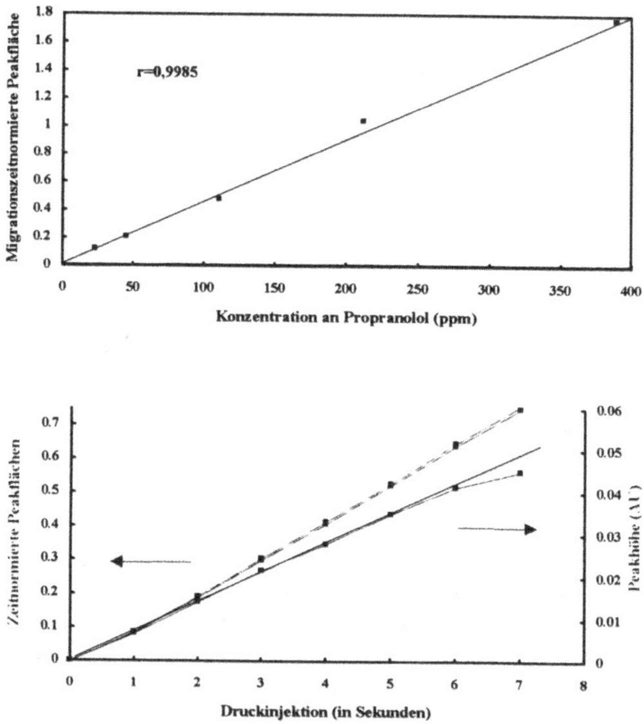

Abb. 6-55: Einfluß der Injektionsdauer (Druck) auf die Linearität der Peakflächen und Peakhöhen. Trennbedingungen auf dem Beckman-Gerät: L=20/27 cm 75 µm Id. LPA-belegte Kapillare, E=330 V/cm, Detektion bei 214 nm, 23 ppm-Lösung an Propranolol, 2 % (w/v) Carboxymethyl β-CD in 20 mM Zitronensäurepuffer pH 2.5, Druckinjektion (0,5 psi) zwischen 1 und 7 Sekunden. Oben: Eichgerade bei einer Injektionszeit von 1s, Unten: Verlauf der Peakflächen und Peakhöhen mit zunehmender Injektionsdauer.

Führt man das inverse Experiment durch und bestimmt (-)-Ephedrin im

Überschuß an (+)-Ephedrin so können nur noch etwa 1-2 % der (-)-Form unter identischen Bedingungen detektiert werden. Dies zeigt deutlich die Vorteile einer Umkehr der Migrationsreihenfolge. Es wurde in diesen Experimenten eine Kapillare mit einem erweiterten Innendurchmesser an der Detektionsstelle eingesetzt. Diese sogenannte Blasenzelle ("Bubble Cell"(Hewlett Packard)) hatte an der Detektionsstelle einen dreifach aufgeweiteten Innendurchmesser der Kapillare. Der Kapillarinnendurchmesser war mit 75 µm angegeben, während die Detektionsstelle auf 225 µm erweitert worden war. Dies ist hier ebenfalls von Bedeutung, da diese Kapillaren wegen des größeren Innendurchmessers an der Detektionsstelle ein etwa drei- bis fünffach besseres Signal-Rausch-Verhältnis bieten und somit eine empfindlichere Detektion ermöglichen. Die hier detektierte Menge an (+)-Ephedrin betrug 0,5 ppm, die des Hauptpeaks (-)-Ephedrin 500 ppm.

6.3.3. Umkehr der Migrationsreihenfolge durch Änderung des pH-Werts

Eine weitere Möglichkeit der Umkehr der Migrationsreihenfolge ist über den Einsatz von ionisierbaren Cyclodextrinen gegeben, bei denen die Ladung am CD-Ring vom pH-Wert abhängig ist. Wie bereits in Kapitel 6.2. ausführlich diskutiert, sind die carboxylierten Cyclodextrine bei pH-Werten über 5 ionisiert und erhalten somit eine eigene elektrophoretische Mobilität. Daher kommt es generell auf die Stärke der Wechselwirkungen zwischen Analytkation und CD-Anion an, ob das Cyclodextrin oder der Analyt die Migrationsrichtung festlegt. In Tabelle 6-6 und Abbildung 6-56 sind diejenigen Ergebnisse zusammengefaßt, bei denen verschiedene Cyclodextrine bei unterschiedlichen pH-Werten zu einer Trennung von Ephedrin geführt haben.

Die hier eingesetzten Cyclodextrine zeigten verschiedene Selektivitäten bei unterschiedlichen pH-Werten. Vor allem beim Übergang vom ungeladenen in den geladenen Zustand der Carboxylgruppen enthaltenden Cyclodextrine sind sehr starke Selektivitätsunterschiede zu beobachten. Hierbei ist zu erwähnen, daß β-CD-Phosphat sich in üblichen pH-Bereichen (pH 2-11) immer im ionisierten Zustand befindet, während Heptakis-(2,6-di-O-methyl)-β-CD immer ungeladen vorliegt.

Carboxymethyl-β-CD konnte Ephedrin im ungeladenen (pH 3) wie im geladenen Zustand (pH 5.5) auftrennen (Abbildung 6-56 A und B). Dies erklärt sich durch die Transportmechanismen, die den Analyt zum Detektor bewegen. Im ungeladenen Zustand des Cyclodextrins kann der kationische Analyt durch seine eigene Mobilität den Detektor erreichen (kathodengerichtete Migration), wobei das Enantiomer mit der stärksten Affinintät zum Cyclodextrin die geringere Mobilität entwickelt. Im geladenen Zustand des Cyclodextrins kann, bei starken

Wechselwirkungen des anionischen CD, die Ladung der Probe überkompensiert werden und der kationische Analyt wird von dem anionischen Cyclodextrin in Richtung des Detektors transportiert. Es kann in diesem Fall auch über eine Ausbildung von Ionenpaaren diskutiert werden.

Cyclodextrin	Auflösung (pH<3) (Ungeladener Modus)	Auflösung (pH>5) (geladener Modus)	Umkehr der Migrationsreihenfolge
Carboxymethyl-β-CD	(+) zuerst*	(-) zuerst*	ja
Carboxyethyl-β-CD	keine Auflösung	(-) zuerst*	nein
Succinyl-β-CD	(+) zuerst*	(+) zuerst*	nein
Carboxymethyl-β-CD Polymer	keine Auflösung	keine Auflösung	nein
β-CD-Phosphat	immer geladen	keine Auflösung	nein
Heptakis (2,6-di-O-methyl)-β-CD	(-) zuerst*	nicht geladen	nein

*Tab. 6-6: Auflösung und Migrationsreihenfolge für Ephedrin unter Verwendung verschiedener Cyclodextrine mit unterschiedlichem Ladungszustand. (*beschichtete Kapillare mit unterdrücktem EOF, Polarität der Elektroden muß daher beim Übergang vom geladenen zum ungeladenen Cyclodextrin gewechselt werden)*

Das Cyclodextrin ist dann ein "Carrier", wobei das Enantiomer mit der größten Affinität nun zuerst im Detektor erscheint (vgl. auch Kapitel 6.2.). Carboxyethyl-β-CD ermöglichte nur im geladenen Zustand über pH 5 eine Auftrennung des Ephedrin. Auch in diesem Fall fungiert das Cyclodextrin als Carrier und bestimmte die Migrationsrichtung des Enantiomerenpaares (anodengerichtete Migration). Succinyl-β-CD zeigte sowohl im geladenen als auch im ungeladenen Zustand eine Selektivität zu Ephedrin. Im ungeladenen Zustand ist die Trennleistung dieses Cyclodextrins jedoch gering. Im geladenen Zustand verhilft bereits eine wesentlich geringere CD-Konzentration zu einer besseren Trennung. Dies ist eindeutig auf die nun vorhandene elektrostatische Anziehung zwischen Analyt und CD zurückzuführen. In diesem Fall sind die Affinitäten nicht so stark ausgebildet, daß das Cylcodextrin die Migrationsrichtung bestimmen würde. Im geladenen wie ungeladenen Zustand wandern die kationischen Enantiomere zur Kathode.

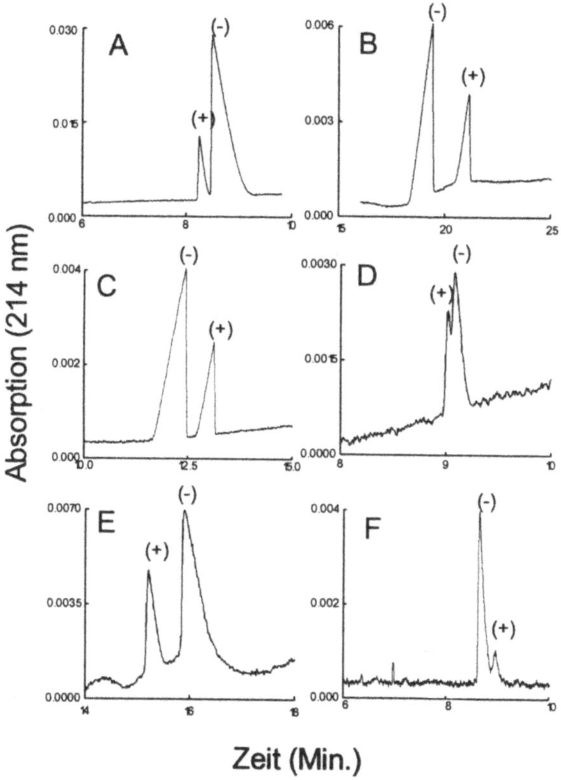

Abb. 6-56: Migrationsreihenfolge von (±)-Ephedrin unter Verwendung verschiedener Cyclodextrine und pH-Werte. Trennbedingungen: Probe: (±)-Ephedrin (4) mit (-)-Form aufgestockt, Instrument: P/ACE 2000 (Beckman), Detektion bei 214 nm, belegte Kapillare (4%T LPA). A) L = 20/27 cm, E = 370 V/cm, T = 25°C, Puffer: 20 mM Zitronensäure pH 2.8 mit 2 % (w/v) Carboxymethyl-β-Cyclodextrin

B) L = 30/37 cm, E = 270 V/cm, T= 20° C, Puffer: 1.5 % (w/v) Carboxymethyl-β-Cyclodextrin mit TRIS auf pH 7.2 eingestellt

C) L=20/27 cm, E=370 V/cm, T=20°C, Puffer: 1 % (w/v) Carboxyethyl-β-Cyclodextrin mit TRIS auf pH 6.2 eingestellt

D) L= 30/37 cm, E = 540 V/cm, T = 25°C, Puffer: 20 mM Zitronensäure pH 2.2 mit 1.55 % (w/v) Succinyl-β-Cyclodextrin,

E) L= 30/37 cm, E = 270 V/cm, T = 25°C, Puffer: 1 % (w/v) Succinyl-β-Cyclodextrin mit TRIS auf pH 5.7 eingestellt

F) L = 20/27 cm, E = 370 V/cm, T = 25°C, Puffer: 20 mM Phosphatpuffer pH 2.2 (mit TRIS und HCl eingestellt) mit 2 % (w/v) Heptakis (2, 6-di-O-methyl)-β-Cyclodextrin

Ein Ionenpaarmechanismus mit Ladungsüberkompensierung kann hier nicht mehr festgestellt werden. Carboxymethyl-β-CD Polymer erzielte unter den hiesigen Bedingungen weder bei niedrigen noch bei höheren pH-Werten eine Auftrennung während das β-CD-Phosphat für das Ephedrin eine Selektivität zeigte (siehe Kapitel 6.2.5). Die in Abbildung 6-56 dargestellten Dreieck-Peaks sind, wie bereits diskutiert, ein Überladungsphänomen aufgrund von Elektrodispersion. Ephedrin wurde bei diesen verschiedenen Cyclodextrinen als Testsubstanz eingesetzt. Dies bedeutet auch, daß bei anderen Analyten eine Umkehr der Migrationsreihenfolge mit dem pH möglich ist und diese sich nicht nur beim Carboxymethyl-β-CD bemerkbar machen muß.

6.3.4. Umkehr der Migrationsreihenfolge von Enantiomeren mit steigender Cyclodextrinkonzentration

Wie bereits in Kapitel 4 ausgiebig besprochen, ist die Cyclodextrinkonzentration ein wichtiger Optimierungsparameter. Normalerweise wird mit steigender CD-Konzentration steigende Auflösung des Analyten bis zur Löslichkeitsgrenze des CD beobachtet oder es liegt ein Auflösungsmaximum inmitten des einsetzbaren Konzentrationsbereichs vor. In dieser Arbeit konnte zum ersten Mal gezeigt werden, daß mit zunehmender CD-Konzentration die Auflösung ein Maximum durchlief, auf den Wert Null absank und danach erneut eine Trennung beobachtet wurde, wobei sich die Migrationsreihenfolge der Enantiomere umkehrt. Die Ursachen für diese Art der Migrationsumkehr von Enantiomeren wurde bereits bei den Modellvorstellungen über die Trennung von Enantiomeren in Kapitel 4 am Beispiel von Dansyl-Phenylalanin und Hydroxypropyl-β-CD als chiraler Selektor diskutiert.

7. Applikationen verschiedener Trennprobleme in der Kapillarelektrophorese

Die in diesem Kapitel aufgeführten Beispiele umfassen diverse Trennprobleme, die mit Hilfe der Kapillarelektrophorese gelöst werden konnten. Da es sich hier zum Teil um Substanzen handelt, die keine chiralen Zentren aufweisen, sind im folgenden die Problemstellungen in die Unterkapitel "Stereoisomerentrennung" sowie "weitere Anwendungsmöglichkeiten" unterteilt.

7.1. Anwendungen in der Stereoisomerentrennung

Die hier beschriebenen praktischen Anwendungen umfassen neben der Trennung von Enantiomeren unter Verwendung von chiralen Selektoren auch die Trennung von Diastereomeren ohne optisch aktive Umgebung. Weiterhin wurden Möglichkeiten zur Analyse von ionischen Cyclodextrinen sowie der Analyse von Aminosäuren mit indirekter UV-Detektion untersucht.

7.1.1. Hydrolysekinetiken pharmakologischer Enantiomere

Viele pharmakologische Präparate, die heute im Einsatz sind, enthalten säure- bzw. basenlabile funktionelle Gruppen, z.B. Ester, Amide usw., deren Wirkungsweise zudem auch durch diese funktionellen Gruppen festgelegt ist. Die Bestimmung von eventuell auftauchenden Abbaukinetiken ist daher unbedingt erforderlich, vor allem auch deswegen, weil der Wirkstoff im Kreislauf oder bei oraler Aufnahme unterschiedlichen pH-Werten ausgesetzt ist.

Ein möglicher Hydrolyseverlauf ist hier anhand des Hexobarbitals gezeigt. Hexobarbital ist ein zyklisches Harnstoffderivat und unterliegt der Zersetzung im basischen Milieu unter Bildung der Malonursäure. Die Zersetzungsreaktion kann folgendermaßen ablaufen:

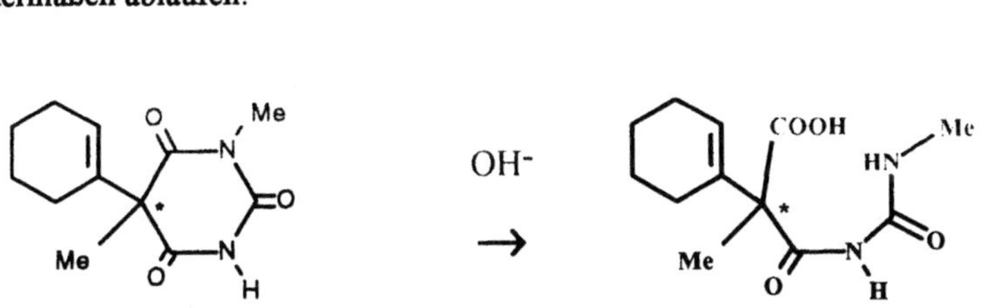

(-)-Hexobarbital (+)-Malonursäure

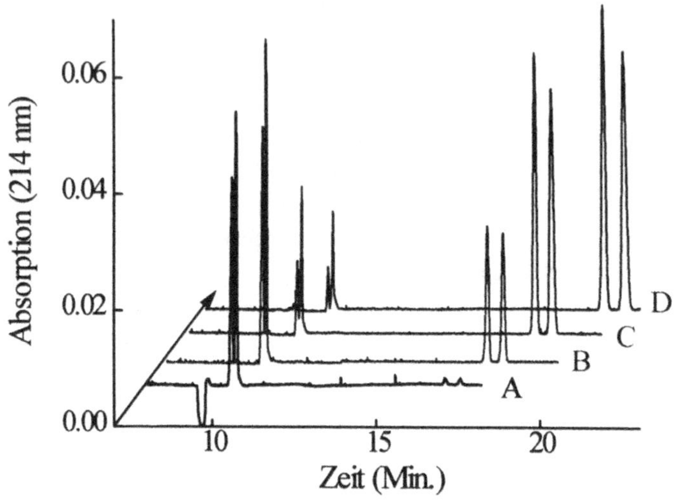

Abb. 7-1: Alkalische Hydrolyse von (±)-Hexobarbital zur (±)-Malonursäure Trennbedingungen: L=50/57 cm, E=430 V/cm, 100 mM TRIS, 100 mM Borsäure pH 8.3, 1.5 % (w/v) β-CD, A) Analytischer Lauf (0 Minuten), B) C) D) nach Zusatz von 1 M NaOH zur Probelösung (40, 110, 157 Minuten).

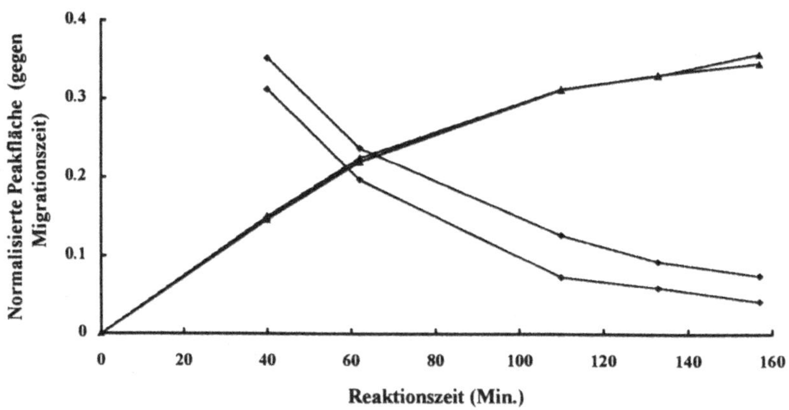

Abb. 7-2: Verlauf der Peakflächen während der alkalischen Hydrolyse von Hexobarbital. Trennbedingungen wie in Abb. 7-1.

Diese Hydrolyse erfolgt selektiv an der N-Methyl-Position des Rings unter Bildung des freien Carboxylats. Dadurch besitzt das Hydrolyseprodukt eine zusätzliche negative Ladung, erhält somit eine höhere Mobilität und wird später im Elektropherogramm detektiert (Abbildung 7-1). Wie im Kapitel über die Umkehr der Migrationsreihenfolge (Kapitel 6.3.) bereits diskutiert, entsteht aus dem (-)-Hexobarbital die (+)-Malonursäure, obwohl die absolute räumliche Orientierung der Gruppen am asymmetrischen C-Atom gleichbleibt. In Abbildung 7-3 ist der Hydrolyseverlauf nach Zusatz von NaOH zur Probe gezeigt. Trägt man die Peakflächen der Ausgangsprodukte und der Zersetzungsprodukte gegen die Reaktionszeit auf, erhält man für das (+)-Hexobarbital eine höhere Peakfläche im Vergleich zum (-)-Hexobarbital, obwohl in diesem Beispiel ein Racemat zum Einsatz kam. Da jedoch bei den Peakflächen der Malonursäure ein gleichförmiger Anstieg der Peakflächen bei beiden Enantiomeren zu beobachten ist und beim Ausgangsprodukt die Differenz der Peakflächen während der Hydrolyse immer gleich bleibt, kann es sich hier nur um eine Verunreinigung handeln, die sich während der Hydrolyse nicht zersetzt.

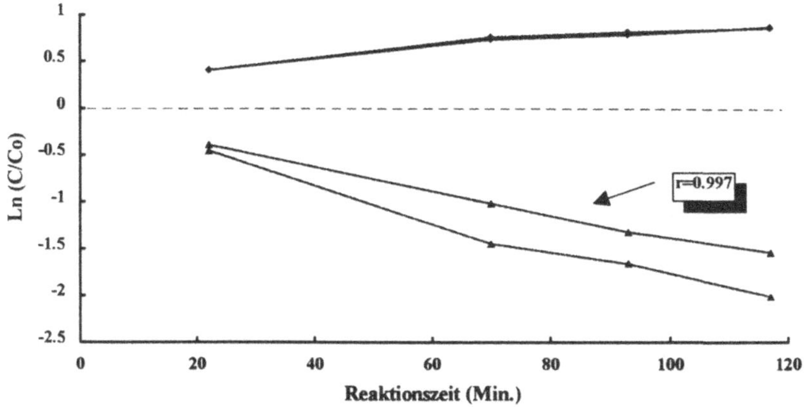

Abb. 7-3: Kinetik der alkalischen Hydrolyse von Hexobarbital

Trägt man den Logarithmus des Quotienten der Ausgangs- und der aktuellen Konzentration gegen die Reaktionszeit auf, so erhält man aus der Steigung der Geraden die Geschwindigkeitskonstante, die hier mit 0,012 s^{-1} und einem Korrelationskoeffizienten von r=0,997 bestimmt wurde.

7.1.2. Trennung von diastereomeren Metallkomplexen: Lobaplatin

Pharmakologisch haben auch viele Metallkomplexe eine große Bedeutung erlangt.

So sind in der Chemotherapie eine Reihe platinorganischer Verbindungen mit Erfolg im Einsatz, und auch die Weiterentwicklung neuer Wirkstoffe ähnlicher Konstitution ist auf diesem Gebiet sehr rege[136,137]. In Abbildung 7-4 ist die Struktur eines Chemotherapeutikums (Lobaplatin[138])gezeigt, welches mit Hilfe der Kapillar-elektrophorese erfolgreich getrennt werden konnte. Obwohl diese Substanz auch als Enantiomerenpaar vorliegen kann, wurde hier nur die Trennung der Diastereomere untersucht. Bei der Trennung von Diastereomeren ist es nicht unbedingt erforderlich, eine optisch aktive Umgebung (chiraler Selektor) bei der Trennung zu verwenden, da Diastereomere sich auch sehr in anderen physikalischen Eigenschaften voneinander unterscheiden wie z.B. Hydrophobie, Schmelzpunkt, Löslichkeit usw.. Die hier besprochene Verbindung konnte auch mit der HPLC an einer RP-C18-Phase getrennt werden (hier nicht gezeigt), allerdings wurde ein starkes Peaktailing sowie eine dadurch reduzierte Auflösung erhalten. Die Trennung wurde mit einem 10 mM Phosphatpuffer pH 4,6 mit 5 % Acetonitril isokratisch in 23 Minuten durchgeführt. Die Stabilität der Probe bei dieser Trennung war problematisch wegen der Konkurrenz der Pufferionen als potentielle Komplexliganden.

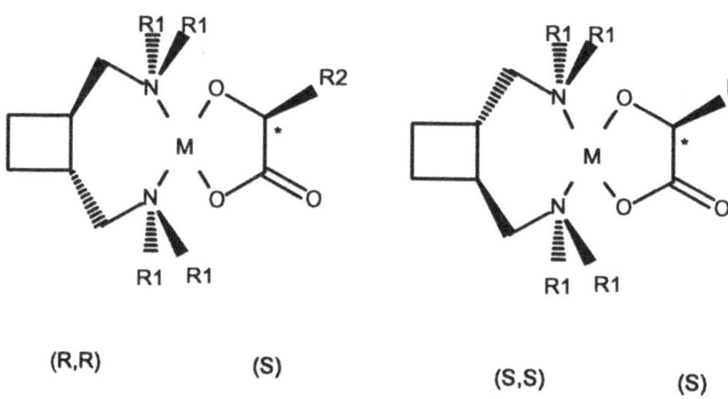

Abb. 7-4: Struktur der diastereomeren metallorganischen Verbindung. R1=H, R2=Methyl, M=Pt(II)

In der Kapillarelektrophorese konnte unter Verwendung der mizellaren elektrokinetischen Chromatographie eine vergleichbare Trennung erhalten werden. Wie in Abbildung 7-5 dargestellt, konnte die Trennung innerhalb von 13 Minuten mit symmetrischen Peaks und hohen Effizienzen durchgeführt werden. Dabei wurde ebenso ein Phosphatpuffer eingesetzt, jedoch stellt bei pH 7,0 dieses System wesentlich mildere Trennbedingungen zur Verfügung als in diesem Fall die HPLC.

Mit zunehmender Konzentration an SDS verlängerte sich die Analysenzeit mit einhergehender Erhöhung der Auflösung. Der Zusatz von Methanol wurde zur Verkürzung der Analysenzeit mit gleichbleibender Auflösung eingesetzt.

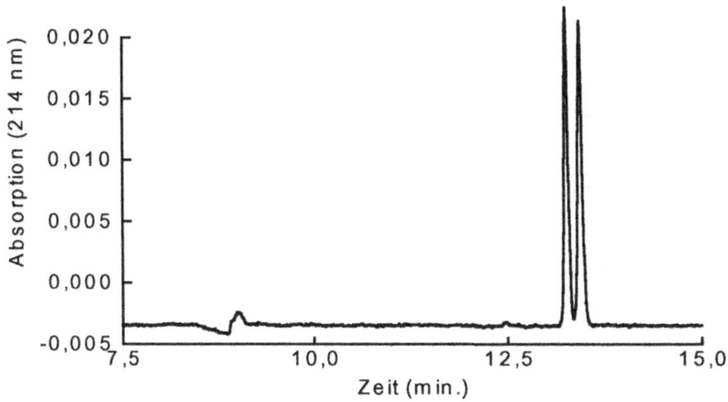

Abb. 7-5: Trennung von zwei diastereomeren Metallkomplexen. Trennbedingungen: L=60/67 cm, E=370 V/cm, T=25°C, Puffer: 16 mM Phosphatpuffer pH 7.0, 100 mM SDS, 15 % (v/v) Methanol, Detektion bei 214 nm, Gerät: Beckman Pace 2000

7.1.3. Trennung eines potentiellen Pharmakons mit γ-CD

Gerade bei chiralen Pharmazeutika ist eine Trennung in die Enantiomere unerläßlich und daher ist die Methodenentwicklung zu deren Trennung oft ein zeitaufwendiger und teurer Schritt für deren Freigabe durch die Behörden. Die hier aufgeführte Substanz stellte ein Trennproblem dar, das mit der Kapillarelektrophorese gelöst werden sollte. Als chirale Selektoren waren alle nichtionisierbaren hydroxypropylierten und methylierten α-, β- und γ-Cyclodextrinen im Test. Dabei zeigte nur das γ-CD eine ausreichende Selektivität, die eine weiterführende Optimierung zuließ. Dabei wurden die Cyclodextrinkonzentration, der pH-Wert des Puffers sowie belegte und unbelegte Kapillaren unterschiedlicher Länge eingesetzt. Dabei konnte nur in einem TRIS/Borsäurepuffer pH 8.5 mit 10 mM γ-CD eine etwa 70 % ige Auftrennung erzielt werden (Abbildung 7-6 links). Auch eine Kapillarverlängerung von 7 cm in Abbildung 7-6 (rechts) auf 70 cm führte zu keiner Verbesserung der Auflösung. Die hier gezeigte Trennung scheint demnach auf komplizierteren Trennmechanismen zu beruhen. Normalerweise führt eine Verlängerung der Trennstrecke auch zu einer Verbesserung der Auflösung. Es ist bei γ-Cyclodextrinen bekannt, daß mehr als ein Analyt im Inneren dieser CD Platz findet, was in diesem Fall eine Erklärung sein könnte.

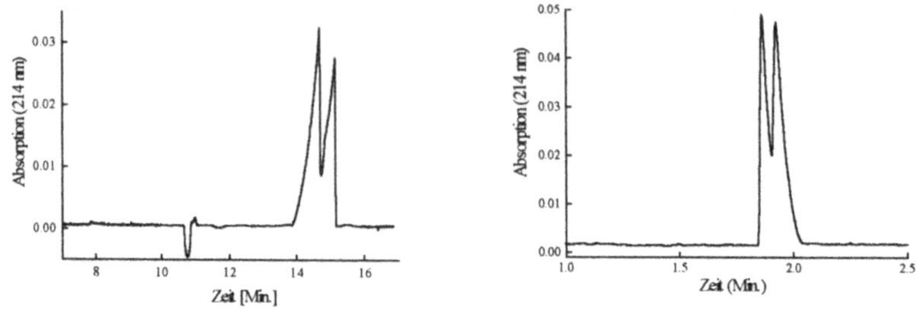

Abb. 7-6: Trennung eines potentiellen Pharmakons mit γ-CD
Links: L=60/67 cm, E=420 V/cm, T=20°C, 100 mM TRIS-100 mM Borsäure pH 8.5 mit 10 mM γ-CD versetzt
Rechts: L=7/77 cm, E=360 V/cm, T=20°C, 100 mM TRIS-100 mM Borsäure pH 8.5 mit 10 mM γ-CD und 5 mM Spermin versetzt

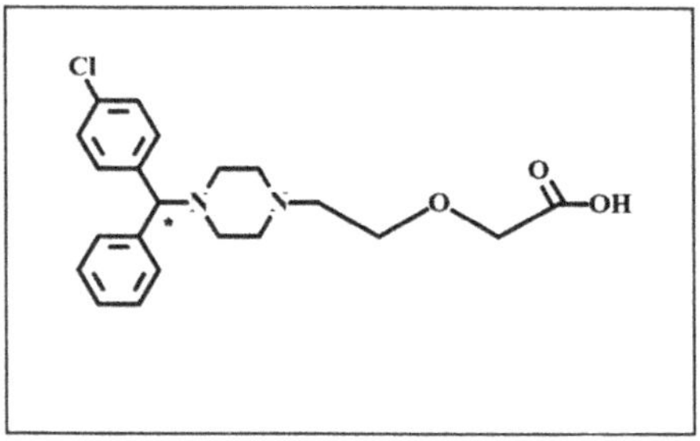

7.1.4. Trennung von underivatisierten Aminosäuren und ionischen Cyclodextrinen mit indirekter UV-Detektion

Unter den verschiedenen Trennmodi in der CE haben sich indirekte Detektionsmethoden für ionische Substanzen ohne UV-Aktivität einen großen Anwendungsbereich erschlossen[125,139,140]. Bei diesem Verfahren wird dem Puffer ein ionischer, UV-aktiver Elektrolyt (Hintergrundelektrolyt) zugesetzt, der ein hohes Absorptionssignal im Detektor hervorruft. Wegen der Ladungsverdrängung dieses Hintergrundelektrolyten durch gleichgeladene, UV-inaktive Analyte, entsteht ein Negativsignal, das der Probenkonzentration proportional ist. Dabei muß die Konzentration des Hintergrundelektrolyten sorgfältig auf die Trennung und den Detektor abgestimmt werden. Die Konzentration darf den Linearitätsbereich des Detektors nicht überschreiten und sollte eine ähnliche Mobilität wie die zu bestimmenden Analyten besitzen, um Bandenverbreiterungseffekte durch Elektrodispersion zu vermeiden.

Im folgenden wurden Tryptophan, Dipicolinsäure und Chromat als Hintergrundelektrolyten eingesetzt. Die Ergebnisse mit Tryptophan und Dipicolinsäure sind in Abbildung 7-7 für die Trennung von drei Aminosäuren dargestellt. Da im zweiten Schritt der Aminosäurentrennung auch noch die Trennung in deren Enantiomere angestrebt war, wurde das Dipicolinsäuresystem mit der größten Auflösung sowie der größten Abtrennung der Analyten vom EOF zu weiteren Versuchen ausgewählt.

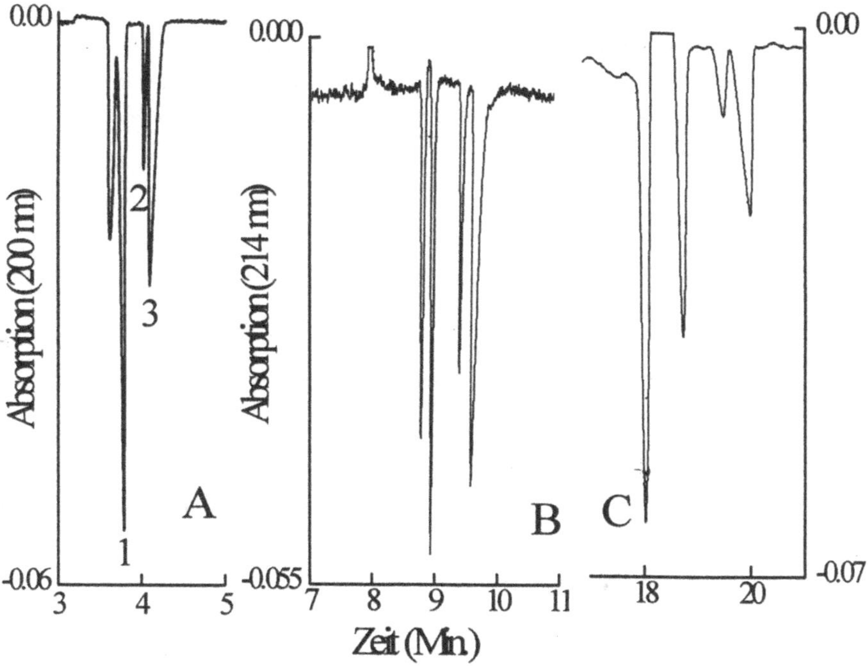

Abb. 7-7: Trennung von N-Leucin (1), Methionin (2) und Threonin (3) mit indirekter UV-Detektion. Trennbedingungen: A) L=60/67 cm, 75 μm Id., 25 kV, 2,5 mM Tryptophan mit TRIS auf pH 9,3 eingestellt, T=20°C, (Beckman Instrument). B) L=68,5/80 cm, 25 kV, 5 mM Dipicolinsäure mit NaOH auf pH 9,0 eingestellt, T=20°C. C) wie B) allerdings mit 1 % (w/v) Hydroxypropyl α-CD, Kontron Instruments

Die Trennung der Aminosäuren in ihre Enantiomere gelang jedoch mit der indirekten Detektion nicht. Exemplarisch ist in Abbildung 7-7 C die Trennung unter Zusatz von α-CD gezeigt. Da die Trennung von Enantiomeren mit Cyclodextrinen überwiegend auf Host-Guest-Komplexierung beruht, wobei die Hydrophobie für deren Ausbildung mit verantwortlich ist, scheinen freie Aminosäuren wegen ihrer kurzen Seitenkette nur geringe Wechselwirkungen mit Cyclodextrinen einzugehen. β- und γ-CD zeigten ähnliche Resultate, jedoch konnte in keinem der Fälle eine Trennung beobachtet werden.

Als weitere Applikation wurde die indirekte UV-Detektion zur Überprüfung der in Kapitel 6 verwendeten anionischen Cyclodextrine eingesetzt. Als Hintergrund-elektrolyt kam hier ein Chromatpuffer zum Einsatz. Die Ergebnisse in Abbildung 7-8 zeigen deutlich ein Mehrkomponentengemisch bei fast allen Cyclodextrinen. Nur beim β-CD-Phosphat und beim Carboxymethyl-β-CD-Polymer wurde nur eine Substanz detektiert. Dieses Beispiel kann jedoch nur als Fingerprint der Proben verstanden werden. Dies beruht zum einen darauf, daß alle negativ geladenen Analyten ein Signal ergeben, d.h. eine unspezifische Detektion vorliegt. Zum anderen standen zur Identifizierung der Cyclodextrine keine Standards zur Verfügung. Daher ermöglichen die hier erhaltenen Ergebnisse nur eine relative Aussage über die Reinheit der eingesetzten Cyclodextrine.

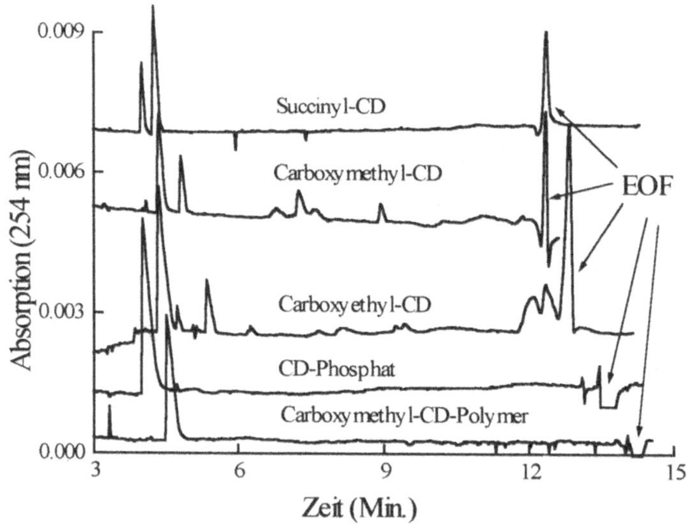

Abb. 7-8: Analyse der anionischen β-Cyclodextrine mit Hilfe der indirekten UV-Detektion. Trennbedingungen: L=60/68 cm, 75µm Id., angelegte Spannung 20 kV, 5 mM Chromat/Schwefelsäurepuffer pH 8,3; 0,5 mM Hexadecyltrimethylammonium-bromid

7.1.5. Trennung von Enantiomeren zur Überwachung stereoselektiver organischer Synthesen

Bei stereoselektiven organischen Synthesen ist nicht nur die Ausbeute von Bedeutung, sondern auch die erzielbaren Enantioselektivitäten. Eine grobe Abschätzung der Enantiomerenverhältnisse wird dabei in der Messung der optischen Drehrichtung polarisierten Lichtes erhalten.

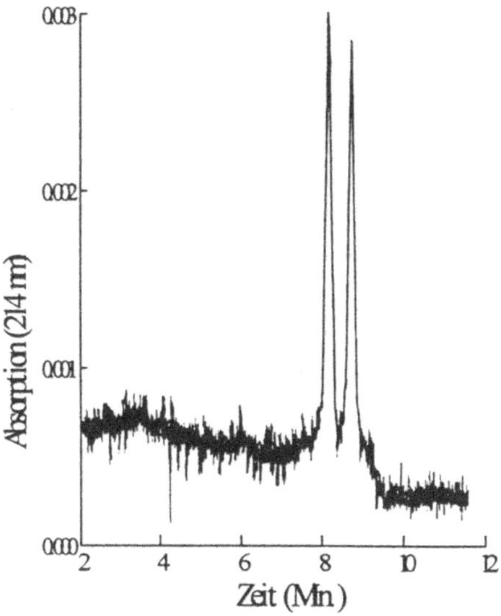

Abb. 7-9: Trennung von Rosmarinsäure nach einer chiralen Synthese. Trennbedingungen: L=60/67 cm, 75 µm Id., E=300 V/cm, 100 mM TRIS/ Borsäurepuffer pH 8,3 mit 1 % (w/v) Hydroxypropyl-α-CD versetzt, T=25°C

Auch hier stellt die Enantiomerentrennung mit der CE ein Anwendungsgebiet dar. In dem folgenden Beispiel ist die Trennung der Rosmarinsäure gezeigt, die nach einer beabsichtigten enantioselektiven Hydrierung an chiralen Rutheniumkatalysatoren erhalten wurde. Wie das Ergebnis in Abbildung 6-10 zeigt, konnte hier keine chirale Synthese durchgeführt werden. Die hier versuchte enantioselektive Reaktion stellte nur eine Stufe der Vollsynthese dieses Naturproduktes da[141].

7.1.6. Trennung von Ephedrin in Hustensaft

Viele Verabreichungsformen pharmakologischer Wirkstoffe bestehen aus Flüssigkeiten unterschiedlichster Konsistenz. Daher ist die Überprüfung des Wirkstoffgehalts und die Bestimmung der Haltbarkeit dieser Substanz zusammen mit anderen Komponenten oft mit Schwierigkeiten verbunden. Der hier untersuchte Hustensaft (Wick-MediNait™) besteht aus einer sirupartigen Flüssigkeit, die bei den gängigen chromatographischen Methoden nicht ohne vorhergehende

Probenvorbereitung injiziert werden kann. Mit der Kapillarelektrophorese konnten die kationischen Bestandteile ohne vorhergehende Entfernung der hochviskosen Zuckerbestandteile des Sirup getrennt und detektiert werden. Wie aus Abbildung 7-10 ersichtlich, wird nur das (-)-Ephedrin als Wirksubstanz verwendet. Doxylamin, das ebenfalls im Hustensaft vorhanden ist wurde als Racemat eingesetzt. Die hier gefundenen Substanzen wurden durch externen Vergleich und durch Aufstocken mit den reinen Komponenten identifiziert. Die Probenvorbereitung bestand lediglich in einer 1:3-Verdünnung des Sirups mit Puffer. Die Bestimmung des Enantiomerenüberschusses von Ephedrin konnte hier nicht durchgeführt werden. Eine zu starke Beladung der Kapillare mit der viskosen Probe führte zu schwankenden elektrischen Strömen und zur Bildung von Luftblasen mit zwangsläufigem Analysenabbruch. Die Verwendung einer beschichteten Kapillare sowie der Einsatz der selektiven elektrokinetischen Injektion konnten das Problem ebenfalls nicht beheben.

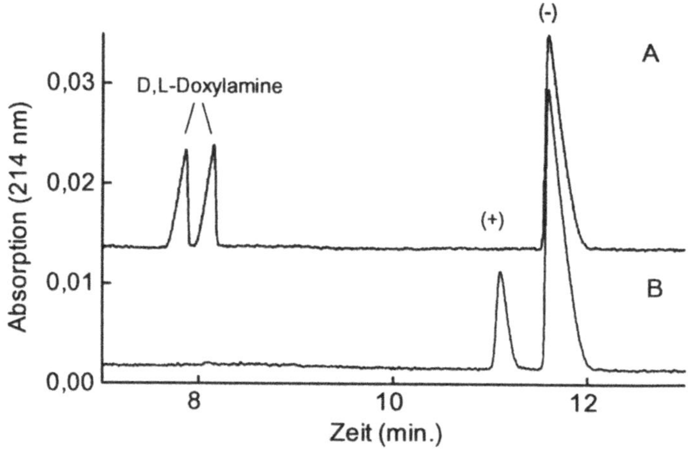

Abb. 7-10: Detektion von Ephedrin und anderen Komponenten im Hustensaft. Trennbedingungen: E=300 V/cm, T=20°C, 20 mM Zitronensäurepuffer pH 2.5 mit 2 % (w/v) Carboxymethyl-β-CD: A) Hustensaft (1:3 mit Zitronensäurepuffer verdünnt, B) mit (-)-Ephedrin aufgestockte Standardlösung an (±)-Ephedrin

7.2. Generelle Anwendungsmöglichkeiten der Kapillarelektrophorese

Die in diesem Abschnitt vorgestellten Trennungen beziehen sich weniger auf die Trennungen von Enantiomeren in der Kapillarelektrophorese, sondern ergaben sich aus diversen Aufgabenstellungen während der Promotionszeit. Die folgenden Trennbeispiele repräsentieren daher das vielseitige Anwendungsspektrum der Kapillarelektrophorese, das sich über einen weiten Molmassenbereich der Analyten erstreckt.

7.2.1. Trennung von N-Acetylneuraminsäurethioglycosiden

Neuraminsäuren besitzen als Bestandteile membranbildender Glycolipide eine wichtige Bedeutung. Ihre N-Acetyl- und O-Acetylderviate (Sialinsäuren) sind die wichtigsten Bestandteile der Schleimstoffe (Mucoide), die von den Schleimhäuten der Atmungsorgane und des Urogenitaltrakts abgesondert werden. Ihre Synthese und die Charakterisierung der Reaktionsprodukte ist daher von großem Interesse. In Abbildung 7-11 sind die Strukturen mit den verschiedenen Acetylierungsgraden dargestellt.

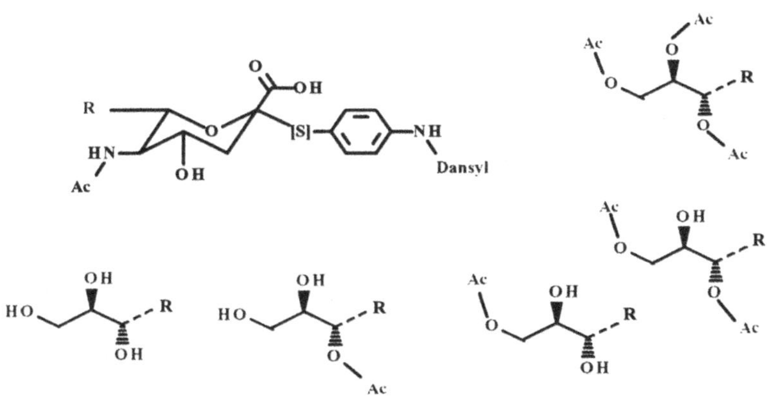

Abbildung 7-11: Struktur der N-Acetylneuraminsäuren unterschiedlichen Acetylierungsgrades

Die Trennung von fünf verschiedenen Acetylierungsprodukten konnte mit zwei verschiedenen komplementären Methoden, der "Reversed Phase"-HPLC und der MEKC, erreicht werden. In Abbildung 7-11 sind die Trennungen mit diesen beiden Methoden gezeigt. Die Analyten waren über ein Thiolester mit einem Dansylrest umgesetzt, der diese Substanzen für Fluoreszenzdetektion (HPLC) und UV-Detektion (CE) zugänglich machte. Die Vergleichbarkeit der Analysenergebnisse liegt darin begründet, daß beide Verfahren sehr empfindlich auf Änderungen der Hydrophobie durch z.B. Veresterungsreaktionen ansprechen. Die Substanzen wurden von Dr. A. Roth (Institut für Biochemie der Universität des Saarlandes) zur Verfügung gestellt[142].

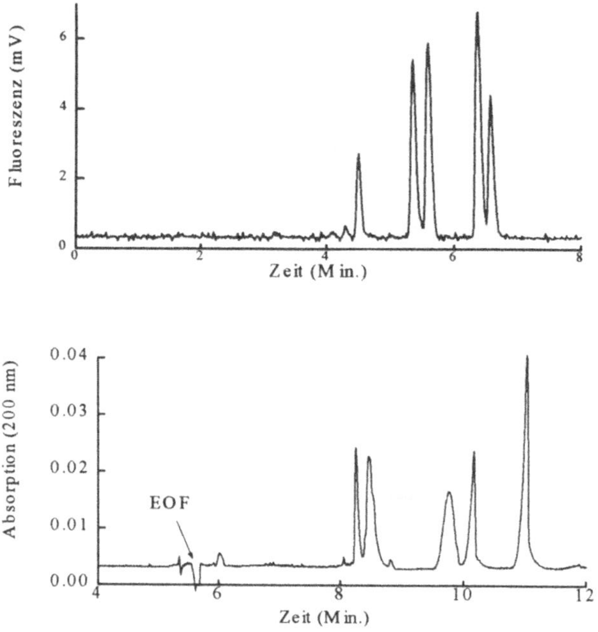

Abb. 7-12: Trennung von N-Acetylneuraminsäurethioglycosiden unterschiedlichen O-Acetylierungsgrades mittels HPLC und MEKC. Oben: RP-Chromatographie: Säule: Waters Nova Pak (15cm), Gradient: 20-40 % ACN in 8 Min. Phosphatpuffer pH 5,2; Fluß: 1 ml/min, Fluoreszenzdetektion: 334/564 nm. Unten: Mizellare elektrokinetische Chromatographie: L=60/67 cm, T=20°C, 20 mM TRIS, 20 mM Borsäure pH 8,3; 50 mM SDS

7.2.2. Trennung von DNA-Restriktionsfragmenten mit der Kapillar-Gelelektrophorese

Der gewaltige Aufschwung der Kapillarelektrophorese, insbesondere der Kapillargelelektrophorese (CGE), wurde mit durch das amerikanische "Human-Genome"-Projekt ausgelöst. Nahezu ausschließlich wurden anfangs DNA-Moleküle aus Sequenzierungsreaktionen oder Restriktionsfragmenten u.ä. mittels CGE getrennt [143,144]. Von den in der klassischen Flachbett-Gelelektrophorese verwendeten Geltypen wurden in Kapillaren hauptsächlich Acrylamide, Agarose, und Cellulose als Matrix verwendet. Diese Gele unterscheiden sich stark in ihren physikalischen Eigenschaften, wobei als wichtigste die Viskosität, Stabilität im elektrischen Feld, die Porenstruktur und Porengröße zu nennen sind. Der Einsatz von Gelen in der Elektrophorese liegt darin begründet, daß Biopolymere als Polyanionen bzw. Polykationen mit dem gleichen Verhältnis zwischen Oberfläche und Ladung vorliegen und somit eine Auftrennung im normalen elektrischen Feld ohne weitere Hilfsmittel nicht möglich ist. Da sich Biopolymere allerdings stark in ihrer Größe unterscheiden, kann durch den Einsatz eines Gels die Mobilität der großen Polymere stärker beeinflußt werden als die von kleinen Molekülen. Dies führt dann zu einer Trennung nach Molekülgröße, d.h. nach steigendem Molekulargewicht. Als Haupteinsatzgebiete der Kapillar-Gelelektrophorese sind die Trennung von DNA-Molekülen sowie die Trennung von mit SDS denaturierten Proteinen[145] zu nennen. Ansonsten werden Gele überwiegend in der klassischen Elektrophorese als Stabilisierungsgele eingesetzt, die allerdings nicht zur Trennung beitragen.

Reine Acrylamid-Gele (linieare, nicht quervernetzte Polyacrylamid-Gele (LPA-Gele))		
Konzentration an Monomer	Eigenschaften	Anwendungsgebiete
0-6 % T (% w/v)	flüssig ("flüssiges Gel"), austauschbar nach jeder Analyse	-DNA-Restriktionsfragmente -DNA-Sequenzanalyse
6-9 % T (% w/v)	hochviskos (noch gießfähig), austauschbar nach jeder Analyse unter hohem Druck	-DNA-Restrikitonsfragmente, -DNA-Sequenzanalyse, -Oligonukleotide, -SDS-Protein-Komplexe
9-12 % T (% w/v)	gelatineähnlich (festes Gel, nicht mehr gießfähig)	-DNA-Sequenzanalyse, -Oligonukleotide, -SDS-Protein-Komplexe

Tab. 7-1: Anwendungsbereiche und Eigenschaften linearer Polyacrylamidgele unterschiedlicher Konzentration.

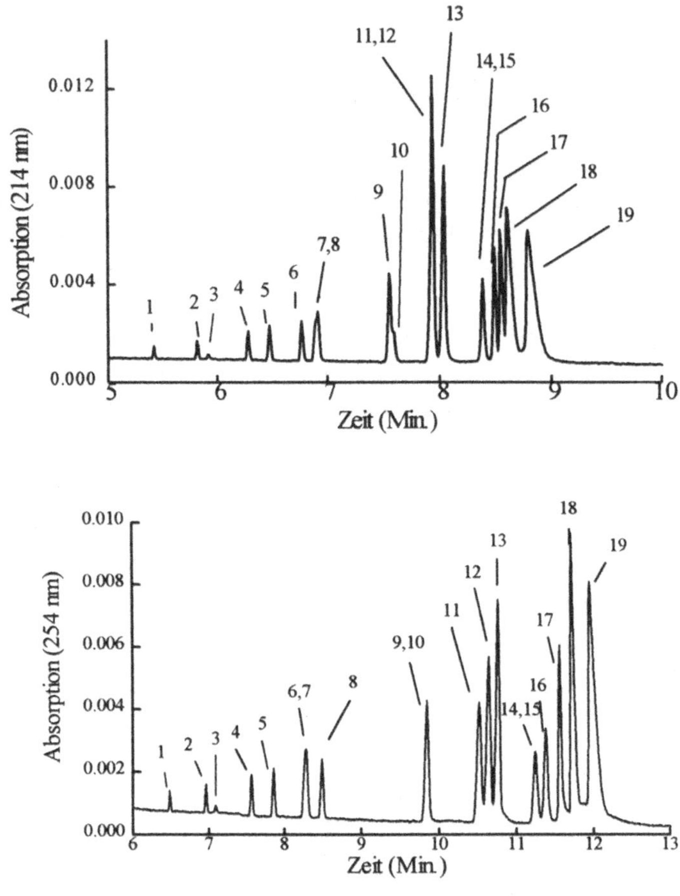

Abb. 7-13: Effekte der Temperatur und der Feldstärke von DNA-Restriktionsfragmenten. Trennbedingungen: L=20/27 cm, 3 % T (LPA): Oben: E=20°C, 300 V/cm; Unten: T=35°C, E=200V/cm, Probe:

Fragmente der λ Hind III:125 Bp(3), 564 Bp(10), 2 027 Bp(14), 2 322 Bp(15), 4 361 Bp(16), 6 557 Bp(17), 9 416 Bp(18), 23 130 Bp(19)

Fragmente der ϕX Hae III: 72 Bp(1), 118 Bp(2), 194 Bp(4), 234 Bp(5), 271 Bp(6), 281 Bp(7), 310 Bp(8), 603 Bp(9), 872 Bp(11), 1078 Bp(12), 1353 Bp(13)

Lineare Polyacrylamide (LPA)[146,147] werden ohne Vernetzer hergestellt und unterscheiden sich stark in ihren Eigenschaften von den quervernetzten Gelen, auch wenn sie in der Gesamtmonomerkonzentration übereinstimmen. Diese Gele sind flüssig und können hydrodynamisch in die Kapillare gedrückt und nach jeder Trennung ausgewechselt werden. Bei diesen Gelen hängt das äußere Erscheinungsbild ausschließlich von der Monomerkonzentration ab. In Tabelle 7-1 sind die Eigenschaften und die Hauptanwendungsgebiete nichtquervernetzter linearer Polyacrylamidgele zusammengestellt.

Es hat sich herausgestellt, daß auch die Temperatur einen großen Einfluß auf die Selektivität und die Effizienzen hat. Die Effizienzen nehmen im allgemeinen mit zunehmender Temperatur ab, jedoch können in einigen Fragmentbereichen größere Auflösungen wegen verbesserter Selektivität erzielt werden. Die Temperatur, Feldstärke, Porenstruktur des Gels und Pufferadditiven auf die Selektivität und die Migrationsreihenfolge der Analyten sind wichtige Optimierungsparameter in der CGE. Sind diese Parameter schlecht gewählt, kann es zu einem nichtlinearen Migrationsverlauf des Molekulargewichts kommen, wodurch eine Zuordnung nach Molekülgröße unmöglich wird. Dieses unerwünschte Verhalten kann im allgemeinen durch Verringerung der angelegten Feldstärke, Erhöhung der Temperatur im Trennsystem, Verringerung der Gelkonzentration, Pufferzusätze wie Ethidiumbromid als DNA-Interkalator oder durch Verwendung von gepulsten elektrischen Feldern behoben werden.

Das Migrationsverhalten von Biopolymeren wurde durch das Reptationsmodell qualitativ beschrieben[148,149]. Zwischen der Mobilität des Biopolymers, seiner Fragmentlänge (Zahl der Basenpaare in diesem Fall), der Feldstärke, der Temperatur und der freien Weglänge zwischen den Polymerfasern des Gels wurde folgender empirischer Zusammenhang gefunden:

$$\mu = \frac{Q}{3f}\left(\frac{1}{B_P} + \left(\frac{qEa}{3k_bT}\right)^2 + ...\right) \qquad (7.1)$$

hierbei ist μ die Mobilität des Biopolymers, Q ist die Gesamtladung am Molekül, f ist der Reibungsfaktor zwischen Gelfaser und Polymer, Bp ist die Anzahl der Segmente im Biopolymer (hier Anzahl der Basenpaare), q ist die Ladung pro Bp, E ist die Feldstärke, a ist die Länge der Gelpore, T ist die Temperatur und k_b ist die Boltzman-Konstante. Es ist aus dieser Gleichung zu ersehen, daß die Mobilität nur dann umgekehrt proportional der Kettenlänge des Analyten ist, wenn der zweite Term dieser Reihenentwicklung vernachlässigbar ist. Dies trifft allerdings nur dann zu, wenn bei relativ niedrigen Feldstärken (< 200 V/cm) gearbeitet wird. Bei höheren Temperaturen sollte die Proportionalität der Mobilität mit dem Kehrwert der Kettenlänge besser gegeben sein. Dies konnte in der Praxis auch bestätigt werden. Je höher die Feldstärke und je niedriger die Temperaturen im Trennsystem, desto unabhängiger wird die Mobilität vom Kehrwert der Kettenlänge. Der gleiche Effekt ist noch einmal in Abbildung 7-13 anhand zweier Elektropherogramme gezeigt. In Abbildung 7-13 (oben) wird die Trennung bei niedriger Temperatur und hoher Feldstärke durchgeführt. Die Trennung bei hohen Temperaturen und niedrigen Feldstärken (Abb. 7-13 unten) ist wesentlich besser.

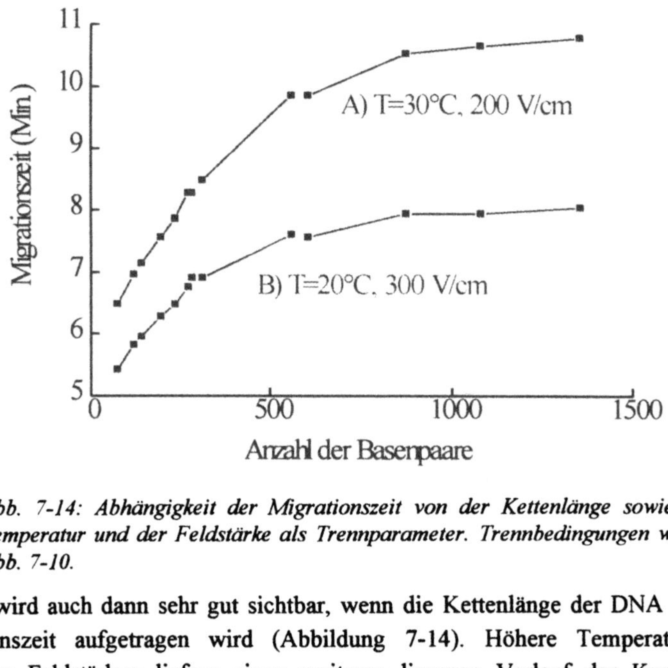

Abb. 7-14: Abhängigkeit der Migrationszeit von der Kettenlänge sowie der Temperatur und der Feldstärke als Trennparameter. Trennbedingungen wie in Abb. 7-10.

Dies wird auch dann sehr gut sichtbar, wenn die Kettenlänge der DNA gegen die Migrationszeit aufgetragen wird (Abbildung 7-14). Höhere Temperaturen und niedrigere Feldstärken liefern einen weiteren linearen Verlauf der Kurve (obere Kurve), die weniger unstetig ist. Deutlich ist das Abflachen der Kurve bei großen Fragmenten im Kilo-Basenpaar-Bereich (kBp-Bereich) zu sehen. Da hier nur noch geringe Mobilitätsunterschiede zwischen einzelnen Framenten vorliegen, geht die Selektivität, d.h. die Nutzbarkeit dieser Gele, langsam verloren. Der maximal nutzbare Trennbereich liegt dabei bei Fragmenten unter 20 kBp, wobei sich der optimale Bereich zwischen etwa 50 und 800 Basenpaaren befindet.

7.2.3. Trennung der Vorstufen von Acetylsalicylsäure von dessen Nebenprodukten bei der Synthese

Acetylsalicylsäure (Aspirin™) ist als wertvolles Antipyretikum und Antineuralgikum im Handel erhältlich und stellt somit eines der bedeutendsten pharmazeutischen Wirkstoffe dar. Die Vorstufen dieser Substanz umfassen neben den zu erwartenden Hauptprodukten auch viele Nebenkomponenten. Darunter fallen 2-Aminophenol, 4-Aminophenol, Gentisinsäure, Salicylsäure, 4 ASA und eine sogenannte Salibase (Phenylazoverbindung (genaue Struktur wurde nicht mitgeteilt)), die neben dem Hauptprodukt 5 ASA auftreten können.

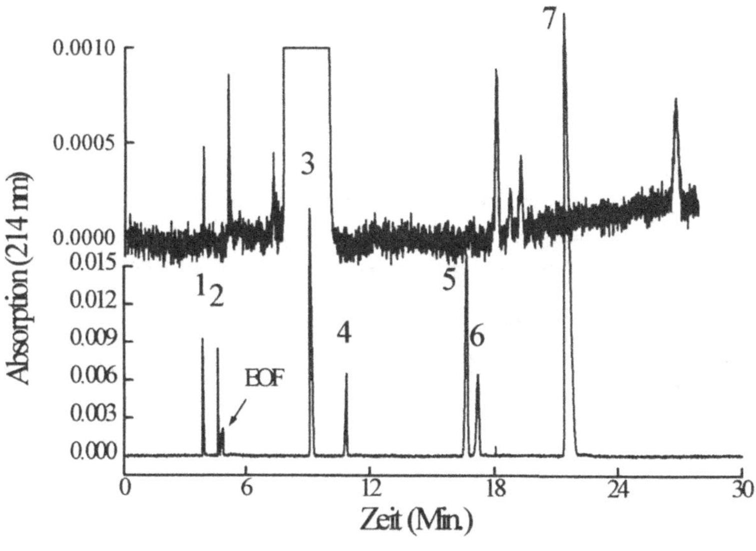

Abb. 7-15: Trennung und Detektion von Nebenkomponenten einer Vorstufe der Acetylsalicylsäure. Trennbedingungen: L=50/57 cm, E=440 V/cm, T=20°C, 10 mM Phosphatpuffer pH 6,0; Proben: 4-Aminophenol (1), 2-Aminophenol (2), 5 ASA (3), Salibase (4), Gentisinsäure (5), 4 ASA (6), Salicylsäure (7). Vor jedem Lauf wurde die Kapillare 2 Minuten mit 0,5 M NaOH behandelt, danach 0,5 Minuten mit Trennpuffer gespült und sofort mit der Analyse begonnen (siehe Text).

Es gelang, diese sieben Komponenten über die Optimierung des pH-Wertes zu trennen. In einem Phosphatpuffer pH 6,0 konnten alle Substanzen voneinander mit genügender Auflösung (R>2) voneinander getrennt werden. Es wurde hier auch eine Zeitoptimierung der Trennung durchgeführt. Bei pH 6,0 besitzt der pH-Wert nur eine mittlere Mobilität, so daß die schnellen Säuren der Probe erst sehr spät oder überhaupt nicht mehr zu detektieren sind. Aus diesem Grunde wurde vor jeder Analyse die

Trennkapillare kurz (2 Minuten) mit 0,5 M NaOH behandelt und diese dann durch kurzes Spülen mit Trennpuffer (0,5 Minuten) wieder aus der Kapillare entfernt. Diese Vorgehensweise erzeugte einen wesentlich höheren EOF der allerdings nur dann reproduzierbar war wenn die Spülzeiten der Kapillarbehandlung vor jeder Trennung exakt eingehalten wurden. Dies ist mit den momentanen vollautomatischen Analysengeräten leicht erreichbar. Die Trennung ist in Abbildung 7-15 (unten) gezeigt.

Eine andere Möglichkeit der Beschleunigung solcher Analysen (hier nicht demonstriert) besteht durch zusätzliches Anlegen eines Druckgradienten über die Trennkapillare in Richtung der Detektion. Diese druckunterstützten Trennungen sind allerdings nur mit wenigen kommerziellen CE-Instrumenten durchführbar. Da neben der Abtrennung aller Nebenkomponenten auch die Bestimmung der in einem Rohprodukt auftretenden Verunreinigungen notwendig ist, wurde hier das kapillarelektrophoretische System mit dem Rohprodukt 5-ASA als Hauptkomponente überladen und die Verunreinigungen aufgezeichnet. Wie in Abbildung 6-18 (oben) gezeigt, sind im Rohprodukt fast alle im Standard vorhandenen Komponenten nachweisbar. Dieses Beispiel zeigt, daß die Kapillarelektrophorese auch zum Nachweis im Spurenbereich eingesetzt werden kann.Zudem war hier ein älteres CE-Gerät im Einsatz. Neuere Versionen mit optimierter Detektion zeichnen sich durch eine bis zu 10 mal höhere Nachweisempfindlichkeit aus. Die Nachteile der hier durchgeführten Methode der EOF-Beschleunigung sind die Migrationszeitkonstanz bei Analysenzeiten über 10 Minuten. Hier dürften die druckunterstützten Systeme Vorteile bieten.

8. Experimenteller Teil

In diesem Kapitel sind die in dieser Arbeit verwendeten kapillarelektrophoretischen Geräte sowie die Herstellungsverfahren verschiedener Kapillarbelegungsverfahren aufgeführt.

8.1. Apparatur

Die in dieser Arbeit verwendeten Kapillarelektrophoreseapparaturen wurden zum Teil in Form modularer Systeme selbst aufgebaut, zum anderen standen auch kommerziell erhältliche, vollautomatische und computergesteuerte Instrumente zur Verfügung. Der Aufbau und die Eigenschaften des Eigenbaugerätes sollen in diesem Kapitel näher erläutert und die Spezifikation der kommerziellen Geräte kurz aufgelistet werden.

8.1.1. Aufbau eines Temperaturkontrollsystems aus modularen Bauteilen für die Kapillarelektrophorese

Die Kontrolle der Temperatur spielt in der Kapillarelektrophorese eine große Rolle, wenn die Migrationszeiten und damit qualitative so wie quantitative Ergebnisse reproduzierbar erhalten werden müssen.

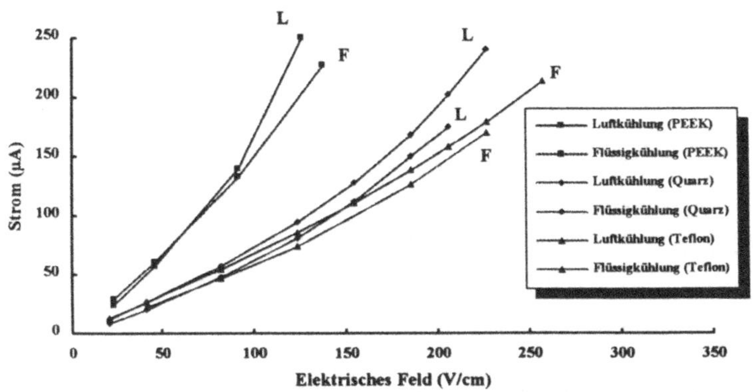

Abb. 8-1: Ohmsches Gesetz für verschiedene Kapillarmaterialien mit Luftkühlung (L) bzw. Flüssigkühlung (F) bei hohen Pufferleitfähigkeiten. Bedingungen: 200 mM Kaliumsulfat-Lösung, Kapillaren: Teflon (L=90/97 cm, 50 µm Id., 350 Ad., 11 % der Kapillare nicht thermostatisiert), Quarz (L=90/97 cm, 50 µm Id., 360 Ad., 11 % der Kapillare nicht thermostatisiert), PEEK (L=80/87 cm, 50 µm Id., 500 Ad., 12 % der Kapillare nicht thermostatisiert)

Die heutigen auf dem Markt erhältlichen Geräte besitzen alle eine Thermostatisierung des Kapillarraums, wobei ausschließlich die Luft- und Flüssigthermostatisierung zum Einsatz kommen. Bereits hier sind unterschiede in der Effizienz der Kühlung ersichtlich. Abbildung 8-1 zeigt den Vergleich einer Luftthermostatisierung mit einer Flüssigkeitsthermostatisierung anhand des Ohmschen Gesetzes für verschiedene Kapillarmaterialien und bei hohen Leitfähigkeiten des Puffers. Kann die Joulsche Wärme nicht schnell genug vom Inneren der Kapillare durch die Kapillarwand nach außen abtransportiert werden, so führt die Erwärmung der Kapillare zu einem höheren Stromfluß. Je effektiver eine Thermostatisierung ist, umso geradliniger ist der Verlauf der Stromstärke-Spannung-Kurven. Bei allen hier getesteten Kapillaren ist eine höhere Abweichung bei der Luftkühlung zu beobachten. Die Messungen wurden an einem Beckman-Instrument mit Flüssigkühlung (fluorierter Kohlenwasserstoff) bei Raumtemperatur durchgeführt. Die Flüssigkühlung konnte auch kurzgeschlossen werden und die Kühlung mit einem hohen Luftstrom (1 bar) ebenfalls bei Raumtemperatur erzielt werden (Abbildung 8-1). Bei Strömen über 60 µA und Feldstärken über 100 V/cm (üblich in CE) ist ein Unterschied zwischen der Flüssig- und der Luftkühlung zu erkennen, wonach sich die Flüssigkühlung als effizienter erweist.

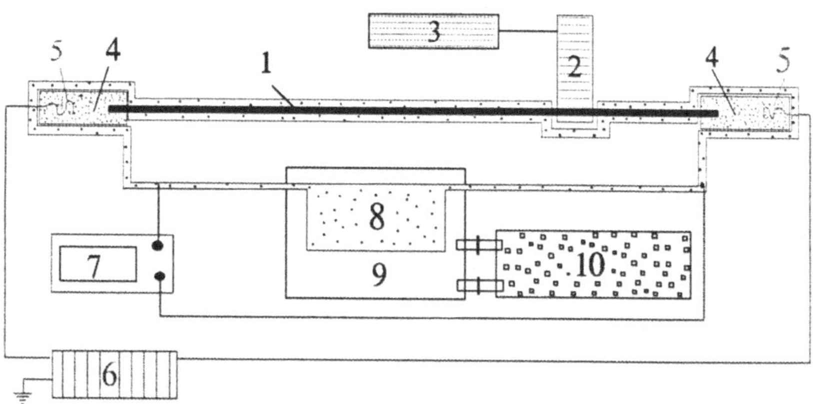

1. **Fused Silica Kapillare**
2. Detektor
3. Datenaufzeichnung
4. Puffergefäße
5. Elektroden
6. Hochspannungsquelle mit Hochspannungsleitung
7. Temperaturmessung (Thermoelement)
8. Sekundärkreislauf (Transformatoröl)
9. Primärer Kreislauf (Wasserthermostat)
10. Eisbad

Abb. 8-2: Schematischer Aufbau eines modularen Kapillarelektrophoresesystems mit maximaler Temperaturkontrolle

Ein anderer Gesichtspunkt ist die Tatsache, daß bei keinem kommerziell erhältlichen Gerät die gesamte Kapillarlänge gleichmäßig thermostatisiert ist. Gerade bei kurzen Kapillaren befinden sich oft bis zu 40 % der Kapillare außerhalb des Thermostats und werden somit nicht thermostatisiert. Aus diesem Grunde wurde eine Thermostatisierung entwickelt, die möglichst die gesamte Kapillare umfaßt und zudem einen möglichst hohen Temperaturbereich für die Thermostatisierung wäßriger Systeme ermöglicht. In den meisten kommerziellen Geräten ist ein Temperaturbereich zwischen 10°C und 50°C zugänglich. Dies liegt daran, daß sich empfindliche Elektronik in der Nähe der Thermostatisierung befindet, die höheren Temperaturen (>50°C) sowie Kondenswasser bei tieferen Temperaturen (<10°C) nicht standhält. Der schematische Aufbau eines Eigenbaugeräts aus modularen Bauteilen und einer effizienten Thermostatisierung ist in Abbildung 8-2 dargestellt.

1) Aufbau der Apparatur

Ein modular zusammengestelltes Kapillarelektrophoresegerät besteht immer aus einer Kapillare (1), einem Detektor (2) mit dazugehöriger Datenaufzeichnung und Auswerteeinheit (3), den Puffergefäßen (4) und die darin eintauchenden Platinelektroden (5), die mit der Hochspannungsquelle (6) verbunden sind. Die Bauteile wurden von verschiedenen Herstellern bezogen: Kapillaren stammten von Polymicro (Phoenix, USA), der Detektor von GAT (Gamma Analysentechnik, Bremerhaven) dessen Daten mit der dazugehörigen Software auf einem Peacock PC (386, 33 MHz) ausgewertet wurden. Die Puffergefäße waren eine Spezialanfertigung der Glasbläserwerkstatt der Universität, und die Hochspannungsquelle stammte von FUG (Probus III) (Rosenheim, Deutschland).

Das Temperaturkontrollsystem ist aus verschiedenen, zum Teil in der eigenen Werkstatt der Universität hergestellten Bauteilen zusammengesetzt. Es besteht aus zwei voneinander unabhängigen Temperaturkreisläufen (8 und 9), die über einen Wärmetauscher miteinander verbunden sind. Der die Temperatur vorgebende Primärkreislauf besteht aus einem Wasserbad (9)(Haake, NK22), welches seine Temperatur auf ein Transformatoröl überträgt, das durch eine Kupferspirale (Innendurchmesser 0.5 cm) fließt und den Sekundärkreislauf darstellt. Dabei ist der Wärmetauscher (Kupferspirale) sowie das das Transformatoröl enthaltende Vorratsgefäß vollständig im Primärkreislauf integriert, um eine möglichst effiziente Wärmeübertragung zu gewährleisten. Primär- und Sekundärkreislauf sind in Abbildung 8-3 schematisch dargestellt. Die Pumpe wurde dabei so angeordnet, daß der Ansaugstutzen nur geringfügig in das Vorratsgefäß eintaucht, so daß bei einer eventuell auftretenden Leckage im System nur wenig Transformatoröl nach außen gepumpt wird. Nach Verlassen des Wärmetauschers gelangt das Transformatoröl zu den Puffergefäßen, die ebenfalls thermostatisiert sind. Dies wird durch einen doppelwandigen Glaszylinder erreicht, durch dessen Zwischenwände das Transformatoröl geleitet wird. Im Innenraum des Zylinders befindet sich das Puffergefäß, durch dessen Septum die Trennkapillare geringfügig (wenige Millimeter) eintaucht. Abbildung 8-4 zeigt noch einmal schematisch die Anordnung bei der Thermostatisierung der Puffergefäße.

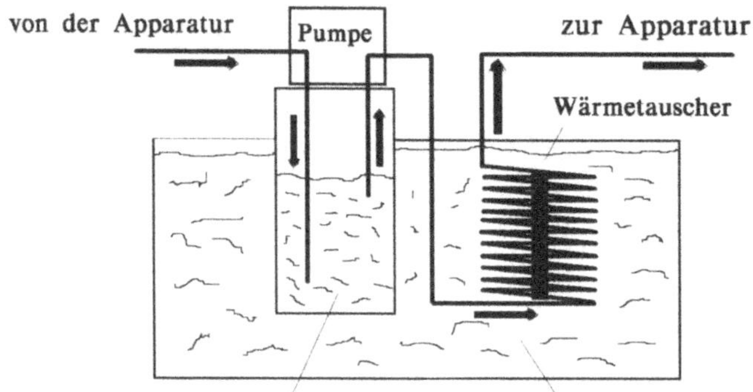

Abb. 8-3: Schematische Darstellung des Wärmetauschers zwischen Primär- und Sekundärkreislauf

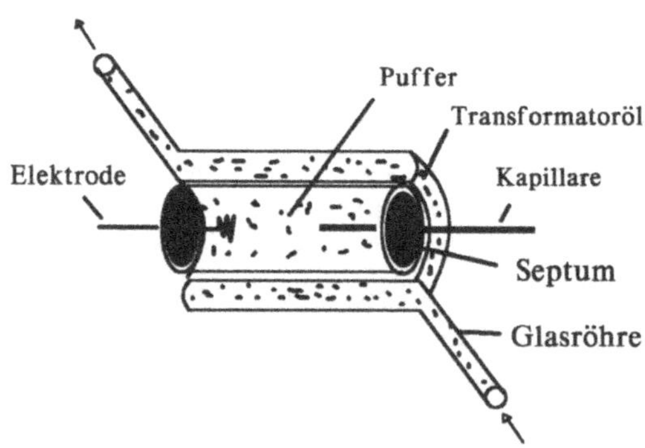

Abb. 8-4: Schematischer Querschnitt der Temperiervorrichtung der Puffergefäße. Anliegend am Septum des Puffergefäßes folgt der Einlaß ins Temperaturkontrollsystem.

Nach Verlassen der Pufferthermostatisiervorrichtung wird das Transformatoröl in das eigentliche Thermostatisiersystem der Trennkapillare eingespeist. Dies erfolgt über eine Einlaßvorrichtung, die aus einem Septum für die Kapillare und zwei Anschlüssen für die Ölleitungen besteht. In Abbildung 8-5 ist diese Vorrichtung schematisch dargestellt. Die Trennkapillare ragt bei dieser Anordnung nur etwa 1 cm aus dem Septumhalter hervor. Dies reicht aus, um durch das Septum des Puffergefäßes hindurchzuragen und die Leitfähigkeit mit dem Puffer selbst herzustellen. Im weiteren Verlauf wird die Trennkapillare ebenfalls durch den Teflonschlauch durchgeführt, in dem auch das Transformatoröl fließt. Die Kapillare ist dabei waagerecht angeordnet und verbindet die beiden Puffergefäße linear. Der gesamte Sekundärkreislauf ist mit Dämmaterial gegen Wärmeverlust isoliert, damit sich kein signifikanter Temperaturgradient zwischen den beiden Puffergefäßen ausbilden kann.

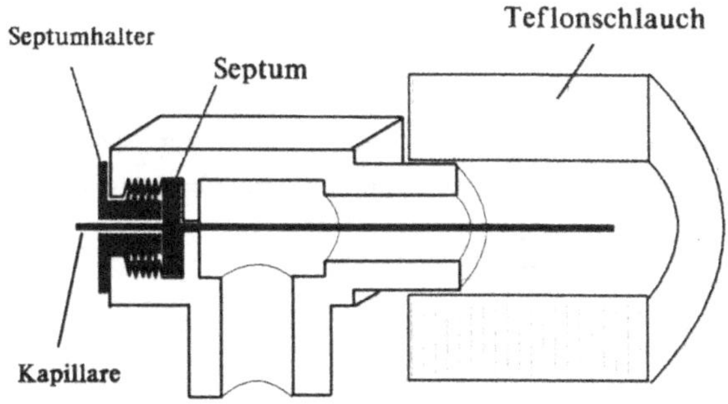

Abb. 8-5: Schematische Darstellung des Einlasses der Kapillare in das Temperaturkontrollsystem

Da der Detektor selbst den vorherrschenden Temperaturen nicht angepaßt werden kann, muß er praktisch überbrückt werden. In diesem Bereich ist die Kapillare selbst über eine Länge von ca. 4 cm nicht thermostatisiert. Deshalb werden in diesem System vier Einlaßvorrichtungen gleicher Bauweise zum Ein- bzw. Austritt der Kapillare benötigt:

a) Eintritt der Kapillare aus dem Einlaßpuffergefäß in das Thermostatisiersystem

b) Austritt aus dem Thermostatisiersystem in den Detektor

c) Eintritt der Kapillare aus dem Detektor in das Thermostatisiersystem

d) Austritt aus dem Thermostatisiersystem in das Auslaßpuffergefäß

Das Auslaßpuffergefäß ist auf die gleiche Weise thermostatisiert wie das Einlaßpuffergefäß. Um den Kapillarwechsel in diesem System so einfach wie möglich zu gestalten, wurde eine spezielle Kanüle entwickelt. Diese besteht aus einem 60 cm langen, an einem Ende nadelähnlich zugespitzten Stahlrohr mit einem Innendurchmesser von 0,5 mm und einem Außendurchmesser von 1 mm. Diese Kanüle konnte durch die Ein- bzw. Auslaßvorrichtungen der Kapillare hindurchgestochen werden, wobei eine bereits installierte Kapillare als Führung diente und im Inneren der Kanüle verlief. Danach konnte die alte Kapillare im Inneren der Kanüle leicht herausgezogen und eine neue Kapillare leicht eingeführt werden. Nach Herausziehen dieser "Führungskanüle" war ein dichter Abschluß des Systems durch die Septa wieder gewährleistet.

Zur permanenten Kontrolle der Transformatoröltemperatur wurden zwei Thermoelemente (Cu/Konstantan-Lötstellen) am Einlaßpuffergefäß und am Auslaßpuffergefäß angebracht, die die vorherrschenden Temperaturen auf einen Schreiber (7) weitergeben. Da sich im Primärkreislauf zusätzlich ein Thermometer befindet, konnte zu jeder Zeit an den kritischen Stellen die Temperatur abgelesen und miteinander verglichen werden. Dies war zur Kontrolle eventueller Temperaturgradienten oder einem schlechten Wärmeübergang zwischen Primär- und Sekundärkreislauf von Bedeutung.

2) Charakteristika der Apparatur

Die Charakteristika der oben beschriebenen Apparatur wurde anhand verschiedener Temperaturmessungen sowie anhand wichtiger kapillarelektrophoretischer Größen ermittelt. In Abbildung 8-6 ist die am Kapillareinlaßgefäß und am Kapillarauslaßgefäß gemessene Temperatur des Sekundärkreislaufs gegen die im Wasserbad vorgelegte Temperatur des Primärkreislaufs aufgetragen. Diese Auftragung zeigt nur geringe Abweichungen vom Idealverhalten, welches dem Kurvenverlauf der Diagrammdiagonalen entspräche. Bei geringen Temperaturen erwärmt sich das Transformatoröl leicht über die zu thermostatisierende Strecke, während bei hohen Temperaturen über die gleiche Strecke eine geringfügige Abkühlung erfolgt. In beiden Extrembereichen beträgt der Unterschied zwischen Einlaß- und Auslaßseite weniger als 2°C, so daß über die gesamte Trennstrecke nur ein sehr geringer Temperaturgradient vorhanden ist. Dies zeigt auch, daß die Wärmeisolation des externen Bereichs des Sekundärkreislaufs sowie die Förderleistung der Pumpe ausreichend ist. Nach Entfernen der Isolation sowie einer Herabsetzung der Temperatur könnten mit dieser Apparatur auch gezielt Temperaturgradienten in der Kapillare erzeugt werden. Diese Möglichkeit wurde hier allerdings nicht untersucht.

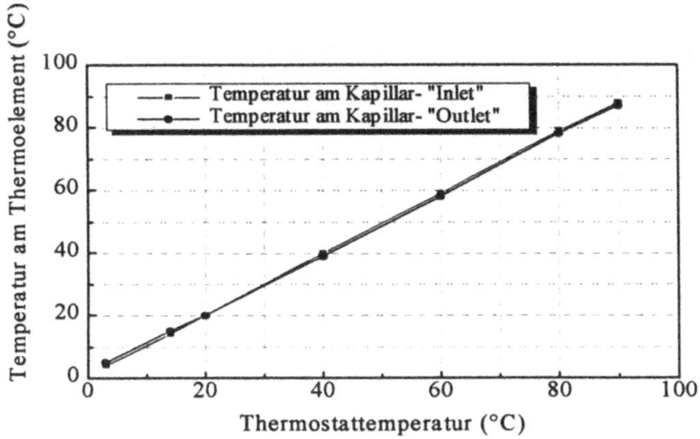

Abb. 8-6: Temperatur an Einlaß- und Auslaßseite des Temperaturkontroll-systems, aufgetragen gegen die vorgelegte Temperatur im Thermostaten

Eine weitere Möglichkeit der Charakterisierung bietet die Messung des elektrischen Stroms mit steigender Temperatur bei verschiedenen Spannungen. Wie in Abbildung 8-7 dargestellt, verlaufen auch hier die Abhängigkeiten linear, was auf eine sehr gute Thermostatisierung hindeutet. Auch der Verlauf der Stromstärke-Spannung-Kurven (Ohmsches Gesetz) verläuft hier mit einem linearen Zusammenhang. Dies ist in Abbildung 8-8 aufgetragen.

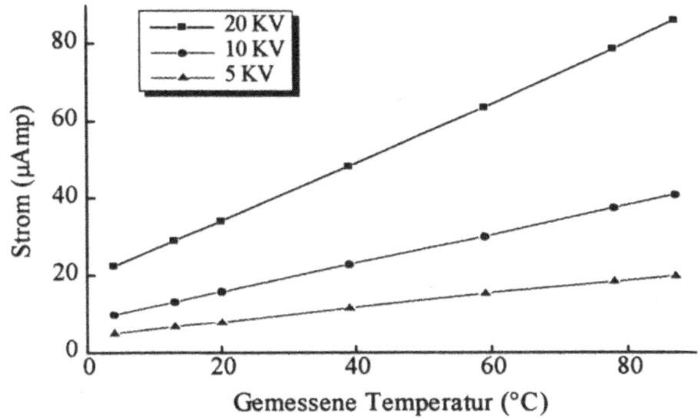

Abb. 8-7: Abhängigkeit der Stromstärke von der Temperatur im Temperaturkontrollsystem

Im Vergleich zu den Kurvenverläufen in Abb. 8-1 stellt diese Apparatur für die hier auftretenden Ströme und Spannungen eine wesentliche Verbesserung hinsichtlich der Linearität des Ohmschen Gesetzes dar. Bei dem in Abbildung 8-1 benutzten kommerziellen Gerät wurde bei den hier erzielten Strömen von über 60 µA bereits eine deutliche Abweichung zu höheren Werten gemessen.

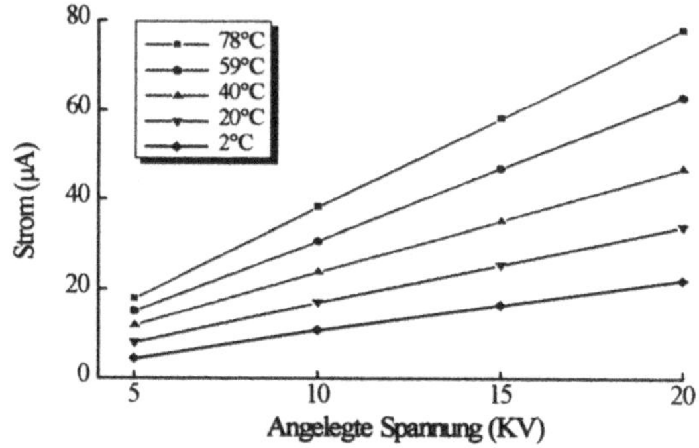

Abb. 8-8: Stromstärke-Spannungskurven bei verschiedenen Temperaturen im Temperaturkontrollsystem. Bedingungen: 12,5 mM Tetraboratpuffer pH 9.5; L=40/60 cm.

Eine wichtige Größe für die Durchführung von kapillarelektrophoretischen Trennungen ist die Stärke des elektroosmotischen Flusses. Da auch der EOF über die Viskosität und über die Aktivitäten der Pufferionen von der Temperatur abhängig ist, ist in Abbildung 8-9 dessen Mobilität über den gesamten in der CE nutzbaren Temperaturbereich aufgetragen.

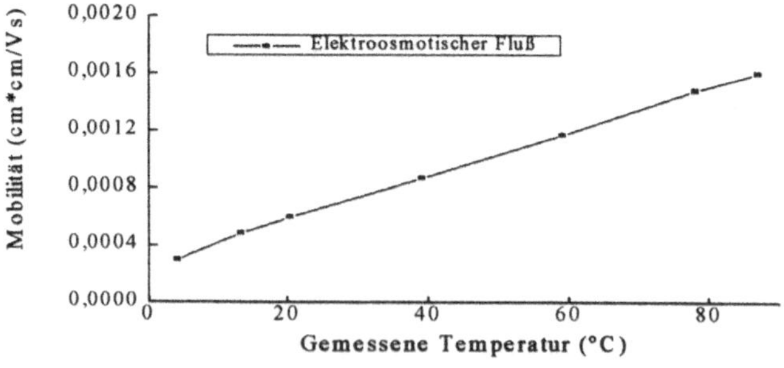

Abb. 8-9: Mobilität des EOF über den nutzbaren Temperaturbereich wäßriger Puffersysteme. Bedingungen: L=40/60 cm, 75µm Id., E=333 V/cm, 12,5 mM Tetraborat pH 9,5

3) Applikationen

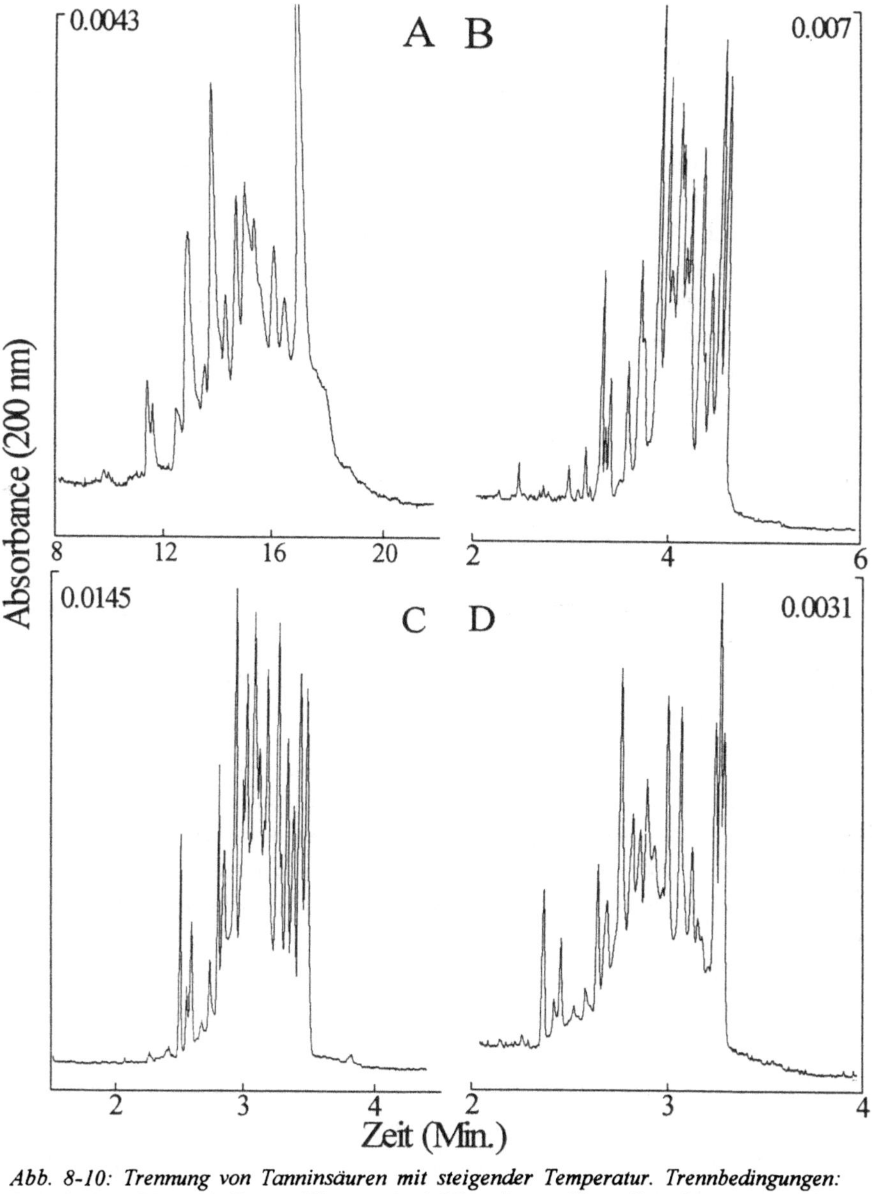

Abb. 8-10: Trennung von Tanninsäuren mit steigender Temperatur. Trennbedingungen: L=40/60 cm, 75µm Id., E=333 V/cm, 12.5 mM Tetraborat pH 9.5, Eigenbauapparatur mit Temperaturkontrollsystem. A)=4°C, B)=59°C, C)=78°C, D)=87°C

Die Anwendung eines effizienten Temperaturkontrollsystems beschränkt sich nicht nur auf die Einhaltung des linearen Bereichs des Ohmschen Gesetzes und die Verminderung zusätzlicher Bandenverbreiterungseffekte wegen Überhitzung. Bei manchen Anwendungen kann es sogar von Vorteil sein, bei höheren Temperaturen zu arbeiten, vor allem dann, wenn der Trennpuffer stark mit der zu trennenden Substanz in Wechselwirkung tritt oder sogar zu chemischen Reaktionen fähig ist[150]. In Abbildung 7-10 sind die Möglichkeiten einer erweiterten Thermostatisierung anhand einer Trennung eines Tanninsäuregemisches mit einem Tetraboratpuffer aufgezeigt. Mit zunehmender Temperatur verbessern sich die Selektivitäten und aus dem hier vorhandenen komplexen Gemisch können immer mehr Komponenten abgetrennt werden. Die maximale Selektivität des Systems liegt in diesem Fall bei etwa 80°C, einem Temperaturbereich der für reguläre Geräte nicht mehr erreicht werden kann. Bei extrem hohen Temperaturen um 90°C geht die Auflösung allerdings wieder zurück. Dieses Beispiel zeigt deutlich, daß nicht nur eine Kühlung der Kapillare eine Verbesserung im System herbeiführen kann, sondern umgekehrt eine höhere Temperatur die erwünschten Selektivitäten erzeugen kann.

8.1.2. Kommerzielle Geräte

Neben dem Eigenbaugerät wurden in dieser Arbeit auch kommerzielle, vollautomatisch gesteuerte kapillarelektrophoretische Instrumente eingesetzt. Dabei wurden folgende Instrumente mit der dazugehörigen kompletten Soft- und Hardware zu verschiedenen Messungen herangezogen:

- Pac/e 2000 Kapillarelektrophoresegerät (Einwellenlängendetektion), Beckman Instruments (Fullerton, USA) mit einem IBM PS/2 Computer zur Datenaufzeichnung, Datenauswertung und zur Steuerung des Gerätes. Dazu wurden zwei verschiedene Programme, Gold^{TM}- und Pac/e^{TM}-Software (Dos- oder Windows-Anwendung), verwendet.

- HP^{3D}-Kapillarelektrophoresegerät (Dioden-Array-Detektion), Hewlett-Packard (Waldbronn, Deutschland) mit einem HP-Vectra (486/66 MHz (Windows-Anwendung)) zur Datenaufzeichnung, Datenauswertung und zur Steuerung des Systems

- Kontron Instruments Kapillarelektrophoresegerät (Dioden-Array-Detektion), Kontron Instruments (Neufahrn, Deutschland) mit einem IBM PC (486/33 MHz (DOS-Anwendung)) zur Datenaufzeichnung, Datenauswertung und zur Steuerung des Systems

-Spectraphoresis 2000 Kapillarelektrophoresegerät (Fast-Scanning-Detektion), Thermo Separation Products (TSP (Spectraphysics)), mit einem PC (486/60 MHz, OS 2 Betriebssystem) zur Datenaufzeichnung, Datenauswertung und zur Steuerung des Systems.

8.2. Kapillarbeschichtungsverfahren

Die in dieser Arbeit aufgeführten Belegungsverfahren sind in diesem Kapitel für die verschiedenen Kapillarmaterialien beschrieben. Dabei erfolgte die Unterteilung in Belegungsverfahren auf Quarzoberflächen wie die LPA- und Vinylsilica-Beschichtung sowie für Beschichtungen auf Kunststoffoberflächen wie zum Beispiel die PEEK-Polyethylenimin- (PEI) Beschichtung.

8.2.1. Herstellung der LPA-Beschichtungen

Wie bei allen Kapillarbelegungsverfahren ist das Kapillarmaterial zuerst auf die bevorstehenden chemischen Reaktionen vorzubereiten, d.h. es muß zuerst gereinigt und gegebenenfalls aktiviert werden. Insgesamt entspricht die Beschichtungsprozedur einer mehrstufigen Arbeitsvorschrift, die strikt eingehalten werden muß, um später die erwünschten Beschichtungseigenschaften reproduzierbar und stabil gegen die Trennbedingungen zu erhalten. Zur Herstellung einer mit linearem Polyacrylamid beschichteten Kapillare wurde folgende Vorgehensweise angewendet:

1) Vorbehandlung der Kapillare:

Das Vorbehandeln mit Laugen und Säuren ist der erste Schritt des Belegungsverfahrens. Zuerst wird mit 1 M NaOH (5 h), dann mit destilliertem Wasser (10 min) und anschließend mit 0,1 M HCl (30 min) gewaschen; danach wird die Säure mit destilliertem Wasser komplett aus der Kapillare herausgespült (Kontrolle mit pH-Papier).

2) Erste Stufe der Kapillarbelegung:

Das Wasser wird mit Methanol aus der Kapillare entfernt. Danach wird diese für mindestens 12 Stunden in 50 % (v/v) Methacryloxypropyltrimethoxysilan in Methanol gelagert, wobei die Kapillarenden verschlossen sein müssen. Danach wird die Kapillare wieder mit Methanol, dann mit einem Gemisch aus Methanol und Wasser und schließlich mit destilliertem Wasser gespült.

3) Vorbereitung der Acrylamid-Monomerlösung:

Je nach Gelkonzentration, die in der späteren Kapillarbelegung vorhanden sein soll, muß eine gewisse Monomerkonzentration an Acrylamid im Puffer vorgelegt werden. In diesem Beispiel soll ein 4 % T lineares Polyacrylamid-Gel an der Kapillarwand als "Coating" aufpolymerisiert werden. Da die Polymerisation in der Kapillare stattfindet, muß das Gel nach der Polymerisation aus der Kapillare unter Druck zu entfernen sein. Monomerkonzentrationen über 6 % T bereiten in dieser Hinsicht Schwierigkeiten. Vor der Polymerisation muß die angesetzte Acrylamid-Monomerlösung bei 0,1 atm. über 2 Stunden (bei 3 ml angesetzter Lösung) von gelösten Gasbestandteilen befreit werden, da Sauerstoff bei der Polymerisation als Inhibitor stört.

4) Zweite Stufe der Kapillarbelegung: Polymerisation des Gels in der Kapillare:

Die so vorbereitete, von Gasbestandteilen befreite Monomerlösung wird mit 5 µl einer 10 %igen (w/v) Ammoniumpersulfat-Lösung und mit 5 µl einer Tetraethyl-Methylendiamin (TEMED)-Lösung bezogen auf 1 ml Monomerlösung versetzt und sofort in die vorbereitete Kapillare gefüllt, wonach die Enden der Kapillare unverzüglich mit Kunststoffstopfen verschlossen werden müssen. Das Einfüllen der Lösungen kann mit einer µl-Spritze erfolgen, die mit einem Teflonadapter mit der Kapillare verbunden ist. Beim Füllen der Kapillare mit der Monomerlösung sollte darauf geachtet werden, daß keine Luftblasen in die Kapillare eingebracht werden. Die Polymerisation in der Kapillare benötigt etwa 12 Stunden. Die Polymerisation ist in Abb. 8-11 dargestellt.

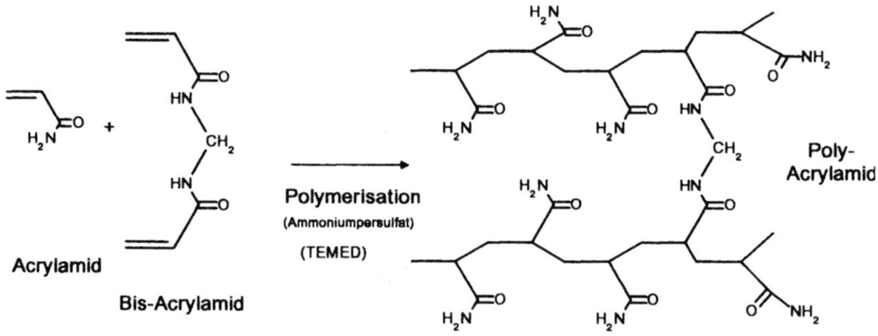

Abb. 8-11: Schematische Darstellung der Polymerisation von Acrylamid

Die so hergestellten Gele in der Kapillare können auch zur Trennung von DNA-Fragmenten in der Kapillargelelektrophorese verwendet werden (siehe Kapitel 7.2.2). Das entstandene Gel kann auch aus der Kapillare entfernt und durch andere Gelmatrizes höherer oder niedrigerer Viskosität ersetzt werden.

Wird das Gel in der Kapillare entfernt, so bleibt an der Kapillarwand eine mit linearem Polyacrylamid belegte Kapillarbeschichtung zurück, die eine starke Unterdrückung des EOF bewirkt. Somit können diese Kapillaren auch als belegte Kapillaren im offenen System ("open tube"-Modus) und gängigen Puffersystemen eingesetzt werden. Die so hergestellten Kapillaren zeigen über einen längeren Zeitraum bei pH-Werten unter 7 keinen meßbaren EOF. Ihre Nutzbarkeit bei pH-Werten über 9 zeigte sich jedoch auf wenige Tage beschränkt. Die Veränderung der Kapillareigenschaften zeigte sich vor allem in einer unstetigen Basislinie, einem nicht konstanten Strom und dem Vorhandensein eines unstetigen kathodischen EOF.

Handhabung beschichteter und gelgefüllter Kapillaren mit Quarz als Basismaterial:

- Das Einbrennen des Detektionsfensters ist bei gelgefüllten oder belegten Kapillaren nicht mehr möglich. Dies sollte bereits vor der Kapillarbehandlung geschehen. Die Polyimidschicht kann auch durch vorsichtiges Schaben mit einer Rasierklinge entfernt werden, was jedoch einiges Geschick erfordert.

- Das Zurechtschneiden der gelgefüllten Kapillare auf die benötigte Länge sollte ebenfalls mit Vorsicht durchgeführt werden. Nach dem "Anritzen" der Kapillare an der beabsichtigten Bruchstelle sollte das überschüssige Stück im rechten Winkel zur Kapillare entfernt werden, damit ein Teil des Gels nicht aus der Kapillare herausgezogen wird.

- Vor der ersten Benutzung der Kapillare sollte an diese nicht sofort die Trennspannung angelegt werden. Besser ist es, zuerst eine geringe Spannung an die Kapillare anzulegen, die dann langsam auf die spätere Trennspannung erhöht wird. Dieser Prozeß kann innerhalb von 20 Minuten abgeschlossen sein. Ein konstanter Strom sowie eine konstante Basislinie zeigen den äquilibrierten Zustand an.

- Bei längerem Gebrauch gelgefüllter Kapillaren ist darauf zu achten, daß die Kapillarenden immer in einer benetzenden Flüssigkeit (Puffer) aufbewahrt werden, um ein Austrocknen des Gels an dieser Stelle zu verhindern. Dies würde die Kapillare zerstören. Bei einer linearen Polyacrylamidbelegung sollte der Trennpuffer mit destilliertem Wasser herausgespült werden, wonach die Kapillare im Luftstrom getrocknet werden kann.

8.2.2. Herstellung der Vinylsilica-Beschichtung

Dieses Beschichtungsverfahren unterscheidet sich zum vorhergehenden Verfahren überwiegend durch die hohen bei der Synthese herrschenden Temperaturen. Die

Vorbereitung der Quarzkapillaren erfolgt allerdings wie bei der LPA-Beschichtung. Generell kann bei Kapillaren, basierend auf Quarzmaterialien (fused silica), dieser Vorbereitungsschritt angewendet werden.

1) Vorbehandlung der Kapillare:

Das Vorbehandeln mit Laugen und Säuren ist wie bei der LPA-Beschichtung der erste Schritt des Belegungsverfahrens. Zuerst wird mit 1 M NaOH (5 h), dann mit destilliertem Wasser (10 min) und anschließend mit 0,1 M HCl (30 min) gewaschen; danach wird die Säure mit destilliertem Wasser komplett aus der Kapillare herausgespült, wobei dieser Arbeitsschritt mit pH-Papier kontrolliert werden sollte.

2) Erste Stufe der Kapillarbelegung:

Diese Kapillaren wurden nach einem von M. Cunat-Walter beschriebenen Verfahren hergestellt[117]. Nach der Aktivierung wird die Kapillare im Luftstrom getrocknet und mit Trichlorovinylsilan gefüllt. Nun werden die Enden der Kapillare zugeschmolzen, so daß das Silan in der Kapillare nicht mehr entweichen kann. Dann wird die Kapillare über 16 h im Trockenschrank bei 110°C aufbewahrt. Dabei werden folgende Reaktionen erwartet:

$$(R)_3Si\text{-}OH + Cl_3Si\text{-}CH{=}CH_2 \rightarrow (R)_3Si\text{-}O\text{-}Si\text{-}CH{=}CH_2 + HCl$$

$$(R)_3Si\text{-}O\text{-}Si\text{-}CH{=}CH_2 + HCl \rightarrow (R)_3Si\text{-}O\text{-}Si\text{-}CH_2\text{-}CH_2\text{-}Cl$$

Das mit den Silanolgruppen reagierende Trichlorovinylsilan setzt Chlorwasserstoff frei, welcher sich unter diesen Bedingungen an die olefinische Doppelbindung addiert.

3) Zweite Stufe der Kapillarbelegung:

Im zweiten Schritt wird die Kapillare an den Enden wieder geöffnet und die sich noch im Kapillarinneren befindlichen Substanzen im Argonstrom entfernt. Danach wird die Kapillare unter geringem Trimethylaminfluß (Gas) bei 110°C über 30 Minuten gespült. Bei dieser Vorgehensweise befinden sich die Kapillarenden außerhalb des Trockenschrankes und ermöglichen so die einfache Dosierung mit dem gasförmigen Amin, welches am Auslaßende der Kapillare in einer 0,1 M wäßrigen HCl-Lösung aufgefangen wird. Dabei werden folgende Reaktionen angenommen:

$$(R)_3Si\text{-}O\text{-}Si\text{-}CH_2\text{-}CH_2\text{-}Cl + (Et)_3N \rightarrow (R)_3Si\text{-}O\text{-}Si\text{-}CH_2\text{-}CH_2\text{-}N(Et)_3^+\ Cl^-$$

Nach dieser Reaktion werden die Kapillarenden, die außerhalb des Trockenschrankes waren, abgetrennt (nicht umgesetzter Kapillarteil) und die Kapillare mit Methanol und Wasser gespült.

Es wurde bei diesen Kapillaren festgestellt, daß bei niedrigen Phosphatpufferkonzentrationen (10 mM, pH 3) ein umgekehrten EOF vorhanden war. Bei den hier durchgeführten hohen Ionenstärken im Zitronensäurepuffer sowie einer hohen Cyclodextrinkonzentration (teilweise anionisches CD) wurde ein kathodisch gerichteter EOF beobachtet. Es konnte zudem festgestellt werden, daß diese Kapillaren mit zunehmender Betriebsdauer einen "Gang" zeigten, d.h. sich der EOF kontinuierlich verlangsamte. Für die hier prinzipiellen Untersuchungen über Peakeffizienzen und erreichbare Auflösungen konnten diese Kapillaren jedoch gut eingesetzt werden.

8.2.3. Herstellung der PEI-PEEK-Beschichtung

Die Herstellung von modifizierten Kunststoffkapillaren beinhaltet prinzipiell zwei voneinander unabhängige Vorgehensweisen. Zum einen muß das Kapillarmaterial chemisch modifiziert werden, zum anderen benötigt man auch eine Vorrichtung zur empfindlichen UV-Detektion. Dies kann dadurch erfolgen, daß man ein etwa 1 cm langes Stück einer normalen Fused-Silica-Kapillare zwischen die Kunststoffkapillare einsetzt. Ebenso kann ein Stück Kapillare, das aus einem ausgezogenen Quarzrohr hergestellt wird, für diese Zwecke hergestellt und eingesetzt werden. Ein Querschnitt durch die Detektionskapillare ist in Abbildung 8-12 schematisch dargestellt.

Da sich gerade Kunststoffmaterialien durch ihre chemische Inertheit auszeichnen, ist eine Aktivierung der Kapillaroberfläche nur unter extremen chemischen Bedingungen möglich[151]. Die Möglichkeiten von Kunststoffkapillaren in der CE wurden in Zusammenarbeit mit K. Shoikhet[152] evaluiert.

<u>1) Erste Stufe der Kapillarbelegung: Oxidation</u>

Die unbehandelte PEEK-Kapillare wurde zur Aktivierung zuerst aufoxidiert. Dies kann dadurch erzielt werden, daß z.B. eine Lösung von 2,5 % (w/v) $KClO_3$ in Schwefelsäure/Wasser (1:1 v/v) bei Raumtemperatur etwa 30 Minuten durch die Kapillare gespült wird. Dabei dürfen die Reaktionslösungen nicht zu lange auf die Kapillare einwirken, um das Kapillarmaterial nicht komplett zu zersetzen, was die Kapillare für die CE unbrauchbar machen würde. Nach dieser Behandlung wird die

Kapillare mit MilliQ-Wasser gespült, um die Kapillare von Reaktionsprodukten zu befreien. Die so hergestellte Kapillare wurde in kapillarelektrophoretischen Experimenten vermessen, wobei eine Veränderung des elektroosmotischen Flusses festgestellt werden konnte[152], der ein Charakteristikum in der Kapillarelektrophorese darstellt.

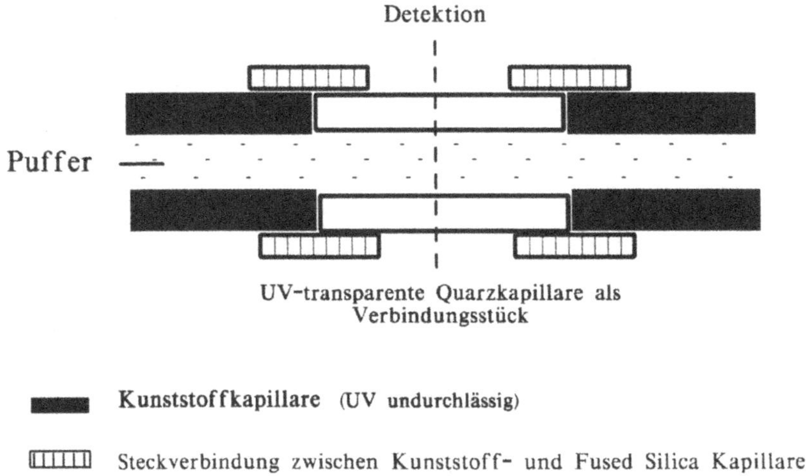

Abb. 8-12: Schematischer Querschnitt durch die Detektionskapillare bei Verwendung lichtundurchlässiger Kapillarmaterialien

<u>2) Zweite Stufe der Kapillarbelegung:</u>

Die so aktivierte und oxidierte PEEK-Kapillare ist nun auch für viele weitere Reaktionen zugänglich. So kann eine Umsetzung mit Polyethylenpolyamin erzielt werden. Dies kann dergestalt durchgeführt werden, daß die anoxidierte Kapillare mit einer kommerziellen 50 %igen wäßrigen Lösung von Polyethylenamin, die mit Methanol 1:3 (v/v) verdünnt ist, gefüllt wird. Nach langsamem Herausdrücken dieser Lösung (druckregulierte Ausströmgeschwindigkeit 10 cm/min) wird die Kapillare im Trockenschrank über 3 Stunden bei 200°C im Stickstoffstrom erhitzt. Diese Kapillaren zeigten bei pH 6 in einem 10 mM Phosphatpuffer einen umgekehrten EOF, der über viele Messungen jedoch stetig abnahm[152]. Auch hier wurde mit Carboxymethyl-, ethyl-CD haltigen Puffern bei pH 3 im Zitronensäurepuffer keine EOF-Umkehr erhalten.

Die oxidierte PEEK-Kapillare kann auch mit einer Carbodiimidazol-Lösung als Zwischenschritt zur Aminierung aktiviert werden. Anschließend kann diese Kapillare dann einfach mit Amin- oder Polyaminlösung umgesetzt werden. Aktivierungsmöglichkeiten von verschiedenen Kunststoffkapillaren existieren nicht nur für PEEK-Kapillaren, sondern lassen sich auch für andere Kapillarmaterialien wie z.B. Teflon beschreiben. Auch bei Teflon kann eine aminierte Oberfläche erzeugt werden, die somit ähnliche Eigenschaften in bezug auf Trenneffizienzen aufweist wie die PEEK-PEI-Kapillaren. Die Derivatisierung der Kunststoffkapillaren ist deshalb erforderlich, weil das Rohmaterial der Kapillare einen sehr hydrophoben Charakter aufweist und die benetzenden Eigenschaften der Innenoberfläche der Kapillare für wäßrige Puffersysteme sich sehr stark auf die Effizienzen bei der Trennung auswirken. Daher ist es notwendig, durch das Einführen funktioneller Gruppen an die Kapillarinnenwand die Hydrophilie zu erhöhen. Auch bei Teflon-Kapillaren ist der erste Schritt der Aktivierung der schwierigste, da auch hier ein zu langes Einwirken der korrosiven Reagenzien zu einer völligen Zerstörung der Kapillare führen kann.

9. Zusammenfassung

In dieser Arbeit wurden eine Reihe neuer chiraler Selektoren auf der Basis von Cyclodextrinen für die Enantiomerentrennung in der Kapillarelektrophorese eingeführt. Es konnte gezeigt werden, daß eine Derivatisierung am Cyclodextrinring drastische Veränderungen bei der Enantiomerentrennung chiraler Proben hervorruft. Dies zeigt sehr deutlich, daß es für jedes Trennproblem einen optimalen chiralen Selektor mit der höchsten Trennleistung gibt. Zudem bewirkt eine Derivatisierung vor allem beim β-Cyclodextrin eine drastisch verbesserte Löslichkeit in wäßrigen Systemen und somit einen erweiterten Einsatzbereich für die Konzentration dieses Selektors.

Ist ein geeigneter chiraler Selektor gefunden, kann die Auflösung optimiert werden. Als typische Optimierungsparameter sind die Cyclodextrinkonzentration, der pH-Wert, die Natur des Puffers (Hintergrundelektrolyt), der EOF, und das Kapillarmaterial zu nennen. Es konnte gezeigt werden, daß jeder dieser Faktoren einen Einfluß auf die Selektivität und auf die Trennleistung ausüben. Die erzielbare Auflösung in diesen Systemen ist daher stark von diesen Parametern abhängig.

Unter den derivatisierten Cyclodextrinen sind diejenigen herauszustellen, die über den pH-Wert ionisierbar sind und somit Eigenladungen erhalten können. Durch diese Ladungen erhalten diese chiralen Selektoren eine eigene elektrophoretische Mobilität im elektrischen Feld. Dies hat zum einen sehr starke Auswirkungen auf die Selektivität der Enantiomerentrennung, zum anderen bieten sich zusätzliche Einsatzmöglichkeiten. Gleichsinnig geladene Analyten sind in der chiralen Erkennung durch elektrostatische Abstoßung behindert, und eine Auftrennung der hier eingesetzten anionischen Enantiomere konnte nicht mehr beobachtet werden. Kationische, aromatische Enantiomere konnten mit diversen anionischen Cyclodextrinen sehr gut aufgetrennt werden, wobei vor allem das Carboxymethyl-β-CD als sehr universeller Selektor eingesetzt werden konnte. Es stellte sich heraus, daß anionische Cyclodextrine als "Carrier" für kationische Analyte dienen können, was auf einen Ionenpaar-mechanismus hindeutet. Die Cyclodextrinanionen können mit ihrer Überschußladung die Analytladung überkompensieren und ermöglichen somit einen Transport dieser Kationen als Quasi-Anionen. Es konnte gezeigt werden, daß dieser Mechanismus stark von den Analyt-CD-Wechselwirkungen abhängig ist.

Da carboxylierte Cyclodextrine sowohl im protonierten (pH<3) als auch im deprotonierten Zustand (pH>5) eingesetzt werden können, ergab sich ein breiteres Anwendungsspektrum für diese Cyclodextrintypen. Geladene Cyclodextrine können somit auch zur Trennung von ungeladenen Analyten herangezogen werden und bieten somit ähnliche Anwendungsgebiete wie die micellare elektrokinetische Chromatographie (MEKC).

Es konnte des weiteren gezeigt werden, daß eine empfindliche Detektion von Verunreinigungen - im 0,1%-Bereich.- mit Hilfe der Kapillarelektrophorese möglich ist. Dazu ist es bei der Enantiomerentrennung allerdings notwendig, Methoden zur Umkehr der Migrationsreihenfolge der Analyten zur Verfügung zu haben, um Verunreinigungen vor dem Erscheinen der Hauptkomponente zu bestimmen. Zur Umkehr der Migrationsreihenfolge sind folgende Verfahren erarbeitet worden:

-Die Umkehr des elektroosmotischen Flusses unter Verwendung des gleichen chiralen Selektors. Unproblematisch konnte dies nur mit Hilfe von Polyaminen erzielt werden. Langkettige Detergenzien sind unter Verwendung von β-Cyclodextrinen wegen Eigeninklusion ins CD nicht mehr anwendbar, da sie den EOF nicht mehr umkehren.

-Für anionischen Analyten führt bereits eine Eliminierung des EOF mit anschließender Umpolung des elektrischen Feldes zu einer Umkehr der Migrationsreihenfolge. Die Unterdrückung des EOF kann durch eine Kapillarbeschichtung erfolgen.

-Der Wechsel des chiralen Ambientes unter Verwendung verschieden derivatisierter neutraler Cyclodextrine, die aufgrund unterschiedlicher Selektivität zu den Enantiomeren eine Migrationsumkehr verursachen.

-Der Einsatz von ionisierbaren Cyclodextrinen im geladenen sowie ungeladenen Zustand. Die Umkehr der Migrationsreihenfolge beruht hier auf unterschiedlichen Transportmechanismen der Enantiomere zum Detektor. Das geladene CD fungiert hier als "Carrier" der Enantiomerkationen. Im ungeladenen Modus müssen die Enatiomere selbst zum Detektor wandern. Somit kann ein einfacher Wechsel des pH-Wertes unter Beibehaltung des gleichen chiralen Selektors eine Migrationsumkehr für manche Enanatiomere verursachen.

-Die Verwendung unterschiedlicher CD-Konzentrationen führte in einem speziellen Fall ebenfalls zu einer Umkehr der Migrationsreihenfolge. Dieses Beispiel diente auch zur Veranschaulichung unterschiedlicher Trennmechanismen bei der Enantiomerentrennung mit Cyclodextrinen. Während bei niedrigen Konzentrationen des chiralen Selektors die Trennung noch auf unterschiedlichen Gleichgewichtskonstanten beruht, ist bei hohen Konzentrationen die Trennung aufgrund diastereomerer Komplexe begünstigt.

10. Anhang

10.1 Acronyme und chirale Nomenklatur

Symbol	Bedeutung	Einheit
η	Viskosität	
% T	Gesamtmonomergehalt eines Gels (in % (w/v)	
% (v/v)	Volumenprozent	
% (w/v)	Gewichts-Volumen-Prozent	
% (w/w)	Volumen-Volumen Prozent	
μ	Mobilität	cm^2/Vs
ACN	Acetonitril	
Ad.	Außendurchmesser	μm
Bp	Anzahl der Basenpaare der DNA	
BSA	Bovin Serum Albumin (Albumin aus Rinderserum)	
CBI-Aminosäuren	1-cyano-2-substituierte-benz(f)isoindol-Aminosäuren	
CD	Cyclodextrin	
CE	Kapillarelektrophorese	
CGE	Kapillar-Gelelektrophorese	
CMC	kritische mizellare Konzentration	
CZE	Kapillarzonenelektrophorese	
DM-ß-CD	Heptakis (di-O-methyl) β-CD	
DNA	Desoxyribonukleinsäure	
DNP-Aminosäuren	Dinitrophenol-Aminosäuren	
DNS-Aminosäuren	Dansylierte Aminosäuren	
E	Elektrische Feldstärke	V/cm
EC	Elektrochromatographie	
EOF	Elektroosmotischer Fluß	
GITC-Derivate	2,3,4,6-Tetra-O-acetyl-ß-D-Glucopyranosyl Isothiocyanat-Derivate	
GLC	Gaschromatogaphie	
HP-CD	Hydroxypropyl-Cyclodextrin	
HPCE	High Perfomance Capillary Electrophoresis	
HPLC	Hochdruck Flüssigkeitschromatographie	
Id.	Innendurchmesser der Kapillare	μm
ITP	Isotachophorese	
kV	Kilovolt	kV
L, Leff, Lges	Länge (effektive, gesamte)	cm
LPA	lineares Polyacrylamid	
ME-CD	Methyl-Cyclodextrin	
MEKC	Mizellare elektrokinetische Chromatographie	
MES	ß-Morpholino-ethansulfonsäure	
MW	Molekulargewicht (molecular weight)	
PEEK-Kapillaren	Polyetheretherketon-Kapillaren	

PEI-Beschichtung	Polyethyleniminbeschichtung	
PTH-Aminosäuren	Phenylthiohydantoin-Aminosäuren	
RSD	relative Standardabweichung	
SAX	starke Anionenaustauscher	
SDAla	Natrium Dodecanoyl-Alanin	
SDGlu	Natrium Dodecanoyl-Glutaminsäure	
SDS	Natrium Dodecylsulfat	
SDVal	Natrium Dodecanoyl-Valin	
SFC	Überkritische Flüssigkeitschromatographie	
T	Temperatur	°C
TB-Puffer	TRIS-Borsäure-Puffer	
TEMED	Tetraethylenmethylendiamin	
TM-ß-CD	Heptakis (tri-O-methyl) ß-CD	
TRIS	Tris-(hydroxymethyl)-aminomethan	
WAX	schwache Anionenaustauscher	

Chirale Nomenklatur:

Allenisomere	Chiralität aufgrund einer Chiralitätsachse, z.B. bei konjugierten, ungeradzahligen Doppelbindungen wie Kumulene
Asymmetrie	Vollständiges Fehlen von Symmetrieelementen
asymmetrisches Kohlenstoffatom	Kohlenstoffatom mit vier verschiedenen Substituenten
Atropisomere	"Behinderungsisomerie" durch eingeschränkte Rotation z.B. bei Biphenylderivaten
Chiralität, Chiral	(Griechisch: händig, Hand); Moleküle, die miteinander nicht zur Deckung gebracht werden können
D oder L	Als Bezugssubstanz dient die absolute Konfiguration des D- oder L-Glycerinaldehyds.
(+) oder (-)	Drehung des polarisierten Lichtes nach rechts (+) oder nach links (-)
Diastereomere	Stereoisomere, die nicht Spiegelbildisomere sind
EE: Enantiomeren-überschuß	Prozentualer Anteil, bei dem eines der Enantiomere im Überschuß vorhanden ist
Enantiomere	Substanzen, die sich wie "Bild" und "Spiegelbild" zueinander verhalten und miteinander nicht zur Deckung gebracht werden können. Man nennt sie auch Spiegelbildisomere.
Enantioselektivität	Maß für die bevorzugte Synthese eines Enantiomers im Vergleich zum anderen bei einer chemischen Reaktion
Epimere	Sie besitzen mehrere chirale Zentren und unterscheiden sich an einem derselben in ihrer Konfiguration

Konfiguration	Spezifische Anordung der Atome oder Atomgruppen in einem Molekül
Meso-Komponenten	Moleküle mit mehreren asymmetrischen Zentren, jedoch mit einer Symmetrieebene im Molekül; sie sind nicht optisch aktiv und somit auch nicht chiral; z.B.: meso-Weinsäure oder Erythrit
Optische Aktivität	Ein reines Enantiomer dreht die Ebene des polarisierten Lichtes um einen bestimmten Winkel, d.h. sie ist optisch aktiv.
Optische Antipoden	Altere Bezeichnung für Enantiomere
Optische Isomere	Moleküle, die eine optische Aktivität zeigen
Optische Reinheit	Liegt nur ein Enantiomer vor, wird die maximale optische Aktivität entwickelt, d.h die Substanz ist optisch rein.
Prochiralität	Moleküle, die durch eine einzige Reaktion chiral werden. Die Substituenten an solchen prochiralen Zentren bezeichnet man als enantiotop.
R- oder S-	Beschreibung der absoluten Konfiguration an einem asymmetrischen Kohlenstoffatom nach der Regel von Cahn, Ingold und Prelog
Racemate, racemische Gemische	Aquimolare Gemische des links- und rechtsdrehenden Enantiomers; die Drehrichtungen der reinen Enantiomere im polarisierten Lichte heben sich somit auf.
Racemisierung	Reine Enantiomere können in chemischen Reaktionen oder im Organismus Racemate bilden.
Stereoisomere	Unterschiedliche räumliche Anordnung der Atome in einem Molekül bei gleichartiger Verkettung

10.2 Meßdatenanhang

Kapitel 4:

Konzentration		Migrationszeit (Min.)			Mobilität (cm^2/Vs)	
mMol	(w/v)	t (EOF)	t (L-Dans-Phe)	t (D-Dans-Phe)	μ (L)	μ (D)
0.0	0.0	5.49	8.84	8.84	1.64E-04	1.64E-04
3.3	0.5	5.73	7.59	7.78	1.02E-04	1.09E-04
6.7	1.0	5.73	7.31	7.43	8.98E-05	9.51E-05
20.0	3.0	6.12	7.60	7.65	7.58E-05	7.78E-05
40.0	6.0	6.76	8.32	8.32	6.60E-05	6.60E-05
60.0	9.0	7.57	9.30	9.30	5.85E-05	5.85E-05
80.0	12.0	8.55	10.51	10.49	5.19E-05	5.15E-05
100.0	15.0	9.51	11.68	11.62	4.65E-05	4.55E-05
120.0	18.0	10.84	13.37	13.27	4.16E-05	4.02E-05

Tab.10-1: Meßdaten zu Abbildungen 4-4 und 4-5

Kapitel 5:

HP-β-CD	Relative Migration (zum EOF)								
mM	1	Hexobarbital		Dans-Phe		DHP		Hydrolyseprod.	
0.0	1.02	1.27	1.27	1.46	1.46	1.49	1.49	1.60	1.60
2.5	1.03	1.17	1.18	1.26	1.27	1.29	1.32	1.54	1.54
5.0	1.03	1.13	1.14	1.22	1.24	1.25	1.27	1.51	1.51
10.0	1.03	1.08	1.09	1.20	1.20	1.21	1.23	1.44	1.45
30.0	1.03	1.04	1.05	1.19	1.19	1.20	1.21	1.36	1.38

Tab. 10-2: Meßdaten zu Abbildung 5-6

	Migrationszeit (Min.)			Mobilität (cm^2/Vs)			Relative	Resolution
pH	t (EOF)	t (1)	t (2)	µ (EOF)	µ (1)	µ (2)	Migration	(%)
4.6	6.80	7.65	7.65	2.79E-04	3.09E-05	3.09E-05	1.125	0
5.5	4.43	5.35	5.43	4.28E-04	7.35E-05	7.87E-05	1.208	87
6.5	3.81	4.83	4.90	4.97E-04	1.05E-04	1.11E-04	1.268	83
7.0	3.38	4.14	4.19	5.61E-04	1.04E-04	1.09E-04	1.227	65
7.5	3.13	3.83	3.86	6.05E-04	1.10E-04	1.15E-04	1.222	54
8.0	3.04	3.70	3.73	6.23E-04	1.11E-04	1.15E-04	1.217	51
9.0	2.96	3.59	3.62	6.40E-04	1.12E-04	1.17E-04	1.211	47

Tab. 10-3: Meßdaten zu Abbildung 5-12 und 5-13

pH	Migrationszeit (Min.) Methionin		EOF (Min.)	Relative Migration (Methionin)		Auflösung %
4.6	7.65	7.72	5.65	1.35	1.37	51
5.1	7.15	7.22	5.55	1.29	1.30	76
6.0	8.36	8.47	5.2	1.61	1.63	95
7.0	6.51	6.58	3.65	1.78	1.80	45
9.9	5.06	5.11	3.8	1.33	1.34	16

Tab. 10-4: Meßdaten zu Abbildung 5-15

T(°C)	t EOF (Min.)	Migrationszeit (Min.) L-Phe	Migrationszeit (Min.) D-Phe	Relative Migration L-Phe	Relative Migration D-Phe	Relative Mobilität L-Phe	Relative Mobilität D-Phe
20	29.94	37.77	38.03	1.262	1.270	6.92E-03	7.11E-03
30	22.62	28.32	28.44	1.252	1.257	8.90E-03	9.05E-03
40	17.83	22.23	22.23	1.247	1.247	1.11E-02	1.11E-02
50	14.50	18.11	18.11	1.249	1.249	1.37E-02	1.37E-02

Tab. 10-5: Meßdaten zu Abbildungen 5-21 bis 5-23 (18%CD)

T(°C)	t EOF (Min.)	Migrationszeit (Min.) L-Phe	Migrationszeit (Min.) D-Phe	Relative Migration L-Phe	Relative Migration D-Phe	Mobilität L-Phe	Mobilität D-Phe	Mobilität EOF
4	17.1	28.5	29.5	1.669	1.727	4.69E-05	4.93E-05	1.17E-04
20	8.9	13.5	13.8	1.522	1.560	7.75E-05	8.12E-05	2.26E-04
40	4.9	6.9	7.0	1.431	1.452	1.24E-04	1.28E-04	4.12E-04
59	3.5	5.0	5.0	1.438	1.438	1.76E-04	1.76E-04	5.78E-04
80	2.4	3.4	3.4	1.439	1.439	2.57E-04	2.57E-04	8.44E-04

Tab. 10-6: Meßdaten zu Abbildungen 5-21 bis 5-23 (1%CD)

Kapitel 6:

Konzentration α-CD		Migrationszeit (Min.)						
(w/v)	mM	Eph	Prop	Try	Try	Phe	Phe	
0.00	0	2.86	3.79	7.66	7.66	8.53	8.53	
1.00	10.3	3.16	4.13	8.91	9.06	10.08	10.08	
2.00	20.5	3.33	4.27	9.09	9.37	10.26	10.26	
5.00	51.4	4.08	5.12	11.61	12.39	13.25	13.54	
10.00	102.7	5.22	6.43	14.77	16.28	16.98	17.56	
Hp-α-CD		**Migrationszeit (Min.)**						
(w/v)	mM	Eph	Eph	Erop	Try	Try	Phe	Phe
0.00	0	2.86	2.86	3.79	7.66	7.66	8.53	8.53
1.00	8.5	3.14	3.14	4.49	8.96	9.06	9.71	9.71
2.00	16.9	3.47	3.47	5.22	10.32	10.59	10.99	10.99
5.00	42.4	4.13	4.21	6.50	12.46	13.02	12.5	12.7
10.00	84.7	5.85	6.04	9.33	18.67	20.27	18.31	18.67

Tab. 10-7: Meßdaten zu Abbildungen 6-2 und 6-3

Cyclodextrintyp	Probe		Cyclodextrinkonzentration (% (w/v)) 0,1	0,5	1,0	1,6	2,0	5,0
β-CD	Hexobarbital	Resolution	1,1	1,7	2,0	2,0		
		Effizienzen	160	320	580	610		
		(x 1000)	210	340	540	630		
	Hydrolyse-produkt	Resolution	1,3	2,8	3,0	2,4		
		Effizienzen	270	380	470	480		
		(x 1000)	220	320	420	430		
Me-β-CD	Hexobarbital	Resolution	1,4	2,3	1,9		1,7	0,9
		Effizienzen	180	350	380		530	540
		(x 1000)	250	340	400		440	520
	Hydrolyse-produkt	Resolution	0	1,2	1,8		2,6	2,5
		Effizienzen		260	270		360	430
		(x 1000)		200	210		360	440
HP-β-CD	Hexobarbital	Resolution	0,3	0,9	1,1		1,3	1,3
		Effizienzen		85	110		210	380
		(x 1000)		120	140		260	360
	Hydrolyse-produkt	Resolution	0	1,0	1,6		2,4	3,9
		Effizienzen		390	370		430	480
		(x 1000)		230	310		350	400

Tab. 10-8: Effizienzen und Auflösung von Hexobarbital und dessen Hydrolyseprodukt für verschiedene Cyclodextrine. Resolution = $2*(t_2-t_1) / (w_1+w_2)$, Effizienzen: $N=16(t_{1,2}/b)^2$, $t_{1,2}$=Migrationszeit der Enantiomere 1,2; $w_{1,2}$=Basisbreite des Peaks, b=Peakbreite in Halber Höhe der Enantiomere 1,2: Meßdaten zu Kapitel 6.1.2 (Abb. 6-5, 6-6).

	Migrationszeit (Min.) 20 mM Zitronensäurepuffer, pH 2.5, 1 % (w/v) γ-CD						
Aminosäure	Val	Leu	Iso	Phe	Met	Ser	Thr
Enantiomer	7.35	7.47	7.73	8.62	7.04	5.92	5.23
Enantiomer	7.76	7.88	9.09	8.73	7.27	5.92	5.29
Ohne CD	5.28	5.17	5.24	5.25	5.47	5.81	5.15
	Migrationszeit (Min.) 20 mM Phosphatpuffer, pH 6.0, 1 % (w/v) γ-CD						
Enantiomer	8.12	8.66	8.87	10.56	7.48	6.07	6.69
Enantiomer	8.57	9.49	9.5	10.71	7.94	6.1	7.02
Ohne CD	6.61	5.16	5.97	5.48	5.46	4.95	5.16

Tab. 10-9: Meßdaten zu Abbildungen 6-10 bis 6-13.

Tab. 10-10: Tabellenwerk zu Abbildungen 6-14 B bis 6-20

Konzentration		0.1 % (w/v) Cyclodextrin						
CD	Proben	t (EOF) (min.)	t (Enantiomere) (min.)		Mobilität (Enantiomere) (cm2/Vs)		Relative Migration	
Alpha	Ibuprophen	9.16	14.08		9.43E-04		1.537	
	Mandelsäure	9.09	17.06		5.82E-04		1.877	
	Doxylamin	9.09	7.00		2.22E-03		0.770	
	Dimethinden	9.09	7.16		2.40E-03		0.788	
	Ephedrin	9.16	6.59		1.81E-03		0.719	
	Propranolol	9.16	7.02		2.17E-03		0.766	
Beta	Ibuprophen	9.05	11.42		1.95E-03		1.263	
	Mandelsäure	9.08	16.89		5.94E-04		1.861	
	Doxylamin	9.08	7.16		2.42E-03		0.789	
	Dimethinden	9.08	7.25		2.54E-03		0.798	
	Ephedrin	9.05	6.71		1.99E-03		0.742	
	Propranolol	9.05	7.17		2.47E-03		0.792	
	Dhp	9.05	11.89	11.95	1.63E-03	1.60E-03	1.314	1.322
Gamma	Ibuprophen	9.40	14.23		9.61E-04		1.513	
	Mandelsäure	9.34	17.71		5.55E-04		1.895	
	Doxylamin	9.34	7.11		2.07E-03		0.761	
	Dimethinden	9.43	7.33		2.20E-03		0.777	
	Ephedrin	9.40	6.85		1.82E-03		0.729	
	Propranolol	9.40	7.31		2.22E-03		0.777	
	Dhp	9.34	11.59	11.68	2.07E-03	1.99E-03	1.240	1.250
Alpha-Hp	Ibuprophen	8.18	13.62		8.53E-04		1.665	
	Mandelsäure	8.36	20.05		3.97E-04		2.397	
	Doxylamin	8.36	6.01		1.97E-03		0.719	
	Dimethinden	8.36	6.18		2.13E-03		0.739	
	Ephedrin	8.18	5.68		1.86E-03		0.694	
	Propranolol	8.18	6.12		2.25E-03		0.748	
Beta-Hp	Ibuprophen	7.51	9.69		2.13E-03		1.290	
	Mandelsäure	7.44	14.94		6.19E-04		2.008	
	Doxylamin	7.44	5.63		2.57E-03		0.757	
	Dimethinden	7.44	5.80		2.83E-03		0.779	
	Ephedrin	7.51	5.34		2.14E-03		0.711	
	Propranolol	7.51	5.76		2.65E-03		0.767	
	Dhp	7.44	9.77	9.87	1.99E-03	1.91E-03	1.313	1.327
Gamma-Hp	Ibuprophen	11.77	20.29		5.45E-04		1.724	
	Mandelsäure	10.65	23.24		3.69E-04		2.182	
	Doxylamin	10.65	7.77		1.61E-03		0.730	
	Dimethinden	10.65	7.98		1.74E-03		0.749	
	Ephedrin	11.77	7.96		1.22E-03		0.676	
	Propranolol	11.77	8.60		1.46E-03		0.731	
Beta-Methyl	Ibuprophen	10.37	13.03		1.75E-03		1.256	
	Mandelsäure	9.86	19.80		4.67E-04		2.008	
	Doxylamin	9.86	7.54		2.00E-03		0.764	
	Dimethinden	9.86	7.77		2.22E-03		0.788	
	Ephedrin	10.37	7.40		1.56E-03		0.713	
	Propranolol	10.37	8.01		1.97E-03		0.772	
	Dhp	9.86	12.60	12.69	1.69E-03	1.64E-03	1.278	1.287

Tabellenwerk zu Abbildungen 6-14 B bis 6-20

Konzentration		0.2 % (w/v) Cyclodextrin						
CD	Proben	t (EOF) (min.)	t (Enantiomere) (min.)		Mobilität (Enantiomere) (cm2/Vs)		Relative Migration	
Alpha	Ibuprophen	9.07	13.61		1.02E-03		1.501	
	Mandelsäure	9.04	16.76		6.01E-04		1.854	
	Doxylamin	9.04	7.02		2.30E-03		0.777	
	Dimethinden	9.04	7.16		2.47E-03		0.792	
	Ephedrin	9.07	6.58		1.86E-03		0.725	
	Propranolol	9.07	6.99		2.23E-03		0.771	
Beta	Ibuprophen	10.84	13.72		1.61E-03		1.265	
	Mandelsäure	9.91	20.04		4.58E-04		2.022	
	Doxylamin	9.91	7.72		2.11E-03		0.779	
	Dimethinden	9.91	7.79		2.19E-03		0.786	
	Ephedrin	10.84	7.76		1.50E-03		0.715	
	Propranolol	10.84	8.36		1.86E-03		0.771	
	Dhp	9.91	12.90	13.02	1.55E-03	1.49E-03	1.301	1.313
Gamma	Ibuprophen	9.36	13.85		1.03E-03		1.481	
	Mandelsäure	9.87	20.65		4.31E-04		2.091	
	Doxylamin	9.87	7.40		1.88E-03		0.750	
	Dimethinden	9.87	7.67		2.10E-03		0.776	
	Ephedrin	9.36	6.82		1.83E-03		0.729	
	Propranolol	9.36	7.30		2.26E-03		0.781	
	Dhp	9.87	12.21	13.30	1.98E-03	1.35E-03	1.237	1.347
Alpha-Hp	Ibuprophen	8.18	13.62		8.54E-04		1.664	
	Mandelsäure	7.80	17.01		5.04E-04		2.180	
	Doxylamin	7.80	5.77		2.28E-03		0.739	
	Dimethinden	7.80	5.93		2.48E-03		0.760	
	Ephedrin	8.18	5.68		1.85E-03		0.694	
	Propranolol	8.18	6.12		2.25E-03		0.748	
Beta-Hp	Ibuprophen	7.44	9.19		2.65E-03		1.235	
	Mandelsäure	7.48	15.21		6.00E-04		2.034	
	Doxylamin	7.48	5.70		2.61E-03		0.762	
	Dimethinden	7.48	5.88		2.90E-03		0.786	
	Ephedrin	7.44	5.35		2.22E-03		0.719	
	Propranolol	7.44	5.81		2.83E-03		0.780	
	Dhp	7.48	9.54	9.66	2.25E-03	2.13E-03	1.275	1.291
Gamma-Hp	Ibuprophen	10.32	16.50		7.51E-04		1.599	
	Mandelsäure	10.10	20.66		4.39E-04		2.046	
	Doxylamin	10.10	7.48		1.77E-03		0.741	
	Dimethinden	10.10	7.68		1.92E-03		0.760	
	Ephedrin	10.32	7.27		1.52E-03		0.704	
	Propranolol	10.32	7.82		1.86E-03		0.758	
Beta-Methyl	Ibuprophen	9.96	12.14		2.14E-03		1.218	
	Mandelsäure	9.71	19.38		4.80E-04		1.996	
	Doxylamin	9.71	7.50		2.10E-03		0.773	
	Dimethinden	9.71	7.77		2.39E-03		0.800	
	Ephedrin	9.96	7.72		2.06E-03		0.774	
	Propranolol	9.96	7.82		2.16E-03		0.785	
	Dhp	9.71	12.07	12.21	1.96E-03	1.86E-03	1.243	1.257

Tabellenwerk zu Abbildungen 6-14 B bis 6-20

Konzentration		0.5 % (w/v) Cyclodextrin						
CD	Proben	t (EOF) (min.)	t (Enantiomere) (min.)		Mobilität (Enantiomere) (cm2/Vs)		Relative Migration	
Alpha	Ibuprophen	9.54	14.05		1.03E-03		1.473	
	Mandelsäure	9.68	18.65		5.17E-04		1.927	
	Doxylamin	9.68	7.40		2.04E-03		0.764	
	Dimethinden	9.68	7.46		2.09E-03		0.771	
	Ephedrin	9.54	6.87		1.74E-03		0.720	
	Propranolol	9.54	7.28		2.05E-03		0.763	
Beta	Ibuprophen	9.67	11.73		2.25E-03		1.213	
	Mandelsäure	9.41	17.73		5.57E-04		1.885	
	Doxylamin	9.41	7.69		2.71E-03		0.818	
	Dimethinden	9.41	7.69		2.71E-03		0.818	
	Ephedrin	9.67	7.17		1.86E-03		0.742	
	Propranolol	9.67	7.74		2.40E-03		0.800	
	Dhp	9.41	11.57	11.64	2.15E-03	2.07E-03	1.230	1.238
Gamma	Ibuprophen	9.54	13.59		1.14E-03		1.425	
	Mandelsäure	9.51	17.99		5.47E-04		1.892	
	Doxylamin	9.51	7.30		2.10E-03		0.768	
	Dimethinden	9.51	7.63		2.46E-03		0.802	
	Ephedrin	9.54	6.95		1.80E-03		0.729	
	Propranolol	9.54	7.52		2.29E-03		0.788	
	Dhp	9.51	11.33		2.55E-03		1.191	
Alpha-Hp	Ibuprophen	7.77	11.81		1.15E-03		1.520	
	Mandelsäure	7.62	15.90		5.60E-04		2.087	
	Doxylamin	7.62	5.73		2.46E-03		0.752	
	Dimethinden	7.62	5.90		2.71E-03		0.775	
	Ephedrin	7.77	5.52		2.06E-03		0.711	
	Propranolol	7.77	5.96		2.56E-03		0.767	
Beta-Hp	Ibuprophen	7.46	8.93		3.16E-03		1.197	
	Mandelsäure	7.39	14.67		6.37E-04		1.985	
	Doxylamin	7.39	5.78		2.89E-03		0.782	
	Dimethinden	7.39	5.98		3.29E-03		0.809	
	Ephedrin	7.46	5.42		2.28E-03		0.727	
	Propranolol	7.46	5.97		3.13E-03		0.801	
	Dhp	7.39	8.97	9.06	2.93E-03	2.78E-03	1.214	1.226
Gamma-Hp	Ibuprophen	10.10	15.17		9.15E-04		1.502	
	Mandelsäure	10.01	20.00		4.64E-04		1.998	
	Doxylamin	10.01	7.47		1.83E-03		0.746	
	Dimethinden	10.01	7.71		2.02E-03		0.770	
	Ephedrin	10.10	7.19		1.59E-03		0.712	
	Propranolol	10.10	7.80		2.02E-03		0.772	
Beta-Methyl	Ibuprophen	9.64	11.45		2.57E-03		1.187	
	Mandelsäure	9.74	18.51		5.29E-04		1.900	
	Doxylamin	9.74	7.73		2.30E-03		0.793	
	Dimethinden	9.74	7.98		2.63E-03		0.819	
	Ephedrin	9.64	7.12		1.84E-03		0.738	
	Propranolol	9.64	7.84		2.58E-03		0.813	
	Dhp	9.74	11.49	11.56	2.66E-03	2.55E-03	1.179	1.187

Tabellenwerk zu Abbildungen 6-14 B bis 6-20

Konzentration		1.0 % (w/v) Cyclodextrin						
CD	Proben	t (EOF) (min.)	t (Enantiomere) (min.)		Mobilität (Enantiomere) (cm2/Vs)		Relative Migration	
Alpha	Ibuprophen	9.35	13.10		1.24E-03		1.401	
	Mandelsäure	9.24	16.62		6.29E-04		1.799	
	Doxylamin	9.24	7.33		2.43E-03		0.793	
	Dimethinden	9.24	7.38		2.49E-03		0.799	
	Ephedrin	9.35	6.87		1.87E-03		0.735	
	Propranolol	9.35	7.24		2.20E-03		0.774	
Beta	Ibuprophen	9.56	11.50		2.39E-03		1.203	
	Mandelsäure	9.61	18.03		5.51E-04		1.876	
	Doxylamin	9.61	8.03		2.93E-03		0.835	
	Dimethinden	9.61	8.03		2.93E-03		0.835	
	Ephedrin	9.56	7.24	7.27	2.00E-03	2.02E-03	0.757	0.760
	Propranolol	9.56	7.83		2.69E-03		0.819	
	Dhp	9.61	11.64	11.69	2.29E-03	2.23E-03	1.211	1.217
Gamma	Ibuprophen	9.40	12.71		1.40E-03		1.352	
	Mandelsäure	9.39	17.23		5.92E-04		1.835	
	Doxylamin	9.39	7.32		2.24E-03		0.779	
	Dimethinden	9.39	7.71		2.75E-03		0.820	
	Ephedrin	9.40	6.92		1.87E-03		0.736	
	Propranolol	9.40	7.55		2.51E-03		0.804	
	Dhp	9.39	11.02		2.86E-03		1.173	
Alpha-Hp	Ibuprophen	7.70	11.03		1.39E-03		1.433	
	Mandelsäure	7.66	15.82		5.69E-04		2.066	
	Doxylamin	7.66	5.84		2.56E-03		0.763	
	Dimethinden	7.66	6.02	6.04	2.83E-03	2.87E-03	0.786	0.789
	Ephedrin	7.70	5.55		2.16E-03		0.721	
	Propranolol	7.70	6.01		2.75E-03		0.781	
Beta-Hp	Ibuprophen	7.45	8.82		3.39E-03		1.184	
	Mandelsäure	7.42	14.35		6.69E-04		1.935	
	Doxylamin	7.42	5.97		3.21E-03		0.805	
	Dimethinden	7.42	6.17		3.72E-03		0.832	
	Ephedrin	7.45	5.50		2.38E-03		0.738	
	Propranolol	7.50	6.13		3.39E-03		0.818	
	Dhp	7.42	8.81	8.86	3.33E-03	3.22E-03	1.188	1.194
Gamma-Hp	Ibuprophen	10.15	14.47		1.07E-03		1.426	
	Mandelsäure	10.13	20.17		4.62E-04		1.991	
	Doxylamin	10.13	7.59		1.83E-03		0.749	
	Dimethinden	10.13	7.88		2.06E-03		0.778	
	Ephedrin	10.15	7.25		1.60E-03		0.714	
	Propranolol	10.15	7.97		2.13E-03		0.785	
Beta-Methyl	Ibuprophen	9.77	11.55		2.60E-03		1.182	
	Mandelsäure	9.83	18.91		5.11E-04		1.923	
	Doxylamin	9.83	8.09		2.66E-03		0.823	
	Dimethinden	9.83	8.31		3.05E-03		0.845	
	Ephedrin	9.77	7.33		1.90E-03		0.750	
	Propranolol	9.77	8.13		2.83E-03		0.832	
	Dhp	9.83	11.58	11.61	2.65E-03		1.178	

Tabellenwerk zu Abbildungen 6-14 B bis 6-20

Konzentration		2.0 % (w/v) Cyclodextrin (b=1,6 % (w/v))						
CD	Proben	t (EOF) (min.)	t (Enantiomere) (min.)		Mobilität (Enantiomere) (cm2/Vs)		Relative Migration	
Alpha	Ibuprophen	9.58	13.12		1.31E-03		1.370	
	Mandelsäure	9.51	16.71		6.44E-04		1.757	
	Doxylamin	9.51	7.55		2.37E-03		0.794	
	Dimethinden	9.51	7.67		2.52E-03		0.807	
	Ephedrin	9.58	7.14		1.90E-03		0.745	
	Propranolol	9.58	7.47		2.20E-03		0.780	
Beta	Ibuprophen	9.58	11.51		2.40E-03		1.202	
	Mandelsäure	9.58	17.86		5.61E-04		1.864	
	Doxylamin	9.58	8.04		3.00E-03		0.838	
	Dimethinden	9.58	8.04		3.00E-03		0.838	
	Ephedrin	9.58	7.26	7.30	2.00E-03	2.03E-03	0.758	0.762
	Propranolol	9.58	7.86		2.70E-03		0.821	
	Dhp	9.58	11.56	11.60	2.35E-03	2.30E-03	1.206	1.210
Gamma	Ibuprophen	9.70	12.51		1.65E-03		1.289	
	Mandelsäure	9.71	17.58	17.66	5.90E-04	5.84E-04	1.810	1.818
	Doxylamin	9.71	7.68		2.28E-03		0.791	
	Dimethinden	9.71	8.15		2.98E-03		0.839	
	Ephedrin	9.70	7.17		1.83E-03		0.739	
	Propranolol	9.70	7.95		2.65E-03		0.819	
	Dhp	9.71	11.34		2.86E-03		1.167	
Alpha-Hp	Ibuprophen	8.03	10.86		1.64E-03		1.353	
	Mandelsäure	8.04	16.03		5.80E-04		1.995	
	Doxylamin	8.04	6.26	6.28	2.61E-03	2.64E-03	0.779	0.781
	Dimethinden	8.04	6.45	6.49	2.93E-03	3.00E-03	0.803	0.808
	Ephedrin	8.03	5.87	5.88	2.15E-03	2.16E-03	0.731	0.733
	Propranolol	8.03	6.41		2.86E-03		0.798	
Beta-Hp	Ibuprophen	9.79	11.39		2.90E-03		1.163	
	Mandelsäure	9.79	17.61		5.93E-04		1.799	
	Doxylamin	9.79	8.19		2.91E-03		0.837	
	Dimethinden	9.79	8.42		3.40E-03		0.861	
	Ephedrin	9.79	7.49		2.02E-03		0.765	
	Propranolol	9.79	8.34		3.20E-03		0.852	
	Dhp	9.79	11.36		2.95E-03		1.161	
Gamma-Hp	Ibuprophen	10.38	13.98		1.29E-03		1.347	
	Mandelsäure	10.32	20.10	20.20	4.74E-04	4.70E-04	1.948	1.957
	Doxylamin	10.32	7.83		1.86E-03		0.759	
	Dimethinden	10.32	8.20		2.19E-03		0.795	
	Ephedrin	10.38	7.44		1.58E-03		0.717	
	Propranolol	10.38	8.33		2.26E-03		0.803	
Beta-Methyl	Ibuprophen	10.24	12.11		2.48E-03		1.182	
	Mandelsäure	10.54	20.79		4.53E-04		1.973	
	Doxylamin	10.54	8.82		2.70E-03		0.837	
	Dimethinden	10.54	9.01		3.04E-03		0.855	
	Ephedrin	10.24	7.84		1.93E-03		0.765	
	Propranolol	10.24	8.68		2.97E-03		0.847	
	Dhp	10.54	12.40		2.50E-03		1.176	

Tabellenwerk zu Abbildungen 6-14 B bis 6-20

Konzentration		5.0 % (w/v) Cyclodextrin						
CD	Proben	t (EOF) (min.)	t (Enantiomere) (min.)		Mobilität (Enantiomere) (cm2/Vs)		Relative Migration	
Alpha	Ibuprophen	10.22	13.05		1.64E-03		1.277	
	Mandelsäure	10.27	16.68		7.24E-04		1.624	
	Doxylamin	10.27	8.48		2.59E-03		0.826	
	Dimethinden	10.27	8.59		2.76E-03		0.836	
	Ephedrin	10.22	7.89		1.99E-03		0.772	
	Propranolol	10.22	8.13		2.22E-03		0.795	
Beta	Ibuprophen							
	Mandelsäure							
	Doxylamin							
	Dimethinden							
	Ephedrin							
	Propranolol							
	Dhp							
Gamma	Ibuprophen	10.78	13.30		1.84E-03		1.233	
	Mandelsäure	10.92	19.33	19.55	5.52E-04	5.38E-04	1.770	1.790
	Doxylamin	10.92	8.84		2.23E-03		0.809	
	Dimethinden	10.92	9.40		3.05E-03		0.861	
	Ephedrin	10.78	7.99		1.66E-03		0.741	
	Propranolol	10.78	9.08		2.72E-03		0.842	
	Dhp	10.92	12.72		2.58E-03		1.165	
Alpha-Hp	Ibuprophen	8.69	11.10		1.93E-03		1.276	
	Mandelsäure	8.81	16.93		5.71E-04		1.922	
	Doxylamin	8.81	7.07	7.11	2.67E-03	2.73E-03	0.803	0.807
	Dimethinden	8.81	7.29	7.33	3.05E-03	3.14E-03	0.827	0.832
	Ephedrin	8.69	6.58	6.62	2.20E-03	2.24E-03	0.757	0.761
	Propranolol	8.69	7.18		3.05E-03		0.825	
Beta-Hp	Ibuprophen	10.80	12.53		2.68E-03		1.160	
	Mandelsäure	10.93	19.05	19.20	5.71E-04	5.61E-04	1.743	1.756
	Doxylamin	10.93	9.35		2.94E-03		0.856	
	Dimethinden	10.93	9.56		3.37E-03		0.874	
	Ephedrin	10.80	8.56	8.60	2.07E-03	2.10E-03	0.793	0.796
	Propranolol	10.80	9.43		3.38E-03		0.873	
	Dhp	10.93	12.56		2.84E-03		1.149	
Gamma-Hp	Ibuprophen	11.32	14.18		1.62E-03		1.253	
	Mandelsäure	11.13	20.71	20.96	4.84E-04	4.72E-04	1.861	1.883
	Doxylamin	11.13	8.64		1.86E-03		0.776	
	Dimethinden	11.13	9.15		2.34E-03		0.822	
	Ephedrin	11.32	8.15		1.46E-03		0.720	
	Propranolol	11.32	9.39		2.40E-03		0.830	
Beta-Methyl	Ibuprophen	11.16	13.18		2.30E-03		1.181	
	Mandelsäure	11.09	20.07		5.16E-04		1.810	
	Doxylamin	11.09	9.52		2.95E-03		0.858	
	Dimethinden	11.09	9.66		3.26E-03		0.872	
	Ephedrin	11.16	8.89		2.05E-03		0.797	
	Propranolol	11.16	9.65		3.07E-03		0.865	
	Dhp	11.09	12.78		2.74E-03		1.153	

Tabellenwerk zu Abbildungen 6-14 B bis 6-20

Konzentration		10.0 % (w/v) Cyclodextrin						
CD	Proben	t (EOF) (min.)	t (Enantiomere) (min.)		Mobilität (Enantiomere) (cm2/Vs)		Relative Migration	
Alpha	Ibuprophen	11.92	14.96		1.53E-03		1.255	
	Mandelsäure	12.39	19.57		6.46E-04		1.579	
	Doxylamin	12.39	10.36		2.29E-03		0.836	
	Dimethinden	12.39	10.36		2.29E-03		0.836	
	Ephedrin	11.92	9.41		1.85E-03		0.789	
	Propranolol	11.92	9.63		2.03E-03		0.808	
Beta	Ibuprophen							
	Mandelsäure							
	Doxylamin							
	Dimethinden							
	Ephedrin							
	Propranolol							
	Dhp							
Gamma	Ibuprophen	12.86	15.67		1.65E-03		1.218	
	Mandelsäure	12.81	21.87	22.19	5.12E-04	4.94E-04	1.708	1.733
	Doxylamin	12.81	10.65		2.15E-03		0.832	
	Dimethinden	12.81	11.23		2.95E-03		0.877	
	Ephedrin	12.86	9.61		1.43E-03		0.747	
	Propranolol	12.86	11.05		2.57E-03		0.859	
	Dhp	12.81	14.93		2.18E-03		1.166	
Alpha-Hp	Ibuprophen	10.78	13.58		1.65E-03		1.261	
	Mandelsäure	10.69	19.59		5.21E-04		1.833	
	Doxylamin	10.69	8.73	8.77	2.37E-03	2.42E-03	0.817	0.821
	Dimethinden	10.69	8.97	9.02	2.70E-03	2.78E-03	0.839	0.844
	Ephedrin	10.78	8.28	8.23	1.86E-03	1.83E-03	0.768	0.764
	Propranolol	10.78	8.99		2.60E-03		0.834	
Beta-Hp	Ibuprophen	12.98	15.09		2.20E-03		1.163	
	Mandelsäure	13.03	21.94	22.21	5.21E-04	5.06E-04	1.684	1.704
	Doxylamin	13.03	11.30		2.67E-03		0.867	
	Dimethinden	10.03	11.51		3.13E-03		1.148	
	Ephedrin	12.98	10.54	10.58	1.90E-03	1.94E-03	0.812	0.816
	Propranolol	12.98	11.41		2.96E-03		0.879	
	Dhp	13.03	14.98		2.38E-03		1.150	
Gamma-Hp	Ibuprophen	13.42	16.31		1.61E-03		1.215	
	Mandelsäure	13.42	24.95	25.49	4.02E-04	3.84E-04	1.859	1.899
	Doxylamin	13.42	10.65		1.68E-03		0.794	
	Dimethinden	13.42	11.35		2.24E-03		0.846	
	Ephedrin	13.42	9.73		1.26E-03		0.725	
	Propranolol	13.42	11.36		2.25E-03		0.846	
Beta-Methyl	Ibuprophen							
	Mandelsäure	13.25	15.64		1.94E-03		1.181	
	Doxylamin							
	Dimethinden							
	Ephedrin							
	Propranolol	13.25	10.82		1.91E-03		0.817	
	Dhp	13.25	11.53		2.70E-03		0.870	

Tabellenwerk zu Abbildungen 6-14 B bis 6-20

Konzentration		18.0 % (w/v) Cyclodextrin						
CD	Proben	t (EOF) (min.)	t (Enantiomere) (min.)		Mobilität (Enantiomere) (cm2/Vs)		Relative Migration	
Alpha	Ibuprophen	14.10	17.73		1.28E-03		1.257	
	Mandelsäure	14.46	22.57		5.72E-04		1.561	
	Doxylamin	14.46	12.12		1.98E-03		0.838	
	Dimethinden	14.46	12.12		1.98E-03		0.838	
	Ephedrin	14.10	11.15		1.57E-03		0.791	
	Propranolol	14.10	11.37		1.70E-03		0.806	
Beta	Ibuprophen							
	Mandelsäure							
	Doxylamin							
	Dimethinden							
	Ephedrin							
	Propranolol							
	Dhp							
Gamma	Ibuprophen	16.75	20.24		1.33E-03		1.208	
	Mandelsäure	16.94	27.33	27.82	4.47E-04	4.27E-04	1.613	1.642
	Doxylamin	16.94	14.15		1.66E-03		0.835	
	Dimethinden	16.94	14.81		2.17E-03		0.874	
	Ephedrin	16.75	12.63		1.13E-03		0.754	
	Propranolol	16.75	14.58		2.14E-03		0.871	
	Dhp	16.94	19.46	19.52	1.85E-03	1.80E-03	1.148	1.152
Alpha-Hp	Ibuprophen	16.00	18.48		1.87E-03		1.155	
	Mandelsäure	16.00	33.17		2.70E-04		2.072	
	Doxylamin	16.00	12.92		1.50E-03		0.807	
	Dimethinden	16.00	13.29		1.71E-03		0.830	
	Ephedrin	14.67	11.39	11.48	1.41E-03	1.46E-03	0.776	0.783
	Propranolol	14.67	12.29		1.95E-03		0.838	
Beta-Hp	Ibuprophen	20.17	23.66		1.33E-03		1.173	
	Mandelsäure	20.22	36.64	37.49	2.83E-04	2.69E-04	1.812	1.854
	Doxylamin	20.22	17.31		1.59E-03		0.856	
	Dimethinden	20.22	17.64		1.80E-03		0.872	
	Ephedrin	20.17	17.31		1.62E-03		0.858	
	Propranolol	20.17	17.64		1.83E-03		0.875	
	Dhp	20.22	23.67		1.34E-03		1.171	
Gamma-Hp	Ibuprophen	18.13	21.84		1.25E-03		1.205	
	Mandelsäure	18.17	33.86	35.10	2.96E-04	2.74E-04	1.864	1.932
	Doxylamin	18.17	14.59		1.30E-03		0.803	
	Dimethinden	18.17	15.91		2.05E-03		0.876	
	Ephedrin	18.13	13.05		9.13E-04		0.720	
	Propranolol	18.13	15.68		1.89E-03		0.865	

10.3 Charakteristika der Cyclodextrine

Die vom Hersteller dieser Cyclodextrine angegebenen Charakteristika sind unten noch einmal aufgeführt. Die IR-Spektren sind ebenfalls angegeben. Zu jedem CD sei hier kurz die Synthese beschrieben.

Die unten aufgeführten Cyclodextrine entstanden aus unspezifischer Derivatisierung und stellen somit immer ein Gemisch dar. Allerdings ergeben sich durch die Reaktionsführung generelle Substitutionsschemata, die zur Entstehung von Hauptprodukten führen:

-Bei niedrigen Derivatisierungsgraden befinden sich die Substituenten überwiegend in C_2 Position der Glukoseeinheit. Beim Carboxymethyl- und Carboxyethyl-CD befinden sich über 60 % der Substituenten in der C_2 Position, der Rest befindet sich zu über 60 % in der C_6 Position.

-Beim Succinyl-CD erfolgt die Substituierung überwiegend am C_6. Zwei drittel der Substituenten befinden sich am C_6, der Rest an C_2 und fast keine Substitution an C_3.

-Im Fall des Polymers sitzen die Substituenten überwiegend an C_2 und an den Hydroxylgruppen des Quervernetzers.

Carboxymethyl-β-Cyclodextrin

Dieses CD wurde in alkalischer Lösung mit Chloressigsäure bei erhöhter Temperatur hergestellt und nach Neutralisieren mit Ethanol ausgefällt.

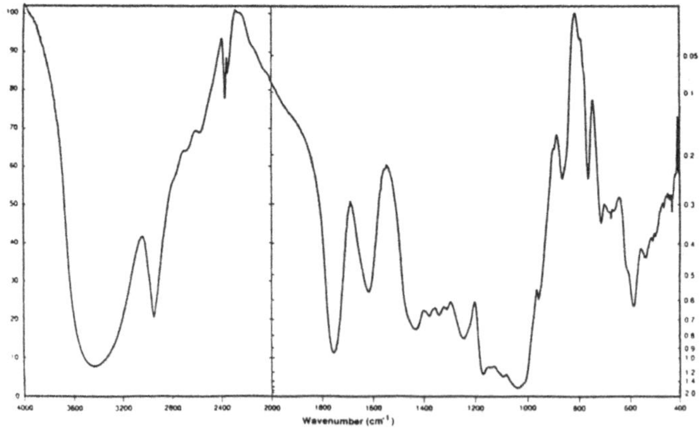

Abb. 10-1: IR-Spektrum des Carboxymethyl-β-CD

Schmelzpunkt	Löslichkeit (in 100 ml LM)	Reinheit	Verunreinigungen
> 200°C	Wasser: > 100 g Methanol: < 0.1 g Ethanol: < 0.1 g Chloroform: < 0.1 g DMSO: 50 g	> 90 % (über 90 % liegt als Säure vor)	Wasser: < 2 % Organische LM:<1% Cyclodextrin als Salz: < 10 % Natriumchlorid: < 6 %

Carboxyethyl-β-Cyclodextrin

Dieses Produkt wurde durch Michael-Addition von Acrylamid in alkalischer Lösung und nachfolgender alkalischer Hydrolyse erhalten. Die erste Reaktion wurde bei Raumtemperatur durchgeführt, während die Hydrolyse unter Rückfluß stattfand.

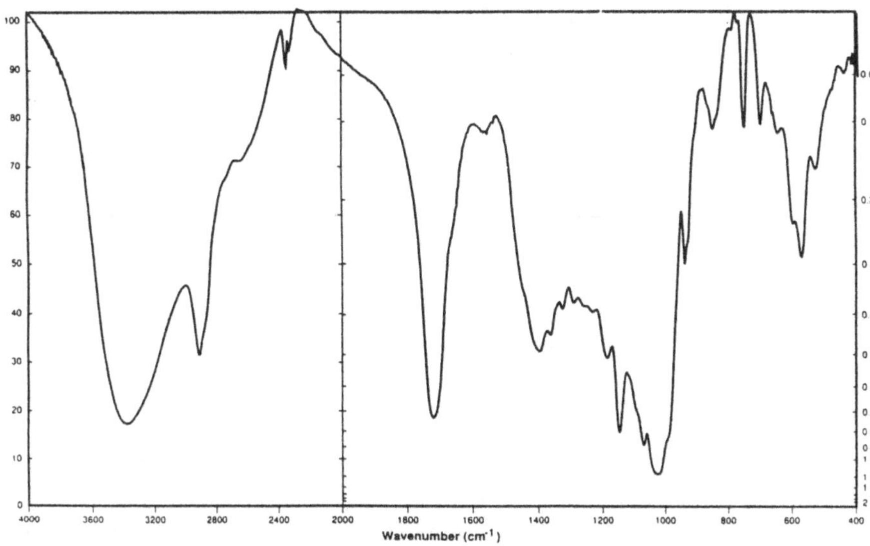

Abb. 10-2: IR-Spektrum des Carboxyethyl-β-CD

Schmelzpunkt	Löslichkeit (in 100 ml LM)	Reinheit	Verunreinigungen
> 200°C	Wasser: > 100 g Methanol: < 0.1 g Ethanol: < 0.1 g Chloroform: < 0.1 g DMSO: 50 g	> 90 % (über 95 % liegt als Säure vor)	Wasser: < 2 % Organische LM:<0.5 % Organische Komponenten: < 1 % Cyclodextrin als Salz: < 5 % Natriumchlorid: < 4 %

Succinyl-β-Cyclodextrin

Die Succinylierung wurde mit Succinanhydrid in Pyridin bei erhöhter Temperatur durchgeführt.

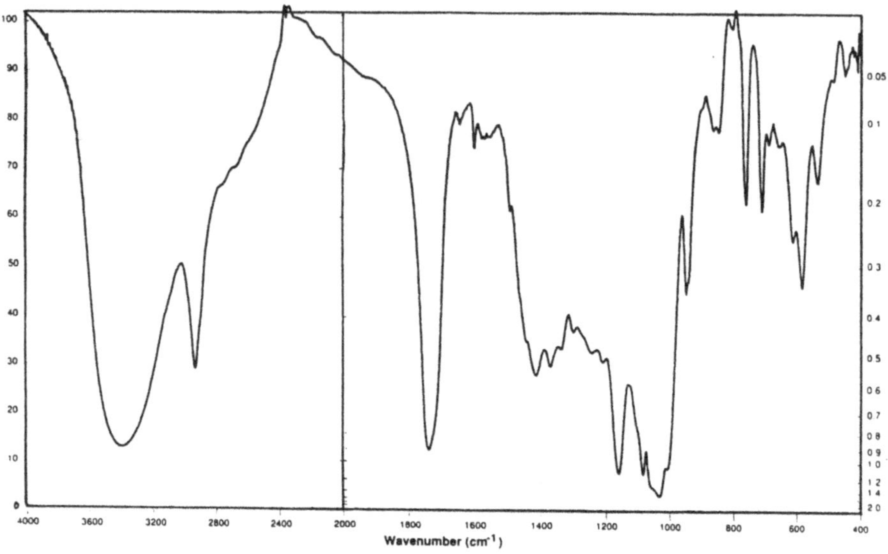

Abb. 10-3: IR-Spektrum des Succinyl-β-CD

Schmelzpunkt	Löslichkeit (in 100 ml LM)	Reinheit	Verunreinigungen
> 240°C	Wasser: > 50 g Methanol: < 0.1 g Chloroform: < 0.1 g DMSO: > 50 g	> 90 % (über 90 % liegt als Säure vor)	Wasser: < 1 % Organische LM:<1% Organische Komponenten: < 5 % Organische Salze: < 1 % Natriumsuccinat: < 0.1 %

Carboxymethyl-β-Cyclodextrin Polymer

β-CD wurde mit Chloressigsäure in alkalischer wäßriger Lösung umgesetzt und anschließend mit Epichlorhydrin quervernetzt. Das Produkt wurde mit Ionenaustauschern entsalzt.

Anteile	Löslichkeit (in 100 ml LM)	Reinheit	Verunreinigungen
Cyclodextrin-gehalt: 52 % Carboxylgehalt: 4%	Wasser: > 20 g Aceton: < 0.1 g Benzol: < 0.1 g	> 95 %	Wasser: < 5 % Organische LM:< 0.1 % Organische Komponenten:< 0.1% Natriumchlorid: < 0.1 %

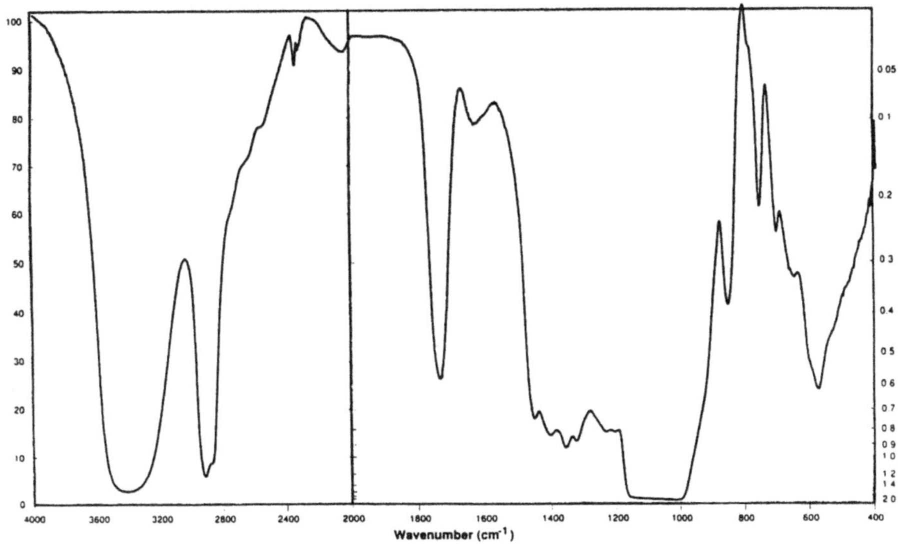

Abb. 10-4: IR-Spektrum des Carboxymethyl-β-CD-Polymers

Phosphatiertes β-Cyclodextrin

Dieses Produkt wurde durch Umsatz mit Phosphorpentoxid in wasserfreien Lösungsmittel erhalten. Das sich bildende Präzipitat wurde abgefiltert, in Wasser aufgenommen, mit Natriumhydrogencarbonat neutralisiert und über Aktivkohle liophylisiert.

Schmelzpunkt	Löslichkeit (in 100 ml LM)	Reinheit	Verunreinigungen
219-222°C	Wasser: > 33 g Chloroform: < 0.1 g DMSO: >10 g	> 95 % (über 90 % liegt als Säure vor)	Wasser: < 5 % Organische LM:<0.5% Organische Komponenten:<0.1 % Natriumphosphat: < 1 %

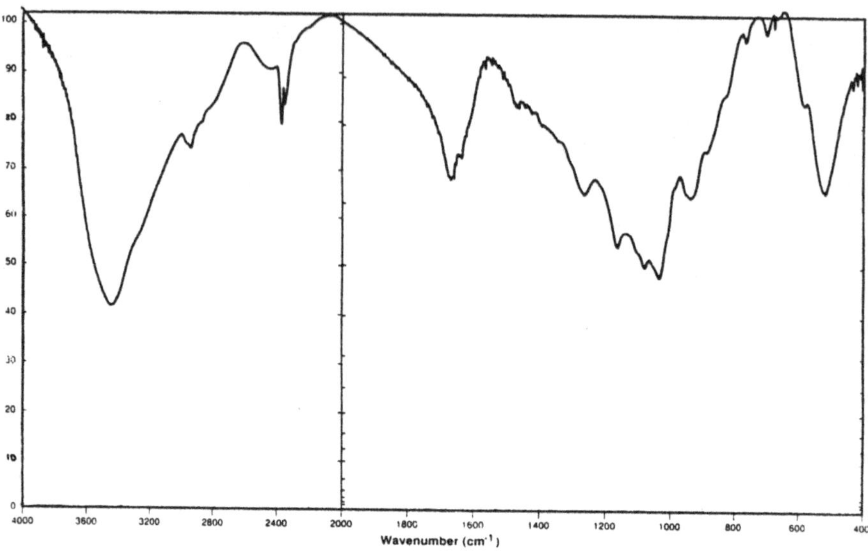

Abb. 10-5: IR-Spektrum des β-CD-Phosphates

Die hier verwendeten Cyclodextrine wurden von Wacker Chemie, Hans-Seidel Str. 4, 81737 München und von Cyclolab, P.O. Box 435, 1525 Budapest, Ungarn bezogen.

10.4. Molekülstruktur der Enantiomere

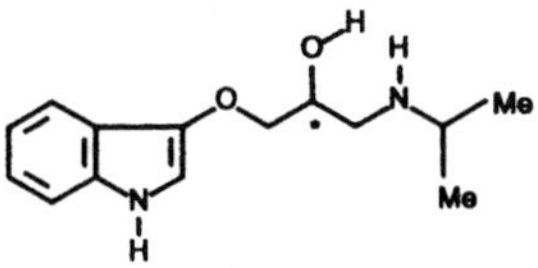

Pindolol

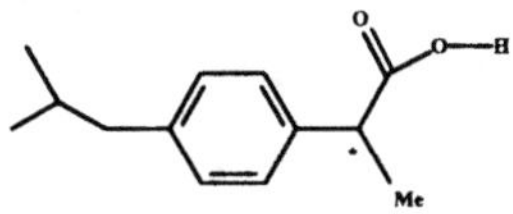

Ibuprofen

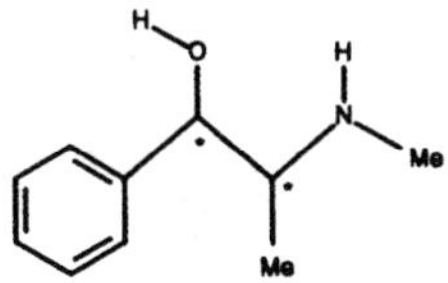

Ephedrin

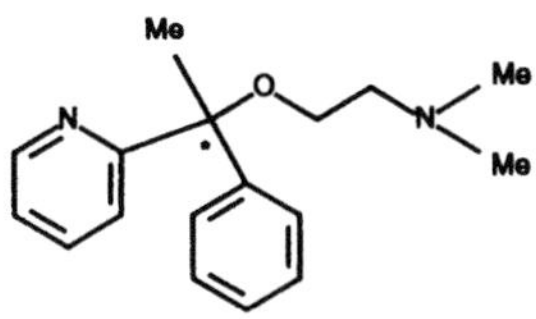

Doxylamin

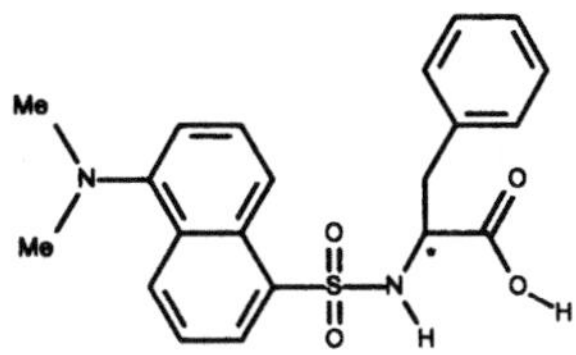

Dansyl-Phenylalanin

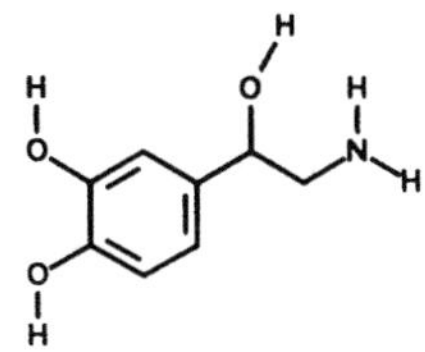

Arterenol

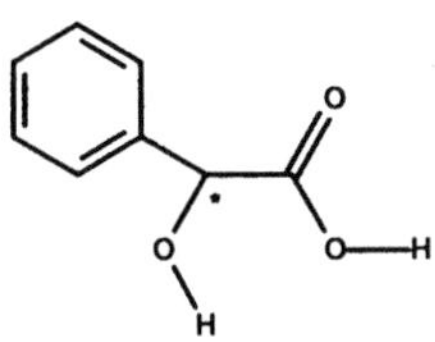

Mandelsäure

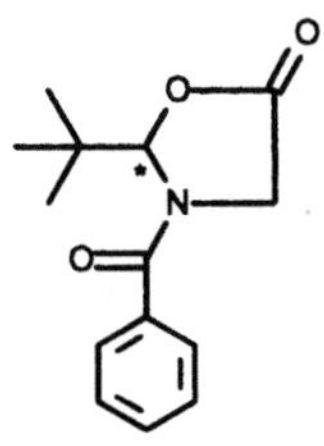

Oxazolidinon

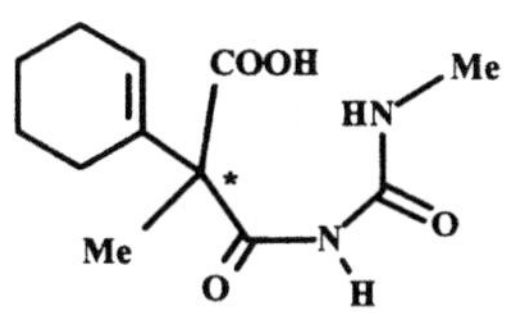

Malonursäure

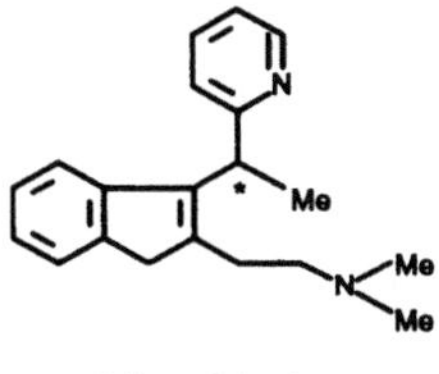

Dimethinden

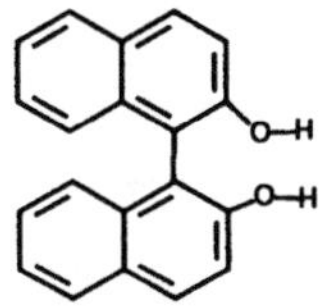

1,1'-Binaphthol

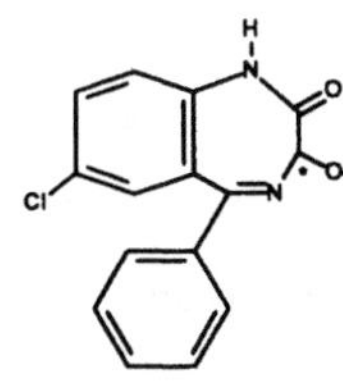

Oxazepam

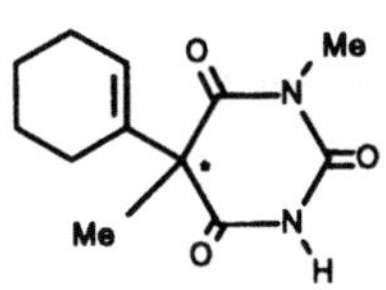

Hexobarbital

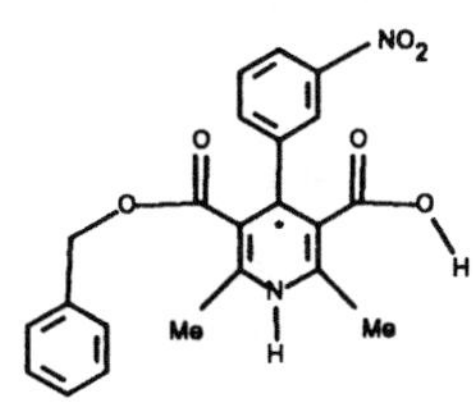

Dihydropyridinderivat

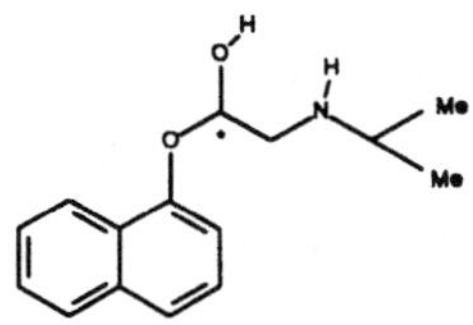

Propranolol

11. Literaturverzeichnis

[1] D.E. Drayer, in I.W. Wainer and D.E. Drayer (Eds.), Drug stereochemistry, Marcel Dekker, New York, Basel, (1988), 209-226

[2] S.G. Allenmark, Chromatographic Enantioseparation: Methods and Applications, 2nd Edition, Ellis Horwood, Chichester, 1991

[3] V. Schurig, M. Jung, Recent Advances in Chiral Separations, D. Stevenson and I.D. Wilson, eds., Plenum Press, New York, 1990

[4] T. Schmitt, H. Engelhardt, HRC&CC 16 (1993) 525

[5] T. Schmitt, H. Engelhardt, Chromatographia 37 (1993) 475

[6] T. Schmitt, H. Engelhardt, J. Chromatogr. (1994), in Druck

[7] H. Engelhardt, W. Beck, T. Schmitt: Kapillarelektrophorese, Methoden und Möglichkeiten (Buch), Vieweg Verlag Wiesbaden (1994), ISBN-3-528-06597-4

[8] T. Schmitt, H. Engelhardt, Fortschrittsberichte zum Würzburger Kolloqium (Ed. H.J. Schneider), Bertsch Verlag, 1993, 21

[9] S. Hjerten, Chromatogr. Rev., 9 (1967), 122

[10] R. Virtanen, Acta Polytech. Scand., 123 (1974), 1

[11] F.E.P. Mikkers, F.M. Everaerts, T.P.E.M. Verheggen, J. Chromatogr. 169 (1979), 11

[12] J.W. Jorgenson, K.D. Lukacs, J. Chromatogr. 218 (1981), 209

[13] J.W. Jorgenson, K.D. Lukacs, Anal. Chem. 53 (1981), 1298

[14] H. Engelhardt, J. Kohr, W. Beck, T. Schmitt, (Review) Angew. Chem. 105/5 (1993) 659

[15] I. Halasz, Z. Anal. Chem. 277 (1975), 257

[16] J.C. Giddings, Unified Separation Science, Wiley and sons, New York (1991)

[17] J. Vindevogel, P. Sandra in: Chromatographic Methods, Introduction to Micellar Elektrokinetic Chromatography, Hüthig Verlag, Heidelberg (1992)

[18] S. Terabe, K. Otsuka, K. Ichikawa, A. Tsuchiya, T. Ando, Anal. Chem. 56 (1984) 111

[19] S. Terabe, K. Otsuka, T. Ando, Anal. Chem. 57 (1985) 834

[20] S. Terabe in: Norberto A. Guzman, Capillary Electrophoresis Technololgy, Chromatographic Science Series 64, Marcel Dekker, INC. (1993) 65

[21] H. Yoneda, T. Miura, Bull. Chem. Soc.Jpn., 43 (1970), 574

[22] K.D. Altria, C.F. Simpson, Chromatographia 24, (1987), 527-530

[23] S. Terabe, Y. Miyashita, O Shibata, E.R. Barnhart, L.R. Alexander, D.G. Patterson , B.L. Karger, K. Hosoya, N. Tanaka, J. Chromatogr. 516, (1990), 23-31

[24] S. Li, W.C. Purdy, Anal. Chem. 64, (1992), 1405-1412

[25] J. Szejtli, Cyclodextrins and their inclusion complexes, Akademia Kiado, Budapest 1982, 162-178

[26] A. Nardi, L. Ossicini, S. Fanali, Chirality 4 (1992), 56-61

[27] S. Fanali, J. Chromatogr. 545, (1991), 437-444

[28] K.D. Altria, D.M. Goodall, M.M. Rogan, Chromatographia 34, (1992), 19-24

[29] W. Baeyens, G. Weiss, G. Van Der Weken, W. Van Den Bossche, C. Dewaele, J. Chromatogr. 638 (1993), 319-326

[20] M.W.F. Nielen, Anal. Chem. 65 (1993), 885-893

[31] T.E. Peterson, J. Chromatogr. 630 (1993), 353-361

[32] J. Snopek, H. Soini, M. Novotony, E. Smolkova-Keulemansova, I. Jelinek, J. Chromatogr. 559, (1991) 215-222

[33] W. Schutzner, S. Fanali, Electrophoresis 13, (1992), 687-690

[34] A. Shibukawa, D.K. Lloyd, I.W. Wainer, Chromatographia 35, (1993), 419-429

[35] S. Fanali, M. Flieger, N. Steinerova, A. Nardi, Electrophoresis 13 (1992), 39-43

[36] E. Tuanying Chen, H.L. Pardue, Anal. Chem. 65, (1993), 2563-2567

[37] I. Jelinek, J. Snopek, L. Smolkova-Keulemanosova, J. Chromatogr. 557, (1991), 215-226

[38] S.G. Penn, D.M. Goodall, J.S. Loran, J. Chromatogr. 636 (1993) 149-152

[39] L. Cellai, C. Desiderio, R. Filippetti, S. Fanali, Electrophoresis 14, (1993), 823-825

[40] M.W.F. Nielen, J. Chromatogr. 637, (1993), 81-90

[41] H. Soini, M.L. Riekkola, M.V. Novotny, J. Chromatogr. 608, (1992), 265-274

[42] M. Heumann, G. Blaschke, J. Chromatogr. 648, (1993), 267-274

[43] S. Fanali, J. Chromatogr. 474, 1989, 441-446

[44] S. Fanali, P. Bocek, Electrophoresis 11, (1990), 757-760

[45] M.E. Swartz, J. Liq. Chromatogr. 14, (1991), 923-938

[46] T.E. Peterson, D. Trowbridge, J. Chromatogr. 603, (1992), 298-301

[47] D. Belder, G. Schomburg, J. High Resolut. Chromatogr. HRC 15, (1992), 686-693

[48] S. Terabe, H. Ozaki, K. Otsuka, T. Ando, J. Chromatogr. 332, (1985), 211-217

[49] S. Terabe, Trends Anal. Chem. 8, (1989), 129-134

[50] A. Nardi, A. Eliseev, P. Bocek, S. Fanali, J. Chromatogr. 638 (1993) 247-254

[51] N.W. Smith, J. Chromatogr. A 652, (1993), 259-262

[52] Isco, Inc.(Separation Instruments Division), Lincoln (Nebraska)

[53] A. Guttman, A. Paulus, A.S. Cohen, N. Grinberg, B.L. Karger, J. Chromatogr. 448 (1988), 41-53

[54] I. Cruzado, G. Vigh, J. Chromatogr. 608, (1992), 421-425

[55] G. Dotsevi, E. Soga, D.J. Cram, J. Am. Chem. Soc. 97 (1975), 1259

[56] M. Hilton, D.W. Armstrong, J. Liq. Chromatogr. 14 (1991), 9

[57] R. Kuhn, F. Stoecklin, F. Erni, Chromatographia 33, (1992), 32-36

[58] R. Kuhn, F. Erni, T. Bereuter, J. Hauser, Anal. Chem. 64, (1992), 2815-2820

[59] E. Höhne, G.-J. Krauss, G. Gübitz, HRC & CC 15, (1992), 698-700

[60] W. Schutzner, S. Fanali, A. Rizzi, E. Kenndler, J. Chromatogr. 639, (1993), 375-378

[61] H. Nishi, A.T. Fukuyama, M. Matsuo, S. Terabe, Anal. Chim. Acta 236 (1990), 281-286

[62] K. Otsuka, J. Kawahara, K. Takekawa, S. Terabe, J. Chromatogr. 559, (1991), 209-214

[63] K. Otsuka, S. Terabe, Jasco Rep. 33 (1) (1991), 1-5

[64] K. Otsuka, M. Kashihara, Y. Kawagushi, R. Koike, T. Hisamitsu, Kuromatogurafi, 13, (1992), 317-318

[65] A.D. Tran, T. Blanc, E.J. Leopold, J. Chromatogr. 516, (1990), 241

[66] K. Otsuka, S. Terabe, Electrophoresis 11, (1990), 982-984

[67] J. Mazzeo, E. Grover, M. Swartz, J. Peterson, Waters Chromatography Division of Millipore, unpublished results

[68] R.W. Williams, F. Zheng Sheng, W.L. Hinze, J. Chrom. Sci. 28, (1990), 292

[69] G. Espito, E. Giglio, N.V. Pavel, A. Zanobi, J. Phys. Chem. 91, (1987), 356-362

[70] S. Terabe, M. Shibata, Y. Miyashita, J. Chromatogr. 480, (1989), 403-411

[71] H. Nishi, T. Jukuyama, M. Matsuo, S. Terabe, J. Microcolumn Separation 1, (1989), 234-241

[72] H. Nishi, T. Fukuyama, M. Matsuo, S. Terabe. J. Chromatogr. 515, 1990, 233-243

[73] R.O. Cole, M.J. Sepaniak, W.L. Hinze, HRC & CC 13, (1990), 579-582

[74] J.H. Aiken, C.W. Huie, Chromatographia 35 (1993), 448-450

[75] S. Terabe, K. Otsuka, T. Ando, Anal. Chem 57 (1985), 834

[76] S.G. Allenmark, "Chromatographic Enantioseparation; Methods and Applications", Ellis Horwood Ltd., Chichester, 1988]

[77] A. Dobashi, T. Ono, S. Hara, J. Yamaguchi, Anal. Chem., 61, (1989), 1984-1986

[78] A. Dobashi, T. Ono, S. Hara, J. Yamagushi, J. Chromatogr., 480, 1989, 413-420

[79] K. Otsuka, S. Terabe, Chromatogr. 515, (1990), 221-226

[80] K. Otsuka, M. Kashihara, Y. Kawaguchi, R. Koike, T. Hisamitsu, S. Terabe, J. Chromatogr. A 652, (1993), 253-257

[81] H. Nishi, M. Matsuo, J. Liq. Chromatogr. 14, (1991), 973-986

[82] H. Nishi, T. Fukuyama, S. Terabe, J. Chromatogr., 553, (1991), 503-516

[83] S. Terabe, Y. Miyashita, Y. Ishihama, O. Shibata, J. Chromatogr. 636 (1993) 47-55

[84] S. Birnbaum, S. Nillson, Anal. Chem. 64, (1992), 2872-2874

[85] G.E. Barker, P. Russo, R.A. Hartwick, Anal. Chem. 64, (1992), 3024-3028

[86] P. Sun, G.E. Barker, R.A. Hartwick, N. Grinberg, R. Kaliszan, J. Chromatogr. A 652, (1993), 247-252

[87] P.Sun, N. Wu, G. Barkėr, R.A. Hartwick, J. Chromatogr. 648, (1993), 475-480

[88] L. Valtcheva, J. Mohammad, G. Petterson, S. Hjerten, J. Chromatogr. 638 (1993) 263-268

[89] R. Vespalec, V. Sustacek, P. Bocek, J. Chromatogr. 638 (1993) 255-263

[90] S. Busch, J.C. Kraak, H. Poppe, J. Chromatogr. 635, (1993), 119-126

[91] A. D'Hulst, N. Verbeke, J. Chromatogr. 608, (1992), 275-287

[92] H. Yamamoto, J.U. Baumann, F. Erni, J. Chromatogr. 593, (1992), 313-319

[93] S. Meyer, V. Schurig, HRC & CC, 15, 1992, 129-131

[94] D.W. Armstrong, Y. Tang, T. Ward, M. Nichols, Anal. Chem. 65, (1993), 1114-1117

[95] V.A. Davankov, S.V. Rogozhin, J. Chromatogr. 60, (1971), 280-283

[96] E. Gassmann, J.E. Kuo, R.N. Zare, Science, 230. 1985, 813-815

[97] P. Gozel, E. Gassman, H. Michelsen, R.N. Zare, Anal. Chem. 59, (1987), 44-49

[98] A.S. Cohen, A. Paulus, B.L. Karger, Chromatographia 24 (1987), 15

[99] S. Fanali, L. Ossicini, F. Foret, P. Bocek, J. Microcolumn Separation 1, (1989), 190-194

[100] T. Ueda, F. Kitamura, R. Mitchell, T. Metcalf, T. Kuwana, A. Nakamoto, Anal. Chem. 63, (1991), 2979-2981

[101] H. Nishi, T. Fukuyama, M. Matsuo, J. Microcolumn Sep. 2, (1990), 234-240

[102] I.S. Lurie, J. Chromatogr. 605, (1992), 269-275

[103] A. Guttman, A. Paulus, A.S. Cohen, N. Grinberg, B.L. Karger, J. Chromatogr. 448 (1988), 41-53

[104] S.A.C. Wren, R.C. Rowe, J. Chromatogr. 603 (1992) 235

[105] A. Guttman, A. Paulus, A.S. Cohen, N. Grinberg, B.L. Karger, J. Chromatogr. 448 (1988) 41

[106] S.A.C. Wren, J. Chromatography, J. Chromatogr. 636 (1993) 57-62

[107] S.A.C. Wren, R.C. Rowe, J. Chromatogr. 603, (1992), 235-241

[108] S.A.C. Wren, R.C. Rowe, J. Chromatogr. 609, (1992), 363-367

[109] S.A.C. Wren, R.C. Rowe, J. Chromatogr. 635, (1993), 113-118

[110] Y.Y. Rawjee, D.U. Staerk, G. Vigh, J. Chromatogr. 635 (1993), 291

[111] Y.Y. Rawjee, D.U. Staerk, G. Vigh, J. Chromatogr. 635, (1993), 291-306

[112] Y.Y. Rawjee, R.L. Williams, G. Vigh, J. Chromatogr. A 652, (1993), 233-245

[113] K.D. Altria, R.C. Harden, M. Hart, J. Hevizi, P.A. Hailey, J.V. Makwana, M.J. Portsmouth J. Chromatogr. 641, (1993), 147-153

[114] KD Altria, AR Walsh, NW Smith, J. Chromatogr. 645, (1993), 193-196

[115] R. Kuhn, F. Stoecklin, F. Erni, Chromatographia 33 (1992) 32

[116] S. J. Hjerten, Chromatogr. 347 (1985), 191

[117] M. Cunat-Walter, Dissertation in Vorbereitung (Saarbrücken 1996)

[118] C. Shoikhet, Dissertation in Vorbereitung (Saarbrücken 1995)

[119] S. Fanali, P. Bocek, Electrophoresis 11, (1990), 757-760

[120] M. Czugler, E. Eckle, J.J. Stezowski, J.C.S. Chem. Comm. (1981), 1291

[121] D.W. Armstrong, T. J. Wart, R. D. Armstrong, T. E. Beesley, Science (Washington, D.C.), 232 (1986) 113

[122] X. Huang, J.A. Luckey, M.J. Gorden, R.N. Zare, Anal. Chem. 61 (1989) 767

[123] W.R. Jones, P. Jandik, United States Patent, 14.4.1992, Pat. Nr.: 5.104.506

[124] X.-W. Yao, Dan Wu, F.E. Regnier, J. Chromatogr. 636 (1993) 21

[125] W. Beck, Dissertation, Universität des Saarlandes, Saarbrücken 1993

[126] S. Motsch, Dissertation, Universität des Saarlandes, Saarbrücken 1993

[127] S. Regnier, J. Towns, J. Chromatogr. 516 (1990) 69

[128] M. Huang, G. Yi, J.S. Bradshow, M.L. Lee, J. Microcol. Sep. 5 (1993) 205

[129] C.S. Lee, W.C. Blanchard, C.-T. Wu, Anal. Chem. 62 (1990) 1550

[130] C.S. Lee, D. McManigill, C.-T. Wu, B. Patel, Anal. Chem. 63 (1991) 1519

[131] C. Quang, M.G. Khaledi, Anal. Chem. 65 (1993) 3354

[132] K. Altria, C.F. Simpson, Anal. Proc. 23 (1986) 453

[133] J. Knabe, W. Rummel, H.P. Büchi, N. Franz, Arzneim.-Forschung/Drug Res. 28 (II) (1978) 1048

[134] S. Fanali, P. Bocek, Electrophoresis 11 (1990) 757

[135] D. Belder, G. Schomburg, HRC&CC 15 (1992) 686

[136] S.E. Sherman, W.J. Lippard, Chem. Rev. 87 (1987) 1153

[137] R. Voegeli et al., Drugs Fut. 17 (1992) 883

[138] E. Günther, J. Engel, Pharmazeutische Zeitschrift, 23 (1993) 9

[139] W.R. Jones, P. Jandik, J. Chromatogr. 546 (1991) 445

[140] F. Foret, S. Fanali, A. Nardi, P. Bocek, Electrophoresis 11 (1990) 780

[141] M. Wobido, Dissertation Saarbrücken (1993)

[142] A. Roth, Dissertation Saarbrücken (1993)

[143] A.S. Cohen, D.R. Najarian, B.L. Karger, J. Chromatogr. 516 (1990), 49

[144] M. Strege, A. Lagu, Anal. Chem. 63 (1991), 1233

[145] K. Ganzler, K.S. Greve, A.S. Cohen, B.L. Karger, A. Guttman, N.C. Cooke, Anal. Chem 64 (1992), 2665

[146] D.N. Heiger, A.S Cohen, B.L Karger, J. Chromatogr. 516 (1990), 33

[147] Y.F. Pariat, J. Berka, D.N. Heiger, T. Schmitt, M. Vilenchik, A.S. Cohen, F. Foret, B.L. Karger, J. Chromatogr. A 652 (1993), 57

[148] G.W. Slater, J. Noolandi, in L. Lee (Ed.), New Trends in Physics and Physical Chemistry of Polymers, Plenum, New York (1989), 547

[149] D.L. Smisek, D.A. Hoagland, Macromolecules 22 (1989), 2270

[150] L.M. Amankwa, W.G. Kuhr, Anal. Chem. 63 (1991) 1733

[151] H.A. Mottola, J.R. Steinmetz (ed.), Chemically modified surfaces, Elsevier Science Publishers (1992), 173

[152] K. Shoikhet, Dissertation in Vorbereitung (Saarbrücken (1995))

Danksagung

Die vorliegende Arbeit entstand in der Zeit von November 1991 bis März 1994 am *Institut für Angewandte Physikalische Chemie* der Universität des Saarlandes unter der Leitung von Herrn Prof. Dr. H. Engelhardt.

Zu allererst möchte ich mich bei meinem Doktorvater, Herrn Prof. Dr. H. Engelhardt bedanken, nicht nur für die Themenstellung und die stete Diskussionsbereitschaft während der Entstehung dieser Arbeit, sondern auch für die Chance und das Vertrauen, auf vielen nationalen sowie internationalen Tagungen die eigenen Ergebnisse darstellen zu dürfen. Die dort erworbenen Eindrücke und Erfahrungen haben sich sehr positiv auf das Gelingen dieser Arbeit ausgewirkt.

Mein besonderer Dank gilt auch meinen CE-Kollegen Miguel Cuñat, Stefan Adam, Konstantin Shoikhet und Christof Finkler, deren Diskussionsbereitschaft und gute Zusammenarbeit zu einem sehr guten Arbeitsklima im "Kellerrevier" geführt haben. Besonders herausgestellt sei hier die gute und fruchtbare Zusammenarbeit mit Konstantin Shoikhet bei der Entwicklung der Kunststoffkapillaren. Bedanken möchte ich mich auch bei meinen übrigen Kollegen für ihre Hilfsbereitschaft, vor allem beim Korrekturlesen. Auch möchte ich mich bei der bereits promovierten "Alten Garde", Jörg Kohr und Wolfgang Beck, für ihre freundschaftliche und kollegiale Einführung in den Arbeitskreis und ihre Unterstützung zu Beginn dieser Arbeit bedanken.

Mein spezieller Dank gilt auch der "alteingesessenen Riege", den Männern aus der Werkstatt, Herrn Düster, Herrn Schmidt und Herrn Gauer, besonders auch unserem Laboranten Herrn Wintringer für die Behebung vieler kleiner und großer technischer Hürden während der letzten Jahre.

Einschließen in diese Danksagung möchte ich auch die studentischen "Hilfskräfte", die im Rahmen ihrer Fortgeschrittenenarbeit durch ihr Eigenengagement mit zum Gelingen dieser Arbeit beigetragen haben.

Die permanente Unterstützung meiner Frau Anette sowie meiner Eltern und Geschwister hat die Durchführung dieser Arbeit sehr erleichtert. Ihre Geduld, ihr Verständnis und ihre Hilfsbereitschaft waren mit ein Garant für den Erfolg der letzten Jahre. Ihnen möchte ich an dieser Stelle noch einmal herzlich danken.

GPSR Compliance

The European Union's (EU) General Product Safety Regulation (GPSR) is a set of rules that requires consumer products to be safe and our obligations to ensure this.

If you have any concerns about our products, you can contact us on ProductSafety@springernature.com

In case Publisher is established outside the EU, the EU authorized representative is:

Springer Nature Customer Service Center GmbH
Europaplatz 3
69115 Heidelberg, Germany

Batch number: 10577919

Printed by Printforce, the Netherlands